ちくま学芸文庫

線型代数

生態と意味

森 毅

筑摩書房

目　次

線型代数

生態と意味

0
なぜ線型代数か

むかし話

大学の教養課程の数学というと，最近ではだいたい，微積分と線型代数（シュミによっては線形代数と書く人もある）というのが相場になっている．もっとも，こうしたカリキュラムには，形成の歴史があるので，つねにナツメロ派とハネアガリ派があるものだ．

戦後に新制大学ができて，単位制度が導入されて，一般教育科目自然系列というわけで，「数学」が問題になったとき，さしあたり微積分が考えられた．もっとも，それも最初は旧制高校の微積分に毛が生えた程度だったのが，新制高校の微積分教育の充実とあいまって，そちらの方も発展してはいる．それ以外に，やはり微積分だけでは不十分だという考えがあった．教養課程といっても，いまでも，1年間，1年半，2年間と，いろいろな大学があるのだが，とくに教養2年制の大学ではそうした声が強かった．そしてまた，充実したカリキュラムの大学があると，全国的にもそちらの方向へ引っぱられるものである．

新制大学のカリキュラムというと，旧制高校理科（ナツメロだねえ）が参考になったものだ．ナツメロついでに言うと，旧制高校というと少数特権的であった故もあって，なんとなく知的でありさえすればよく，大学でどこの学部に進むかは，適当にきめたようなところがある．だいたいは，カタギで物を作るのが好きな奴が工学部，本を読むのが好きな奴が理学部，山川草木の好きな奴が農学部，人間の好きな奴が医学部に行く傾向があったと思う．年齢でいえば19歳（中学4年修了で入学）から21歳あまり（1浪以上）で，ウラオモテやる連中も多かったから，今なら大学を出るぐらいの歳のオジサンもかなりいた．

その高校のカリキュラムというと，微積分の他に，方程式や行列式を中心にした「代数」と，2次曲線の解析幾何（現在の高校よりはずっとくわしく，極や極線をめぐる証明が多かった）を中心にした「幾何」もあった．そこで，これをまとめて「代数学と幾何学」という科目ができた．いまでも，教科書の題名に残っている．それは，50年代にだいたい定着した．

最初の間は，行列も線型空間もオヨビゴシだったのだが，やがてそれは，行列代数と線型幾何といった方向でまとまり，それが60年代の間に線型代数としてカリキュラム化されるようになった．それに伴って，方程式に関することや，2次曲線に関することは，影が薄くなっていく．そして，70年代になって，もはや線型代数以外のなにものでもなくなったわけである．

これは，高校のカリキュラムと連動してもいる．60年代にはベクトルが高校に入り，70年代には行列が入った．そして，今度の指導要領改訂では，「代数学と幾何学」が選択科目の1つになった．それでも，たとえば「解析幾何」は古い形態が残っていたりして，だいたい50年代の大学のカリキュラムの高校版のような感じがする．

まあ，こうした歴史はどうでもええようなものの，ナツメロ派やハネアガリ派やらの大学教師とつきあう法のためには，知っておいた方がよい．

理念的カリキュラム

しかし，カリキュラムの歴史を現象的にだけ見ていると，「戦後日本の数学教育の歴史は，カリキュラムを高度化することによって，落ちこぼれを生産してきた」という，例の俗論になりかねない．それで，グッと大上段に，小学校から大学までの数学教育について，展望のためのひとつの視座を考えよう．

ここで，次のようなダイアグラムが考えられる．

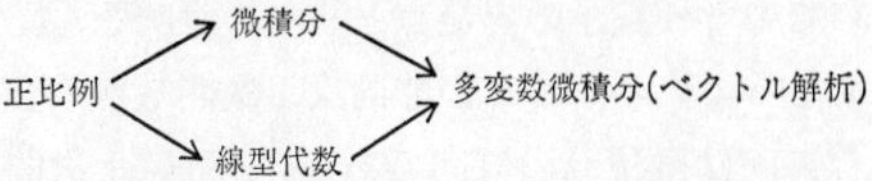

つまり，正比例関数

$$Y = aX$$

から変数を増やすと，多変数同次1次関数

$$Z = aX + bY$$

で，これが線型代数の領域へ進む．変数は1変数のままで，一般の関数

$$y = f(x)$$

だと，局所的に微分した同次1次関数（正比例）の

$$dy = \frac{df}{dx}dx$$

を接線として考えることになる．これが，多変数の一般の関数

$$z = f(x, y)$$

になると，局所的に1次化するには，接平面を考えて

$$dz = \frac{\partial f}{\partial x}dx + \frac{\partial f}{\partial y}dy$$

と多変数の微分を考えることになる．

この視座から，小学校から大学まで，ひとつの理念的カリキュラムを考えてみる．小学校では，自然数から小数や分数，そしてその加減乗除を扱うわけだが，その結節点として，象徴的には正比例の $Y = aX$ がある．ただしここでは，関数概念や式表現，負数の問題などが不完全で，それらを含めて中学校数学の出発点としての意味を，正比例は同時に荷なっている．これが非同次1次関数から2次関数へと進む方向は微積分の方向であり，2変数1次関数や，それと関連して2元1次方程式や直線の式表現を扱うのは線型代数の方向である．ただし，現実のカリキュラムでは，2次関数については中学校で扱わなくなる方向にあり，また，直線の式表現も

$$ax + by = c$$

の形を避けがちである．まあ理念的カリキュラムということ

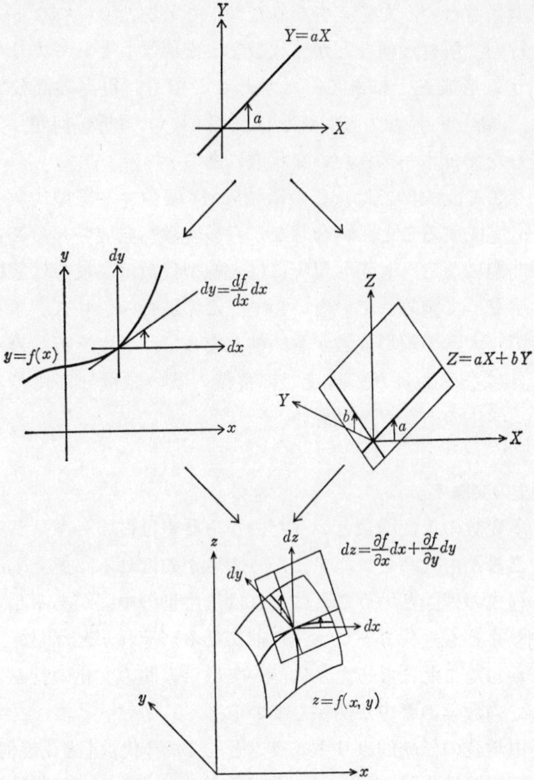

となら，正比例を中等教育の礎石とすえ，2つの志向性を持つことが中学数学ということになるだろう．

こうした中で考えるなら，高校での柱として，微積分と線型代数といった考えもなりたつ．さしあたり，ベクトルと行列，解析幾何などが「代数学と幾何学」としてカリキュラム形成途上にある．ただしここでも，現実の高校では，「新しい」ベクトルや行列と，「旧い」解析幾何が，分離したマヨネーズみたいな状態にある．

そこで，大学では，この微積分（1変数）と線型代数とを，完成すること，統合しながら多変数へ発展させることが問題になる．しかし現実には，線型代数は高校では蓄積も少なくて定着していないので，この跛行のシリヌグイとして，大学の線型代数が重い柱となって，学生を苦しめることになるわけだ．高校での蓄積の多い微積分に比べると，学生のトッツキは悪い．

歴史の文脈で

多変数の1次関数というだけなら歴史は古い．ギリシャどころか古代バビロニアにだってさかのぼれる．連立1次方程式の理論ということになれば，中世の中国があるし，少なくとも近代ヨーロッパ以前になる．それがどうして，こうしたことになったかについては，人間の文化の営みとしての数学の歴史が関係している．

中学校の伝統的カリキュラムとしての「代数」と「幾何」は，起源は古代ギリシャの幾何学や中世イスラムの代数学にさかのぼれるが，近代ヨーロッパでいえば，16世紀から17世紀にかけての形態が基盤で，それは19世紀はじめにカリキュラム化され，19世紀中には定着した．近代ヨーロッパ数学というと，微積分が象徴的だが，それは17世紀から18世紀のものが，19世紀中には教育カリキュラムとなり，20世紀には定型が作られていく．そして現在の大学の微積分は，19世紀数学の影響が強い．

ところが，線型代数については，体系化されたのが19世紀なかばであり，教育カリキュラムとしては20世紀に属する．だいたい，この程度の時間的ズレは生ずるもので，また教育というのは歴史的蓄積を必要とするので，理念的カリキュラムどおりにはいかないわけだ．

なぜこうした現象が生じたかというと，さきのダイアグラムは〈関数〉の視点からしたので，そちらから見ると，近代数学の発展は物理学の発展に伴った，というより，18世紀までは，ニュートンにしろオイラーにしろ，そもそも数学と物理学の間に垣根がなかった．そこで，きわめて図式的にいってしまえば，18世紀は力学の運動方程式で時間変数の1変数関数，19世紀は電磁気学の場の方程式で空間変数の多変数関数に象徴される．つまり，多変数を本格的に扱うのは19世紀なのである．ついでに言うと，大学で電磁気学が早くカリキュラムに組まれているところでは，多変数の微積分やベクトル解析をロクに習わぬうちに，物理の方で使いはじめることがよくある．これは今のところ，シャーナイことだ．昔の微積分教育がおくれていたころは，旧制高校あたり，微積分を習うより前に力学で運動方程式が登場したものである．そのようなことは，いつでもあることで，ムリの仕方を覚えるのも大学教育のうちだ.

いまは,〈解析〉から見たが,歴史上も実際に,ヤコビの行列式もハミルトンのベクトル算も,そうした文脈にある.それどころか,高校で「1次独立」だの「固有値」だのと小耳にはさんだかもしれないが,それらの原型は18世紀のダランベールやラグランジュの微分方程式の研究に発している.

ヤコビやハミルトンに続いて,ケイリーを中心に線型代数の成立が来るのだが,もうひとつのモメントは,19世紀の〈幾何〉である.そこでは,多次元に座標づけられたなかでの変換を考える.つまり,線型代数が〈代数〉として孤立して生まれたわけではない.

もっとも,19世紀は専門分化の時代でもあって,線型代数は近代代数学の重要な起源となるし,その〈代数〉的色彩を強調しながら体系だてられていく.そして,その結果が,20世紀の数学教育における線型代数の形成となっているわけだ.まあ,こうした背景を考えることが線型代数の意味を知る基盤でもあるが,これ自体として,数学の歴史における統合と分化の弁証法を鑑賞するのも悪くないことだと思う.〈一般教育〉というのは,こうしたことも含んでいるはずだ.

なぜ線型代数か

〈一般教育〉というと,このような理科系の数学などは,一般教育はタテマエだけで,教師も学生も,基礎教育と称して，専門の準備のように考えがちである．しかしぼくは，やはりタテマエの方に義理だてして，小学校以来の総括の視点を重視したい．つまり，さきのダイアグラムの下の方の視座，そして1変数の正比例を見直してその〈意味〉を考えることを，第1の効用としたい．すなわち，線型代数とはなによりまず，《多次元の正比例》であるのだ．

もちろん，過去の学習を回顧するだけではつまらない．〈基礎教育〉というのは，本来的には特定の準備であるよりは，発展の普遍的可能性としてある．その点で，さきのダイアグラムでいえば，多変数の微積分で利用されることがある．

たとえば，

$$y_1 = f_1(x_1, x_2)$$
$$y_2 = f_2(x_1, x_2)$$

を微分して

$$dy_1 = \frac{\partial f_1}{\partial x_1}dx_1 + \frac{\partial f_1}{\partial x_2}dx_2$$

$$dy_2 = \frac{\partial f_2}{\partial x_1}dx_1 + \frac{\partial f_2}{\partial x_2}dx_2$$

とするのは，ベクトルと行列で

$$\begin{bmatrix} dy_1 \\ dy_2 \end{bmatrix} = \begin{bmatrix} \dfrac{\partial f_1}{\partial x_1} & \dfrac{\partial f_1}{\partial x_2} \\ \dfrac{\partial f_2}{\partial x_1} & \dfrac{\partial f_2}{\partial x_2} \end{bmatrix} \begin{bmatrix} dx_1 \\ dx_2 \end{bmatrix}$$

と書く．さらに，

$$\boldsymbol{y} = \boldsymbol{f}(\boldsymbol{x})$$

を微分して

$$d\boldsymbol{y} = \frac{d\boldsymbol{f}}{d\boldsymbol{x}} d\boldsymbol{x}$$

と書くこともある．ここで $d\boldsymbol{x}$ や $d\boldsymbol{y}$ はベクトル，$\dfrac{d\boldsymbol{f}}{d\boldsymbol{x}}$ は行列である．

また，微分方程式

$$\frac{dx_1}{dt} = a_{11}x_1 + a_{12}x_2 \qquad x_1(0) = c_1$$

$$\frac{dx_2}{dt} = a_{21}x_1 + a_{22}x_2 \qquad x_2(0) = c_2$$

はベクトルや行列で

$$\frac{d}{dt}\begin{bmatrix} x_1 \\ x_2 \end{bmatrix} = \begin{bmatrix} a_{11} & a_{12} \\ a_{21} & a_{22} \end{bmatrix}\begin{bmatrix} x_1 \\ x_2 \end{bmatrix} \qquad \begin{bmatrix} x_1(0) \\ x_2(0) \end{bmatrix} = \begin{bmatrix} c_1 \\ c_2 \end{bmatrix}$$

として処理され，

$$\frac{d\boldsymbol{x}}{dt} = A\boldsymbol{x} \qquad \boldsymbol{x}(0) = \boldsymbol{c}$$

と書かれる．

現実の微積分の教科書では，線型代数の教育が進んでなかったことを反映して，伝統的スタイルでは，あまりこうした扱い方をしていない．しかし，この方がいいに決まっとる．現実にも，少しハイカラな本はこうした調子になりつつある．いずれ，微積分は線型代数の上に，ということになるだろう．

これは，さきのダイアグラムでいえば，2つのヤジルシを，多変数の微積分として統合していくことである．これもまた，〈一般教育としての基礎教育〉の理念に属するかもしれない．まあ，多変数の微積分を考える基礎になること，これが線型代数の第2の効用としてある．

線型システム

もっとも，そんなタテマエより，実質的な有効性がないと，当節の単位制管理下の重圧に生きぬけない，という学生もあるかもしれない（ぼくは，そんな連中には単位をやらんことにしとるのだが）．たしかに，小学校以来の教育を回想したりせんでもすむし，多変数の微積分だってニュースタイルを敬遠してオールドファッションですまぬでもない．ぼくも，べつにそれが悪いとは言わないが，少なくとも大学生になったら，自己の教育を対象化することだけは必要で，自分がどのようなファッションを選択しているかということを，指定教科書や科目の必修選択といった外からの立場でなく，自己の立場から考えることが必要だ，とだけは言っておく．

そこで第3に（普通なら第1とするのだろうが），線型代数それ自体の価値がある．このことは，20世紀なかばになって，線型代数が数学教育の大きな柱になってきた理由の，たぶん一番大きなものだろう．

半世紀ぐらいまえでは，行列を使うというのは，数学者以外では，電気回路系だとか，量子力学の形成期とか，まあそれに弾性体や（テンソルはそこから生まれた）電磁気や流体などで，ベクトル解析との関連で使うぐらいだったろう．事実，戦前の大学では，理学部数学科以外では，ほとんど線型代数をやらなかった．それが今では，高校のカリキュラムに入ってきたし，外国では中学校に入れようとしたところもある．

これは，多変数の線型系を扱うことが，いろいろな分野で必要になったことによる．とくに，工学の計画を扱う部分や，経済学では，主役を演ずることになる．経済学とか計画工学とかいうと，20世紀になって数学化の著しい部分，どちらかというと，理学部の物理とか，工学部でも電気や機械に比べると，昔はあまり数学を使わなかった分野である．

この場合，こうした線型なシステムが，組み合わさった情況では，その各システムを《まとめて考える》手法が必要になる．たとえば，中学校の連立1次方程式では，ともかく個別に解ければよかったのだが，それを線型系として考察し表現することが必要になってくる．これが第3の効用である．

もっとも，最近では，数理経済学を考慮したような教科書もあるが，たいていは，あまりそうした意識はなくて，いかにも「数学」風に書いてあるので，こんなもんがどこに役立つんや，と不服をもらす学生も多い．しかし本当は，20世紀の数学のあり方からすると，こうした動向は強まるだろう．たとえば数理経済学というと，経済学と数学の双方から強い関心を持たれている分野で，18世紀や19

世紀の数学と物理学との結合とは違った意味で，20世紀の数学と経済学との結合がなにかをもたらすのではないかと，期待されてもいる．

線型性の理念

それでもまだ，そんな方面はどうでもええ，という学生もいるかもしれない．だいいち，当の大学教師の授業には，いっこうにそうした雰囲気はせんではないか．たしかに，大学教師の大部分は，理学部数学科の出身者であって，「数学」のそれも「代数」の枠内で処理されると，そうした線型代数のセンデンも，眉に唾をつけたくなって無理もない．

これは，さきに歴史でのべたように，19世紀線型代数が近代代数学の基盤になったことを反映している．しかし，数学にとって，線型代数の意味はそれだけではない．

いまの数学者に，数学にとってもっとも大切な理念は，と訊ねたなら《線型性》と答える人も多かろう．実際に，現代の数学の多くの部分で，線型性が基本的な役割を果たしている．それで，現代数学のなによりの基礎として，線型代数は位置づけられている．

たとえば，フーリエ級数は，いわば関数空間の線型代数として考えられる．これは実は，歴史的にいっても，さきに触れた18世紀のダランベールやD. ベルヌーイから始まり，線型代数の発想の源泉をなしていたのであって，19世紀風な「代数」とか「解析」の枠をとっぱらえば当然のことでもある．そして，たとえば量子力学は，そうした視点から定式化される．

またたとえば，ミンコフスキー空間の「幾何」といえば特殊相対論だが，それは変換群としてはローレンツ群が基礎になる．そして，変換群というと，なにより行列群が典型になる．

つまり，現代数学，そしてその関連分野全体を通して，《線型性》が主役を演じている．なかでも，有限次元空間にかぎらず，関数空間の線型代数とでもいった発想で，それは生きている．もちろん，線型代数とは「線型性の代数」であるから，この分野の定式化を通じて，《線型性》がはっきり把握できるようになる．これが第4の効用である．

たとえば，連立1次方程式

$$A\boldsymbol{x} = \boldsymbol{b}$$

と，線型微分方程式

$$\frac{d}{dt}\boldsymbol{x} - A\boldsymbol{x} = \boldsymbol{b}$$

とは，線型性の視点から共通に論ぜられる．そもそも

$$(af+bg)' = af'+bg'$$

というアノ微分公式が，微分計算を可能にしてきたのだが，このとき $\dfrac{d}{dt}$ という微分作用素が線型であることが，根本であったのだ．

こうして，対象分野をこえて，《線型性》を明らかにすることが意味を持つ．それで，大学の線型代数は高校の線型代数と少しニュアンスが違ったりする．線型空間や線型写

像がやや抽象的に強調され，それに学生がとまどったりする．これも，比較的旧いタイプの場合はあまり強調されないのだが，最近のカリキュラムでは最初から，線型空間と線型写像というところから始まりさえする．数学科の場合は，とくに代数的な色彩が強かったりもするが，一方では，関数空間を考慮した教科書も出はじめている．

まあ，いずれにせよ，単なる対象分野としての「代数」と思わずに，この《線型性》といった理念をつかんでおくと，すべての数学分野に通ずることになろう．この意味では，この第4の効用というのが最大の効用かもしれない．

もっとも，理念などというのは抽象的であるし，少しとりとめない感じがするかもしれない．そんなものでは「役に立つ」ような気がしない，という学生には，ム，ぼくとしてはまあ，数学の「役に立つ」とはそんなもんさ，ま，大学の数学の「役に立ち方」はその程度のもので，それが気に入らねば，「役に立たん」数学の単位なんか一切とるな，とでも居直るより仕方がない．

あるいは，第5の効用（？）として，次のような居直り方もあるかもしれない．ともかく線型代数をやっているうちに，それに固有の面白いことが出てもこよう．何の役にも立たんかもしれないが，数学ではなにより，その面白さを楽しむのが一番．オモロかったらやんなはれ，ツマランかったらやめなはれ，ン，ソレデイイノダ．

1
多次元量の乗法

まとめて考えよう

ベクトルも行列も，近頃では高校で教わる．しかし，それには限定があって，ベクトルは主として2次元ベクトル，行列も2行2列の行列ばかりだ．これは困る．とくに行列を，正方行列しか考えないのがよくない．そこで，家庭科数学のケーキ作りから始める．

バターケーキを $x_{バ}$ 個とカップケーキを $x_{カ}$ 個作るのに，原料のメリケン粉 $y_{メ}$ g と砂糖 $y_{サ}$ g とバター $y_{バ}$ g を必要とすると考える．この場合，製品の量を定めると原料の量が定まるのだから

$$製品 \longrightarrow 原料$$

という形で関数になる．なんとなく，関数というと，入力がメリケン粉で出力がケーキであるオーブンを連想しようが，この場合は逆で，ケーキの注文が入力でメリケン粉の方は出力であることに注意．

つまり，

バ	$x_{\text{バ}}{}^{\text{個}}$
カ	$x_{\text{カ}}{}^{\text{個}}$

$\longmapsto$

メ	$y_{\text{メ}}{}^{\text{g}}$
サ	$y_{\text{サ}}{}^{\text{g}}$
バ	$y_{\text{バ}}{}^{\text{g}}$

といった対応になっている.

ここで，ケーキ1個あたりの原料を

	バ	カ
メ	$a_{\text{メバ}}{}^{\text{g/個}}$	$a_{\text{メカ}}{}^{\text{g/個}}$
サ	$a_{\text{サバ}}{}^{\text{g/個}}$	$a_{\text{サカ}}{}^{\text{g/個}}$
バ	$a_{\text{ババ}}{}^{\text{g/個}}$	$a_{\text{バカ}}{}^{\text{g/個}}$

とすると，

$$y_{\text{メ}}{}^{\text{g}} = a_{\text{メバ}}{}^{\text{g/個}} \times x_{\text{バ}}{}^{\text{個}} + a_{\text{メカ}}{}^{\text{g/個}} \times x_{\text{カ}}{}^{\text{個}}$$
$$y_{\text{サ}}{}^{\text{g}} = a_{\text{サバ}}{}^{\text{g/個}} \times x_{\text{バ}}{}^{\text{個}} + a_{\text{サカ}}{}^{\text{g/個}} \times x_{\text{カ}}{}^{\text{個}}$$
$$y_{\text{バ}}{}^{\text{g}} = a_{\text{ババ}}{}^{\text{g/個}} \times x_{\text{バ}}{}^{\text{個}} + a_{\text{バカ}}{}^{\text{g/個}} \times x_{\text{カ}}{}^{\text{個}}$$

という，連立1次式がえられる.

このようなシステムを考えるとき，原料とか製品とか，それぞれの表を，ひとつのマトマリと考えて，それらの間の関係として議論する．これは，いつでもすることであって，錯雑した状況を分析するのに，それを分節化し，カタマリ同士の関係性として理論化する．それは数学にかぎったことではない.

そこで

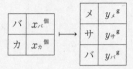

$$\boldsymbol{y} = \begin{bmatrix} y_{メ} \\ y_{サ} \\ y_{バ} \end{bmatrix}, \quad A = \begin{bmatrix} a_{メバ} & a_{メカ} \\ a_{サバ} & a_{サカ} \\ a_{ババ} & a_{バカ} \end{bmatrix}, \quad \boldsymbol{x} = \begin{bmatrix} x_{バ} \\ x_{カ} \end{bmatrix}$$

として

$$\begin{bmatrix} y_{メ} \\ y_{サ} \\ y_{バ} \end{bmatrix} = \begin{bmatrix} a_{メバ} & a_{メカ} \\ a_{サバ} & a_{サカ} \\ a_{ババ} & a_{バカ} \end{bmatrix} \begin{bmatrix} x_{バ} \\ x_{カ} \end{bmatrix},$$

あるいはさらに

$$\boldsymbol{y} = A\boldsymbol{x}$$

と書く.

ここで，今かりに，$\boldsymbol{x}$ をバカベクトル，$\boldsymbol{y}$ をメサバベクトル，A をメサバ/バカ行列と呼ぶことにしよう．注文伝票，つまりバカベクトルの集合 $\boldsymbol{U}$ をバカ空間，原料伝票，つまりメサバベクトルの集合 $\boldsymbol{V}$ をメサバ空間と呼ぶことにすれば，これは $\boldsymbol{U}$ から $\boldsymbol{V}$ への関数

$$\boldsymbol{f} : \boldsymbol{U} \longrightarrow \boldsymbol{V}$$

を定めている．この $\boldsymbol{f}$ を定めるのが A で

$$\boldsymbol{x} \longmapsto A\boldsymbol{x}$$

という形は，普通の 1 次元の場合の正比例にあたる.

つまり，ベクトルというのは多次元の変数をヒトマトメにしたもの，行列というのは多次元の比例定数表をヒトマトメにしたもの，と考えておけばよい．数学として一般化するには，いつまでもメサバとかバカとか言っているのもバカみたいだから，インデックスを数字にすれば，

$$\begin{aligned} y_1 &= a_{11}x_1+a_{12}x_2+\cdots+a_{1n}x_n \\ y_2 &= a_{21}x_1+a_{22}x_2+\cdots+a_{2n}x_n \\ &\vdots \\ y_m &= a_{m1}x_1+a_{m2}x_2+\cdots+a_{mn}x_n \end{aligned}$$

を,

$$\boldsymbol{y}=\begin{bmatrix} y_1 \\ y_2 \\ \vdots \\ y_m \end{bmatrix}, \quad A=\begin{bmatrix} a_{11} & a_{12} & \cdots & a_{1n} \\ a_{21} & a_{22} & \cdots & a_{2n} \\ \vdots & \cdots & \cdots & \vdots \\ a_{m1} & a_{m2} & \cdots & a_{mn} \end{bmatrix}, \quad \boldsymbol{x}=\begin{bmatrix} x_1 \\ x_2 \\ \vdots \\ x_n \end{bmatrix}$$

とまとめれば,

$$\begin{bmatrix} y_1 \\ y_2 \\ \vdots \\ y_m \end{bmatrix}=\begin{bmatrix} a_{11} & a_{12} & \cdots & a_{1n} \\ a_{21} & a_{22} & \cdots & a_{2n} \\ \vdots & \cdots & \cdots & \vdots \\ a_{m1} & a_{m2} & \cdots & a_{mn} \end{bmatrix}\begin{bmatrix} x_1 \\ x_2 \\ \vdots \\ x_n \end{bmatrix}$$

あるいは

$$\boldsymbol{y}=A\boldsymbol{x}$$

という式になる.

$\boldsymbol{x}$ が n 次元ベクトル, $\boldsymbol{y}$ が m 次元ベクトル（n と m は一般には等しくない！）. A が m/n 行列（$m\times n$ と書く流儀もあるが, この方がよいだろう）であって, $\boldsymbol{x}$ の集合としての n 次元空間 $\boldsymbol{U}$ から, $\boldsymbol{y}$ の集合の m 次元空間 $\boldsymbol{V}$ への関数

$$\boldsymbol{f}:\boldsymbol{U}\longrightarrow\boldsymbol{V}$$

として,

$$\boldsymbol{x}\longmapsto A\boldsymbol{x}$$

を考えよう, というのが線型代数の基本的枠組みである.

タテワリとヨコワリ

ここで，メサバ/バカ行列というのは，タテとヨコの表になっている．メサバの方からヨコワリにすると，ただの1次式を連立に並べただけのことだ．この場合

$$y_{メ} = [a_{メバ} \quad a_{メカ}]\begin{bmatrix} x_{バ} \\ x_{カ} \end{bmatrix}$$

のように，メ/バカ行列が出てくる．このような1/n行列のことを，ヨコベクトルまたは双対ベクトルということもある．ベクトルを表わすのに，高校ではたいてい，タテに書いてもヨコに書いても，ドッチデモエエという方式が多い．大学の教科書でも，ドッチデモエエ式もかなりあるが，ここでは，普通のベクトルはかならずタテに書くことにする．タテに書くと空白が多くなって不経済だともいうが，数学の本はたいていツメツメで読みにくく，空白のあるのはよいことで，それに，オレの方は原稿料がもうかる．それで，普通のベクトルの方をタテベクトルともいう．

ここで，原料に必要な費用を考えると

$$z^{円} = b_{メ}{}^{円/\mathrm{g}} \times y_{メ}{}^{\mathrm{g}} + b_{サ}{}^{円/\mathrm{g}} \times y_{サ}{}^{\mathrm{g}} + b_{バ}{}^{円/\mathrm{g}} \times y_{バ}{}^{\mathrm{g}}$$

のようになって，

$$z = [b_{メ} \quad b_{サ} \quad b_{バ}]\begin{bmatrix} y_{メ} \\ y_{サ} \\ y_{バ} \end{bmatrix}$$

となる．これは経済学では典型的な場合で，タテベクトルが財，ヨコベクトルが価格を表わす．また，$y_{メ}$と$y_{サ}$を加えることはあまり意味がないが，$b_{メ}y_{メ}$のように通貨にな

ってしまうと加算ができるようになる．このことは，乗法 $b_{メ}y_{メ}$ がヒトカタマリになって，それが加算可能になる現象を反映していて，そのことが，演算において乗法先行をすることの，ひとつの根拠でもある．

実際の $y_{メ}$ や $y_{サ}$ を計算するのは，こうしたヨコワリでよいのだが，行列のよいところは，タテとヨコがあることで，タテワリで議論することも可能な点にある．バカの方に着目して，バターケーキとカップケーキをべつべつに考えてみると，

$$\begin{bmatrix} y_{メ} \\ y_{サ} \\ y_{バ} \end{bmatrix} = \begin{bmatrix} a_{メバ} \\ a_{サバ} \\ a_{ババ} \end{bmatrix} \times x_{バ} + \begin{bmatrix} a_{メカ} \\ a_{サカ} \\ a_{バカ} \end{bmatrix} \times x_{カ}$$

となる．

$$\boldsymbol{a}_{バ} = \begin{bmatrix} a_{メバ} \\ a_{サバ} \\ a_{ババ} \end{bmatrix}, \quad \boldsymbol{a}_{カ} = \begin{bmatrix} a_{メカ} \\ a_{サカ} \\ a_{バカ} \end{bmatrix}$$

とすると

$$\boldsymbol{y} = [\boldsymbol{a}_{バ} \quad \boldsymbol{a}_{カ}] \begin{bmatrix} x_{バ} \\ x_{カ} \end{bmatrix} = \boldsymbol{a}_{バ} x_{バ} + \boldsymbol{a}_{カ} x_{カ}$$

となる．

これは，メサバ空間 $\boldsymbol{V}$ で考えたが，バカ空間 $\boldsymbol{U}$ の方では

$$\boldsymbol{e}_{バ} = \begin{bmatrix} 1 \\ 0 \end{bmatrix}, \quad \boldsymbol{e}_{カ} = \begin{bmatrix} 0 \\ 1 \end{bmatrix}$$

とすると，

$$\begin{bmatrix} x_{\text{バ}} \\ x_{\text{カ}} \end{bmatrix} = \begin{bmatrix} 1 \\ 0 \end{bmatrix} \times x_{\text{バ}} + \begin{bmatrix} 0 \\ 1 \end{bmatrix} \times x_{\text{カ}}$$

すなわち

$$\boldsymbol{x} = \boldsymbol{e}_{\text{バ}} x_{\text{バ}} + \boldsymbol{e}_{\text{カ}} x_{\text{カ}}$$

が対応している.

これには，もちろん，バカ空間やメサバ空間で，加法やスカラー倍が自然に考えられていることが前提である．加法というのは，2人の客がべつべつに注文したと考えればよいし，倍の方は何人前と考えればよいだろう．これが，ベクトルの方の基本演算である.

そこで，この $\boldsymbol{f}$ を図示することが考えられる．もっとも，普通の1変数から1変数へのグラフだと2次元に書けるが，$\boldsymbol{x}$ が2次元に $\boldsymbol{y}$ が3次元では，合わせて5次元のグラフなんて，とても書けたものではない．こうしたときは，$\boldsymbol{x}$ の2次元と $\boldsymbol{y}$ の3次元をべつべつに書く．もっと次元の多いときでも，これぐらいを考えておけば，見当がつくというものだ.

つまり，バカ空間の座標格子が，ナナメになって平行4辺形格子として，メサバ空間に写される（次ページの図）．こうしたナナメ障子のイメージを，ぼくは愛用している．この図にしたところで，3次元のメサバ空間を2次元の紙に書いているので，多少は想像力が必要だが，そうした立体想像力は，ヌード写真を見るときにでも必要なことであって，数学以外でも重要な能力である.

こうした図を見ると，なんとなく〈線型〉という感じが

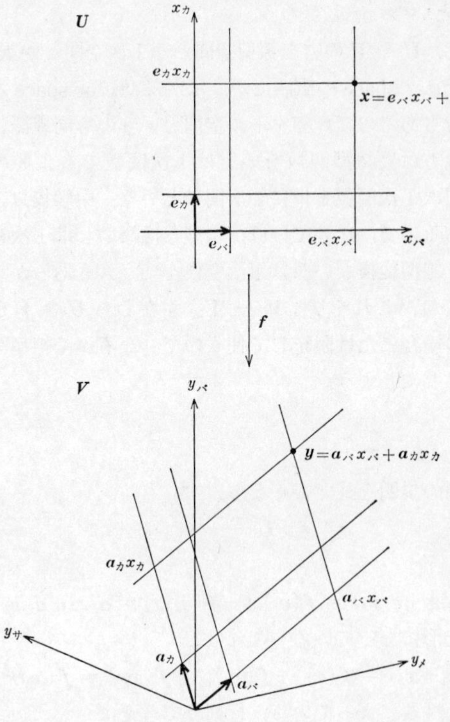

するだろう．本来は，線型というのは linear の訳で，人によっては線形とも書く．ところが，もうひとつの訳語に1次というのがある．たとえば，linear equation は1次方程式とも線型方程式とも訳す．〈式〉でいえばたしかに1次式であり，〈図〉でいえばマッスグなところが，なんとなく

「線型」といった感じだろう．

それで，$\boldsymbol{U}$ や $\boldsymbol{V}$ の方を線型空間とか1次空間とか訳す．これは linear space の訳語だが，ほかに vector space という使い方もあるので，ベクトル空間というのも同義語になる．$\boldsymbol{f}$ の方は，線型関数ないしは1次関数でもよいのだが，非同次1次関数を単に1次関数という，中学校以来の習慣があるので，たいていは，線型写像ないしは1次写像という．線型変換ないしは1次変換を使う人もあるが，人によっては，これを $\boldsymbol{f}:\boldsymbol{V}\longrightarrow\boldsymbol{V}$，すなわち $\boldsymbol{U}$ と $\boldsymbol{V}$ が同じ空間の場合にだけ限定して使うので，なるべく線型写像を使うことにしよう．

線型性

この図の説明を式で書くなら，

$$\boldsymbol{f}:\boldsymbol{U}\longrightarrow\boldsymbol{V}$$

について

$$\boldsymbol{f}(\boldsymbol{e}_1x_1+\boldsymbol{e}_2x_2)=\boldsymbol{f}(\boldsymbol{e}_1)x_1+\boldsymbol{f}(\boldsymbol{e}_2)x_2=\boldsymbol{a}_1x_1+\boldsymbol{a}_2x_2$$

といった形になっている．これは

$$\boldsymbol{f}(\boldsymbol{x}_1+\boldsymbol{x}_2)=\boldsymbol{f}(\boldsymbol{x}_1)+\boldsymbol{f}(\boldsymbol{x}_2),\qquad \boldsymbol{f}(\boldsymbol{x}r)=\boldsymbol{f}(\boldsymbol{x})r$$

といった性質によっている．行列算で言えば

$$A(\boldsymbol{x}_1+\boldsymbol{x}_2)=A\boldsymbol{x}_1+A\boldsymbol{x}_2,\qquad A(\boldsymbol{x}r)=(A\boldsymbol{x})r$$

という，分配則と結合則に対応している．

このときの基礎になったのは，$\boldsymbol{U}$ や $\boldsymbol{V}$ での

$$\boldsymbol{x}_1+\boldsymbol{x}_2,\qquad \boldsymbol{x}r$$

の2種の演算，和と r 倍である．ただし，r 倍を $\boldsymbol{x}r$ と右か

らかけると，$\boldsymbol{x}2$ とか $\boldsymbol{x}3$ はヘンで，「2 倍の $\boldsymbol{x}$」は $2\boldsymbol{x}$ と書きたいので，通常は $r\boldsymbol{x}$ と左からかける．しかし，非可換係数まで考えるときは，右と左を区別した方がよいし，行列算と合うのは，右からかける方なので，なるべく右からかけて $\boldsymbol{x}r$ を使うことにする．左からかけるのは

$$\begin{bmatrix} rx_1 \\ rx_2 \\ \vdots \\ rx_n \end{bmatrix} = \begin{bmatrix} r & 0 & \cdots & 0 \\ 0 & r & & \vdots \\ \vdots & & \ddots & \vdots \\ 0 & \cdots & \cdots & r \end{bmatrix} \begin{bmatrix} x_1 \\ x_2 \\ \vdots \\ x_n \end{bmatrix}$$

という行列をかけることで，この行列を $r1$ などと書くこともあるのだが，ときに r を使って左からこの行列をかける意味にする．

すると，線型空間というのは，和と r 倍の考えられることが基本で，線型写像の方は，この和と r 倍を保存するところが基本である．この〈和と r 倍の法則〉を《線型性》という．つまり，線型性をもった空間が線型空間，線型性を保存する写像が線型写像というわけだ．そして，線型空間 $\boldsymbol{V}$ の元のことを，一般に $\boldsymbol{V}$ のベクトルという．

もっとも，r 倍の r とはなにかというと，〈数〉である．数というのは，いちおう，四則のできる対象と考えておいてよい．このような対象 K を数体というわけだが，まず，有理数体 $\boldsymbol{Q}$ か，実数体 $\boldsymbol{R}$ か，複素数体 $\boldsymbol{C}$ と考えておいてよい．非可換な 4 元数体とか，有限体とかを考える場合もあるが，さしあたりは，普通の数として，$\boldsymbol{Q}$ か $\boldsymbol{R}$ か $\boldsymbol{C}$ である．正式には，K を定めないと線型空間の概念もはっきり

しないわけで，K 係数線型空間という．実線型空間とか，複素線型空間とか使いわけるわけだ．

この場合，K 自身も（1 次元の）線型空間である．これをスカラーというのだが，スカラーとは 1 次元ベクトルなのだ．ただし，物理学などでは，線型空間 $\boldsymbol{V}$ の方をたとえば 3 次元空間に固定して使うことが多い．この場合は，$\boldsymbol{V}$ の元 $\boldsymbol{x}$ がベクトルで，K の元がスカラーである．それにしても，vector をベクトルといって，scalar をスカラルと言わないのは，なぜだろう．

ここで，

$$\boldsymbol{x}\times 2=\boldsymbol{x}+\boldsymbol{x},\qquad \boldsymbol{x}\times 3=\boldsymbol{x}+\boldsymbol{x}+\boldsymbol{x},\qquad \cdots$$

などだから，r 倍というのは，和から発展したものだとも考えられる．そこで，より根源的なのは

$$\boldsymbol{f}(\boldsymbol{x}_1+\boldsymbol{x}_2)=\boldsymbol{f}(\boldsymbol{x}_1)+\boldsymbol{f}(\boldsymbol{x}_2)$$

の方だろう．これは《重ね合わせの原理》と言われることもある．入力の $\boldsymbol{x}_1$ と $\boldsymbol{x}_2$ を合わせれば，それに伴って，出力の $\boldsymbol{y}_1$ と $\boldsymbol{y}_2$ が重ね合わさる，ということである．これは，ついアタリマエのように思ったりするが，それほどこの《線型性》がいたるところで基本的に働いているのである．たとえば，2 次関数

$$x\longmapsto ax^2$$

だったりすると，

$$x_1+x_2\longmapsto a(x_1+x_2)^2=ax_1{}^2+2ax_1x_2+ax_2{}^2$$

となるのだから，$ax_1{}^2$ と $ax_2{}^2$ の他に，干渉効果として，$2ax_1x_2$ のようなコドモが生まれてしまう．

この性質についてみると，2つの線型写像

$$\boldsymbol{z}=\boldsymbol{g}(\boldsymbol{y}),\qquad \boldsymbol{y}=\boldsymbol{f}(\boldsymbol{x})$$

を合成すると，新しい線型写像

$$\boldsymbol{z}=\boldsymbol{g}(\boldsymbol{f}(\boldsymbol{x}))$$

が作れる．ただし，function of $\boldsymbol{x}$ で $\boldsymbol{f}(\boldsymbol{x})$ と書くものだから，左からかかってくる．$\boldsymbol{x}$ ノカンスーで $(\boldsymbol{x})\boldsymbol{f}$ と書くことにすれば，$((\boldsymbol{x})\boldsymbol{f})\boldsymbol{g}$ となって便利なのだが，今までの習慣から $\boldsymbol{f}(\boldsymbol{x})$ の方にする．

行列で表わすと

$$\boldsymbol{z}=B\boldsymbol{y},\qquad \boldsymbol{y}=A\boldsymbol{x}$$

との合成で

$$\boldsymbol{z}=B(A\boldsymbol{x})$$

となる．ここで

$$B(A\boldsymbol{x})=C\boldsymbol{x}$$

とすると，行列の乗法

$$BA=C$$

が作れる．

さきに，メサバの値段を考えたのは，この特別の場合である．一般には，線型なシステムが複合しているのはよくあることで，そのひとつひとつのシステムを，こうした線型写像で表現しておくと，その状況が分析しやすい，というのが線型代数の使われ方の一面でもある．

ここで

$$\boldsymbol{f}(\boldsymbol{x})=\boldsymbol{a}_1x_1+\boldsymbol{a}_2x_2+\cdots+\boldsymbol{a}_nx_n$$

とすると

$$\boldsymbol{g}(\boldsymbol{f}(\boldsymbol{x})) = (B\boldsymbol{a}_1)x_1+(B\boldsymbol{a}_2)x_2+\cdots+(B\boldsymbol{a}_n)x_n$$

となるので,

$$B[\boldsymbol{a}_1 \quad \boldsymbol{a}_2 \quad \cdots \quad \boldsymbol{a}_n] = [B\boldsymbol{a}_1 \quad B\boldsymbol{a}_2 \quad \cdots \quad B\boldsymbol{a}_n]$$

となる．これで，BA の計算法がわかる，高校のときに 2/2 行列でやったのの一般化で，A の方を $\boldsymbol{a}_k$ にタテワリしたのだが $B\boldsymbol{a}_k$ の計算は B をヨコワリにするので，前をヨコワリ，後をタテワリと覚えておきさえすれば，計算のアルゴリズムはアホラシイほど簡単だ．もっとも，アホラシイほど簡単なものほど，実際にやってみないと身につかないものだが，2/2 行列の場合を高校でやったろうから，まあ行列算はできることにしよう．

《線型代数》とは，文字どおり，線型性の代数で，それは数学全体に及ぶが，こうして行列算の形に具体的に計算可能となり，3 次元ぐらいならナナメ障子の絵でなんとか感じがつかめるのがエエトコなのだ．

乗法の総括

こうして，行列の乗法が考えられると，今までの乗法をすべて行列算の形で考えることができる．そしてそれは，1 次元の場合には，小学校からやってきた量の乗法に対応している．

まず，$b^{\text{円/kg}}$ の針金が $a^{\text{kg/m}}$ の線密度として，$c^{\text{円/m}}$ になっているとすると，

$$z^{\text{円}} = b^{\text{円/kg}} \times y^{\text{kg}}, \qquad y^{\text{kg}} = a^{\text{kg/m}} \times x^{\text{m}}$$

という正比例の合成として

$$z^{円} = c^{円/\mathrm{m}} \times x^{\mathrm{m}}$$

がえられる．つまり

$$b(ax) = (ba)x$$

で，

$$b^{円/\mathrm{kg}} \times a^{\mathrm{kg/m}} = c^{円/\mathrm{m}}$$

という乗法が考えられる．

行列算の場合，この対応物は

$$B(A\boldsymbol{x}) = (BA)\boldsymbol{x}$$

という，行列の乗法

$$BA = C$$

であって，

$$(l/m\ 行列) \times (m/n\ 行列) = (l/n\ 行列)$$

となっている．

ここで，針金の長さを問題にしないと，

$$b^{円/\mathrm{kg}} \times a^{\mathrm{kg}} = c^{円}$$

という，普通の正比例の乗法になる．

もちろん，これの対応物は

$$B\boldsymbol{a} = \boldsymbol{c}$$

という形で，

$$(l/m\ 行列) \times (m\ 次元ベクトル) = (l\ 次元ベクトル)$$

になっている．

ところで，K を1次元線型空間と考えると

$$r \longmapsto \boldsymbol{a}r$$

は，$\boldsymbol{a}$ を定めるとき

$$K \longrightarrow \boldsymbol{V}$$

の線型写像とも考えられるわけで，

$$(n\ \text{次元ベクトル}) = (n/1\ \text{行列})$$

と考えてよいわけだ．このとき

$$\begin{bmatrix} a_1 r \\ a_2 r \\ \vdots \\ a_n r \end{bmatrix} = \begin{bmatrix} a_1 \\ a_2 \\ \vdots \\ a_n \end{bmatrix} [r]$$

というわけだが，r は1つだけだから，$[r]$ とは書かない だけである．

そこで，さきの式は

$$(l/m\ \text{行列}) \times (m/1\ \text{行列}) = (l/1\ \text{行列})$$

のことだと考えてよい．

つぎに，kg の単位の方も忘れてしまうと，ただの a 倍で

$$b^{\text{円}} \times a = c^{\text{円}}$$

という乗法になる．

これは，ベクトルのスカラー倍

$$\boldsymbol{b}a = \boldsymbol{c}$$

に対応する．これは

$$(l\ \text{次元ベクトル}) \times (\text{スカラー}) = (l\ \text{次元ベクトル})$$

だが，それは

$$(l/1\ \text{行列}) \times (1\ \text{次元ベクトル}) = (l\ \text{次元ベクトル})$$

さらに

$$(l/1\ \text{行列}) \times (1/1\ \text{行列}) = (l/1\ \text{行列})$$

になる．

最後に，円の単位も忘れてしまうと，ハダカの数の乗法

$$b \times a = c$$

で，これは行列算で言っても

$$(\text{スカラー}) \times (\text{スカラー}) = (\text{スカラー}),$$

つまり

$$(1\,\text{次元ベクトル}) \times (\text{スカラー}) = (1\,\text{次元ベクトル}),$$

さらに

$$(1/1\,\text{行列}) \times (1\,\text{次元ベクトル}) = (1\,\text{次元ベクトル}),$$

結局

$$(1/1\,\text{行列}) \times (1/1\,\text{行列}) = (1/1\,\text{行列})$$

というわけだ．

どちらも，ディメンジョンになっているところが，うまくいっとるではないか．

もちろん，乗法にはこのほかに，長方形の面積やモーメントなどのように，複比例に関係するタイプの乗法もある．それについては，別の問題だが，さしあたり，正比例とのかかわりでは，行列算の枠組みで乗法が統一的に眺められることになる．

逆に言えば，1次元量の乗法では，ハダカの数では区別されなかったものが，はっきりした次元の差として出てくるのが，行列の乗法ともいえる．つまり，ここでやったことは，小学校の量の乗法を，ベクトルや行列でやり直しただけのことだ．そして，そのことを通じて，顕在化されてきたのが，正比例における《線型性》でもある．そして，これこそ，今後の主題となる．

線型代数は抽象的だ，と学生はよく言うのだが，そのときはメサバに戻って意味を考え，ナナメ障子の絵をかいて感じをつかもう.

2
直線と平面

像と核

3次元空間 $\boldsymbol{V}$ で，原点を通る平面を表現することを考えよう．これには，2つの方法がある．

1つの方法は，その平面の中に2つのベクトルを考えて，それから「障子を張って」

$$\boldsymbol{x} = \boldsymbol{a}_1 t_1 + \boldsymbol{a}_2 t_2$$

のように点を表わしていこうという方法である．このときの変数 t_1 や t_2 はパラメーターというわけだが，これには助変数とか媒介変数とか，さまざまの訳語がある．径数とか路数とかいうのもある．どれもモヒトツなのだが，さしあたり助変数を使うことにする．それで，これは平面の助変数表示というわけだ．「受験数学」では，「パラメーターは消去しましょう」という教訓があったかもしれないが，そんなモッタイナイことはしない．消費礼賛の時代は去ったのだ．

これは連立で書くと

$$\begin{aligned} x_1 &= a_{11} t_1 + a_{12} t_2 \\ x_2 &= a_{21} t_1 + a_{22} t_2 \\ x_3 &= a_{31} t_1 + a_{32} t_2, \end{aligned}$$

すなわち

$$\begin{bmatrix} x_1 \\ x_2 \\ x_3 \end{bmatrix} = \begin{bmatrix} a_{11} & a_{12} \\ a_{21} & a_{22} \\ a_{31} & a_{32} \end{bmatrix} \begin{bmatrix} t_1 \\ t_2 \end{bmatrix}$$

となっている．助変数の方の 2 次元空間を $\boldsymbol{U}$ とすると，これは線型写像

$$\boldsymbol{f} : \boldsymbol{U} \longrightarrow \boldsymbol{V}$$

で

$$\boldsymbol{f}(\boldsymbol{U}) = \{\boldsymbol{f}(\boldsymbol{t}) | \boldsymbol{t} \in \boldsymbol{U}\}$$

になっている．つまり，$\boldsymbol{f}$ の像（$\boldsymbol{f}$ による $\boldsymbol{U}$ の像）というわけだ．

もうひとつの方法は，陰関数表示による，

$$b_1 x_1 + b_2 x_2 + b_3 x_3 = 0$$

といった方法である．この場合には，値の空間（この場合は 1 次元空間）$\boldsymbol{W}$ への

$$y = [b_1 \quad b_2 \quad b_3] \begin{bmatrix} x_1 \\ x_2 \\ x_3 \end{bmatrix}$$

という関数 $\boldsymbol{g}$ で，

$$\boldsymbol{g}^{-1}(\boldsymbol{0}) = \{\boldsymbol{x} | \boldsymbol{g}(\boldsymbol{x}) = \boldsymbol{0}\}$$

を考えることになる．こちらの方は，$\boldsymbol{g}$ の核とか零空間とかいう．

この 2 つの方法は，モノを表現する 2 つの原理を与えているともいえる．像の方では，内在的なパラメーターの空間 $\boldsymbol{U}$ を利用して，それの実現したものとして $\boldsymbol{f}(\boldsymbol{U})$ を考

える．これにたいして，核の方では，$\boldsymbol{x}$ を条件づける $\boldsymbol{g}$ が，どのような値をとるかによって，$\boldsymbol{g}^{-1}(\mathbf{0})$ を限定するわけである．

この方法では，原点を通る直線になると，助変数表示では

$$\begin{aligned} x_1 &= a_1 t \\ x_2 &= a_2 t \\ x_3 &= a_3 t, \end{aligned}$$

すなわち

$$\begin{bmatrix} x_1 \\ x_2 \\ x_3 \end{bmatrix} = \begin{bmatrix} a_1 \\ a_2 \\ a_3 \end{bmatrix} t$$

になるが，陰関数表示になると，限定を重ねねばならなくなり，「2平面の交わり」として

$$\begin{aligned} b_{11}x_1 + b_{12}x_2 + b_{13}x_3 &= 0 \\ b_{21}x_1 + b_{22}x_2 + b_{23}x_3 &= 0, \end{aligned}$$

すなわち

$$\begin{bmatrix} b_{11} & b_{12} & b_{13} \\ b_{21} & b_{22} & b_{23} \end{bmatrix} \begin{bmatrix} x_1 \\ x_2 \\ x_3 \end{bmatrix} = 0$$

となる．つまり，助変数表示の方は構成していくので，ベクトルが $\boldsymbol{a}_1, \boldsymbol{a}_2, \cdots$ とつけ加わっていくのだが，陰関数表示の場合だと，限定で自由度が制限されていくことになる．

この場合に，行列 A や B のあり方によっては，重複が

あって（退化現象があるといった言い方をする），平面になるはずが重なった2直線になってしまったり，平面の交わりのつもりが重なった2平面になったりすることもありうる．そうしたことを調べるのはあとにして，退化のない場合を考えると，助変数表示だと，$\boldsymbol{a}$ から1つのパラメーター t で作れるから直線は1次元，$\boldsymbol{a}_1$ と $\boldsymbol{a}_2$ から2つのパラメーター t_1 と t_2 とで張った平面が2次元ということになる．これに対して，陰関数表示の場合だと，もともとが3次元なのを限定1つで，(3−1)次元の平面，限定2つで(3−2)次元の直線ということになる．このように(3−r)次元というように，あと r 次元でイッパイというときは，余次元が r というようにいう．

もっと極端にすると，原点だけのときは，自由度がなくなって0次元で，助変数表示では

$$\begin{bmatrix} x_1 \\ x_2 \\ x_3 \end{bmatrix} = \begin{bmatrix} 0 \\ 0 \\ 0 \end{bmatrix}$$

であり，陰関数表示だと余次元が3の

$$\begin{aligned} b_{11}x_1 + b_{12}x_2 + b_{13}x_3 &= 0 \\ b_{21}x_1 + b_{22}x_2 + b_{23}x_3 &= 0 \\ b_{31}x_1 + b_{32}x_2 + b_{33}x_3 &= 0, \end{aligned}$$

すなわち

$$\begin{bmatrix} b_{11} & b_{12} & b_{13} \\ b_{21} & b_{22} & b_{23} \\ b_{31} & b_{32} & b_{33} \end{bmatrix} \begin{bmatrix} x_1 \\ x_2 \\ x_3 \end{bmatrix} = \begin{bmatrix} 0 \\ 0 \\ 0 \end{bmatrix}$$

となって，「連立 1 次方程式」で解が $\mathbf{0}$ だけというのになる．

逆に $\boldsymbol{V}$ そのものは，陰関数表示だと余次元が 0，つまりなにも限定をしないことで，助変数表示だと

$$x_1 = a_{11}t_1 + a_{12}t_2 + a_{13}t_3$$
$$x_2 = a_{21}t_1 + a_{22}t_2 + a_{23}t_3$$
$$x_3 = a_{31}t_1 + a_{32}t_2 + a_{33}t_3,$$

すなわち

$$\begin{bmatrix} x_1 \\ x_2 \\ x_3 \end{bmatrix} = \begin{bmatrix} a_{11} & a_{12} & a_{13} \\ a_{21} & a_{22} & a_{23} \\ a_{31} & a_{32} & a_{33} \end{bmatrix} \begin{bmatrix} t_1 \\ t_2 \\ t_3 \end{bmatrix}$$

と，$\boldsymbol{a}_1, \boldsymbol{a}_2, \boldsymbol{a}_3$ を単位にして，t_1, t_2, t_3 と座標を考えたのと同じことになる．

部分線型空間

このようなものを部分線型空間という．人によっては線型部分空間といって，略して部分空間というのに都合がよいのだが，「線型空間」としての「部分」を意味しているので，部分「線型空間」の方がいいだろう．つまり，部分線型空間の 2 つの表現方法として，助変数表示と陰関数表示があったわけである．

これは，$\boldsymbol{V}$ の部分 $\boldsymbol{V}'$ が，$\boldsymbol{V}$ で考えられている加法とスカラー倍のままで，それ自身「ひとつの線型空間」と考えられる，ということを特徴としている．そのために $\boldsymbol{V}'$ が $\boldsymbol{V}$ の中でこれらの演算について「閉じている」こと，すな

わち

$$\boldsymbol{x}, \boldsymbol{x}' \in \boldsymbol{V}' \quad \text{なら} \quad \boldsymbol{x}+\boldsymbol{x}' \in \boldsymbol{V}', \ \boldsymbol{x}r \in \boldsymbol{V}'$$

という性質で規定される．ただしこれだと，$\boldsymbol{V}'$ が空集合のときはどうかというと，「数学の論理の習慣」としては，このような条件命題については，条件をみたす $\boldsymbol{x}$ や $\boldsymbol{x}'$ が存在しないときはこの命題は充足されていると考えるので，空集合もこの性質をもつことになる．それで，空集合も部分線型空間と考える流儀もあるが，通常は空集合を除くために

$$\boldsymbol{0} \in \boldsymbol{V}'$$

という条件を加える．

像や核が部分線型空間になる，というのは，$\boldsymbol{f}$ や $\boldsymbol{g}$ の線型性の帰結である．教科書の「問」などに，こんなことを「証明せよ」などと書かれていて，アッタリマエのことを証明するなんて，と学生がまごつくこともあるのだが，アホラシイことにはアホラシイことを書いて対応すればよいのであって，たとえば

$$\boldsymbol{g}(\boldsymbol{x}) = \boldsymbol{0}, \quad \boldsymbol{g}(\boldsymbol{x}') = \boldsymbol{0} \ \text{なら}$$
$$\boldsymbol{g}(\boldsymbol{x}+\boldsymbol{x}') = \boldsymbol{g}(\boldsymbol{x})+\boldsymbol{g}(\boldsymbol{x}') = \boldsymbol{0}$$

などと書いてチェックしておけば，それが「証明」なのである．アッタリマエのことを証明するときの要領だ．

いまの例の $\boldsymbol{V}$ が3次元の場合でいうと，部分線型空間というのは，次元で類別すると

{原点だけ，原点を通る直線，
原点を通る平面，$\boldsymbol{V}$ そのもの}

ということになる．一般に，線型空間 $\boldsymbol{V}$ の部分線型空間の集合を $\mathscr{S}(\boldsymbol{V})$，ときには略して $\mathscr{S}$ と書くことにしよう．

一般に，「閉じている」という性質ではいつでもいえることだが，

$$\boldsymbol{V}_1', \boldsymbol{V}_2' \in \mathscr{S} \quad \text{なら} \quad \boldsymbol{V}_1' \cap \boldsymbol{V}_2' \in \mathscr{S}$$

となる．これもアッタリマエだが，なんならアホラシイ「証明」をしてみるとよい．これが，$\boldsymbol{V}_1'$ と $\boldsymbol{V}_2'$ との「交わり」である．もっと一般に

$$\mathscr{A} \subseteqq \mathscr{S} \quad \text{について} \quad \bigcap \mathscr{A} \in \mathscr{S}$$

である．ここで

$$\bigcap \mathscr{A} = \bigcap_{\boldsymbol{V}' \in \mathscr{A}} \boldsymbol{V}' = \{\boldsymbol{x} | \boldsymbol{x} \in \boldsymbol{V}' \ \ (\boldsymbol{V}' \in \mathscr{A})\},$$

つまり，$\mathscr{A}$ に入るすべての部分線型空間の交わり，というわけだ．

これに対して，$\boldsymbol{V}_1' \cup \boldsymbol{V}_2'$ を作るだけでは，枝が 2 本のような場合で，その間に面を張らねば，部分線型空間にはならない．つまり

$$\boldsymbol{V}_1' + \boldsymbol{V}_2' = \{\boldsymbol{x}_1 + \boldsymbol{x}_2 | \boldsymbol{x}_1 \in \boldsymbol{V}_1', \ \boldsymbol{x}_2 \in \boldsymbol{V}_2'\}$$

が部分線型空間になる．もっと一般に $\boldsymbol{A} \subseteqq \boldsymbol{V}$ に対して

$$\boldsymbol{V}_{\boldsymbol{A}} = \{\boldsymbol{x}_1 r_1 + \boldsymbol{x}_2 r_2 + \cdots + \boldsymbol{x}_k r_k | \boldsymbol{x}_1, \boldsymbol{x}_2, \cdots, \boldsymbol{x}_k \in \boldsymbol{A}, \ k \text{は任意}\}$$

といった形で，線型空間と限らない $\boldsymbol{A}$ を線型空間にまで成長させたものが作られる．$\boldsymbol{V}_1' + \boldsymbol{V}_2'$ というのは，これの特別の場合で，$\boldsymbol{V}_{\boldsymbol{V}_1' \cup \boldsymbol{V}_2'}$ であったわけだ．これを，イカメシクは $\boldsymbol{A}$ から生成した部分線型空間，クダケテは $\boldsymbol{A}$ から張った部分線型空間という．こちらの方が，$\boldsymbol{V}_1'$ と $\boldsymbol{V}_2'$ の「結

び」になるわけだ.

ところで，これは $\boldsymbol{A}$ を含む最小の部分線型空間であるわけだが,「数学」では構成的に表現するよりは超越的に表現する趣味があって，これを

$$\boldsymbol{V} = \bigcap_{\boldsymbol{A} \subseteq \boldsymbol{V}' \in \mathscr{S}} \boldsymbol{V}'$$

といった形で表わすことも多い．$\boldsymbol{A}$ を含む部分線型空間はイロイロあろうが，そのうち最小のギリギリを作るには，それらスベテの共通分をとればよい，というわけだ.

これらのことは,「数学者の生活習慣」に属することにすぎず，その生活に慣れてしまえばアホラシイようなことだ．しかし，それにナジマナイうちは，なかなかとけこめないのが学生の常である．そうしたカルチャーギャップで悩むのはつまらないことで，イギリスでは乞食も英語を話すさ（オヤ乞食を差別したかな，実はぼくは乞食に憧れているのに)，といった気分でいてほしい．まあ，気にしない，気にしない.

それでも，ひとつだけ注意．集合については，分配則

$$(X_1 \cup X_2) \cap X_3 = (X_1 \cap X_3) \cup (X_2 \cap X_3)$$
$$(X_1 \cap X_2) \cup X_3 = (X_1 \cup X_3) \cap (X_2 \cup X_3)$$

がなりたった．しかし $\mathscr{S}$ では,

$$(\boldsymbol{V}_1' + \boldsymbol{V}_2') \cap \boldsymbol{V}_3' \supseteq (\boldsymbol{V}_1' \cap \boldsymbol{V}_3') + (\boldsymbol{V}_2' \cap \boldsymbol{V}_3')$$
$$(\boldsymbol{V}_1' \cap \boldsymbol{V}_2') + \boldsymbol{V}_3' \subseteq (\boldsymbol{V}_1' + \boldsymbol{V}_3') \cap (\boldsymbol{V}_2' + \boldsymbol{V}_3')$$

はよいが，等号は成立しない．たとえば，$\boldsymbol{V}$ が 2 次元で $\boldsymbol{V}_1', \boldsymbol{V}_2', \boldsymbol{V}_3'$ が直線の場合，図のように

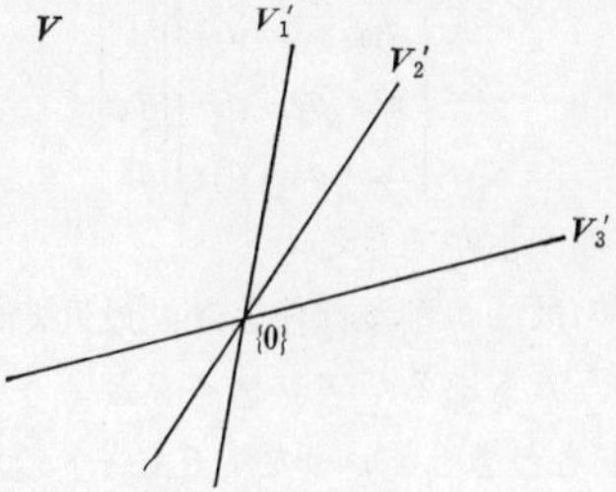

$$V_1' + V_2' = V, \qquad V_1' \cap V_3' = V_2' \cap V_3' = \{0\}$$
$$V_1' \cap V_2' = \{0\}, \qquad V_1' + V_3' = V_2' + V_3' = V$$

となっている．

部分アファイン空間

いまは，原点を通る場合だったが，原点を通らない場合については，それをズラスことにすればよい．すなわち

$$a_0 + V' = \{a_0 + x \mid x \in V'\}$$

を考えればよい．たとえば，3次元空間の中の平面なら，

$$x_1 = a_{10} + a_{11} t_1 + a_{12} t_2$$
$$x_2 = a_{20} + a_{21} t_1 + a_{22} t_2$$
$$x_3 = a_{30} + a_{31} t_1 + a_{32} t_2,$$

すなわち

$$\begin{bmatrix} x_1 \\ x_2 \\ x_3 \end{bmatrix} = \begin{bmatrix} a_{10} \\ a_{20} \\ a_{30} \end{bmatrix} + \begin{bmatrix} a_{11} & a_{12} \\ a_{21} & a_{22} \\ a_{31} & a_{32} \end{bmatrix} \begin{bmatrix} t_1 \\ t_2 \end{bmatrix}$$

$$= \begin{bmatrix} a_{10} & a_{11} & a_{12} \\ a_{20} & a_{21} & a_{22} \\ a_{30} & a_{31} & a_{32} \end{bmatrix} \begin{bmatrix} 1 \\ t_1 \\ t_2 \end{bmatrix}$$

のような助変数表示ができる．

こうしたものは，線型多様体とか，最近では部分アファイン空間という人もある．アファインというのは，最初は「ユークリッドもどき」といった「モドキ」の意味だったらしいが，最近では定数項の入った非同次の線型を言う習慣がひろがり始めている．

陰関数表示だと，$\boldsymbol{x}-\boldsymbol{a}_0$ を限定すればよいので

$$B(\boldsymbol{x}-\boldsymbol{a}_0) = \boldsymbol{0}$$

のような形になる．ここで

$$B\boldsymbol{a}_0 = \boldsymbol{b}$$

とすると，

$$B\boldsymbol{x} = \boldsymbol{b}$$

という形で，非同次の線型方程式の形になる．たとえば3次元空間の中の直線だと，

$$b_{11}x_1+b_{12}x_2+b_{13}x_3 = b_1$$
$$b_{21}x_1+b_{22}x_2+b_{23}x_3 = b_2$$

すなわち

$$\begin{bmatrix} b_{11} & b_{12} & b_{13} \\ b_{21} & b_{22} & b_{23} \end{bmatrix} \begin{bmatrix} x_1 \\ x_2 \\ x_3 \end{bmatrix} = \begin{bmatrix} b_1 \\ b_2 \end{bmatrix}$$

となる．ときには

$$\begin{bmatrix} -b_1 & b_{11} & b_{12} & b_{13} \\ -b_2 & b_{21} & b_{22} & b_{23} \end{bmatrix} \begin{bmatrix} 1 \\ x_1 \\ x_2 \\ x_3 \end{bmatrix} = 0$$

の形に書くこともある．つまり，部分アファイン空間の陰関数表示というのは，連立１次方程式のことなのである．

このことは，非同次の連立１次方程式と同次方程式との関係が，部分アファイン空間と部分線型空間の関係になっていることを意味している．非同次の線型方程式

$$B\boldsymbol{x} = \boldsymbol{b}$$

の解があったとして，そのひとつを $\boldsymbol{a}_0$ とすると

$$B\boldsymbol{a}_0 = \boldsymbol{b}$$

となる．そこで，$\boldsymbol{a}_0$ だけズラシた

$$\tilde{\boldsymbol{x}} = \boldsymbol{x} - \boldsymbol{a}_0$$

を考えると，これは

$$B\tilde{\boldsymbol{x}} = \boldsymbol{0}$$

の解になっている．

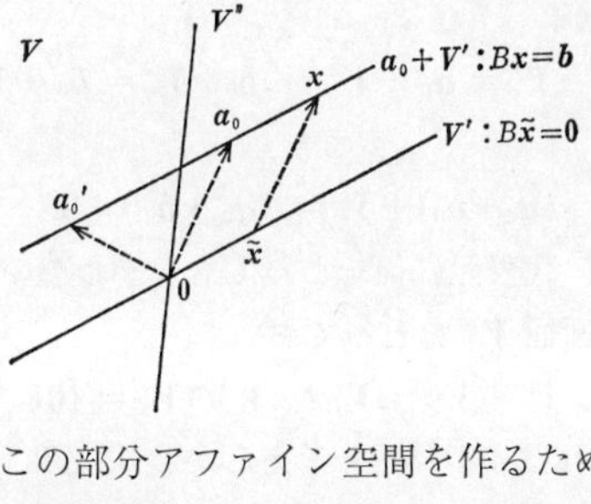

ここで，この部分アファイン空間を作るための $\boldsymbol{a}_0$ は一

意的ではない．べつの解 $\boldsymbol{a}_0'$ でもかまわない．その部分空間の上の任意の点を原点になるようにズラシさえすればよいわけだ．この

$$\boldsymbol{a}_0+\boldsymbol{V}' = \boldsymbol{a}_0'+\boldsymbol{V}'$$

となるというのは，$\boldsymbol{a}_0-\boldsymbol{a}_0'$ が $\boldsymbol{V}'$ の向きにあること，つまり

$$\boldsymbol{a}_0-\boldsymbol{a}_0' \in \boldsymbol{V}'$$

ということになる．

ここで，$\boldsymbol{V}'$ に「平行」な部分アファイン空間の全体を，$\boldsymbol{V}$ の $\boldsymbol{V}'$ による商空間といって，$\boldsymbol{V}/\boldsymbol{V}'$ で表わすこともある．これは，上の同値関係で $\boldsymbol{V}$ を分類して，$\boldsymbol{V}'$ に平行な層にしているようなもので，いわばそれを $\boldsymbol{V}'$ の方向で眺めたことになる．

これは，

$$(\boldsymbol{a}_0+\boldsymbol{V}')+(\boldsymbol{b}_0+\boldsymbol{V}') = (\boldsymbol{a}_0+\boldsymbol{b}_0)+\boldsymbol{V}',$$
$$(\boldsymbol{a}_0+\boldsymbol{V}')r = \boldsymbol{a}_0 r+\boldsymbol{V}'$$

を考えることで，線型空間になっている．$\boldsymbol{a}_0$ や $\boldsymbol{b}_0$ は一意的ではないが，

$$\boldsymbol{a}_0+\boldsymbol{V}' = \boldsymbol{a}_0'+\boldsymbol{V}', \qquad \boldsymbol{b}_0+\boldsymbol{V}' = \boldsymbol{b}_0'+\boldsymbol{V}'$$

なら

$$(\boldsymbol{a}_0+\boldsymbol{b}_0)+\boldsymbol{V}' = (\boldsymbol{a}_0'+\boldsymbol{b}_0')+\boldsymbol{V}'$$

となるので，代表元に何をとってもかまわない．

ひとつの断面 $\boldsymbol{V}''$ をとっておいて，

$$\boldsymbol{V}''+\boldsymbol{V}' = \boldsymbol{V}, \qquad \boldsymbol{V}''\cap\boldsymbol{V}' = \{\boldsymbol{0}\}$$

のようにすれば，$\boldsymbol{V}/\boldsymbol{V}'$ を考えるかわりに $\boldsymbol{V}''$ を考えても

よいが，この場合には断面でありさえすればよいので，$\boldsymbol{V}''$は一意的ではない．それで，ともかく「確定した線型空間」として $\boldsymbol{V}/\boldsymbol{V}'$ を考えた方がよい．もっとも，「剰余系」などと称して中学校あたりからこの種の議論が入っていたが，あまりわかりよくもなく，評判も悪くて，例の「現代化サヨーナラ運動」で消えてしまった．さしあたりは，$\boldsymbol{V}''$で間に合わせておいてよいだろう．こうした $\boldsymbol{V}''$ は，$\boldsymbol{V}$ における $\boldsymbol{V}'$ の補空間（テイネイには補部分線型空間）といわれる．

線型写像の標準分解

でも，せっかくのこと，商空間まで話が進んだので，線型写像の標準分解という話題に触れておこう．

線型写像

$$\boldsymbol{f}:\boldsymbol{U}\longrightarrow\boldsymbol{V}$$

で，

$$\boldsymbol{f}^{-1}(\boldsymbol{0})=\{\boldsymbol{0}\}$$

となる場合は，

$$\boldsymbol{f}(\boldsymbol{x})=\boldsymbol{0}\quad\text{なら}\quad\boldsymbol{x}=\boldsymbol{0}$$

ということで，これは $\boldsymbol{x}_1-\boldsymbol{x}_2$ を考えると

$$\boldsymbol{f}(\boldsymbol{x}_1)-\boldsymbol{f}(\boldsymbol{x}_2)=\boldsymbol{0}\quad\text{なら}\quad\boldsymbol{x}_1-\boldsymbol{x}_2=\boldsymbol{0},$$

すなわち

$$\boldsymbol{f}(\boldsymbol{x}_1)=\boldsymbol{f}(\boldsymbol{x}_2)\quad\text{なら}\quad\boldsymbol{x}_1=\boldsymbol{x}_2,$$

ということになる．これは，フルイ用語では「1対1」の写像，ハイカラな用語では単射という．

$\boldsymbol{V}'$ が $\boldsymbol{V}$ の部分線型空間のとき,

$$\boldsymbol{i}(\boldsymbol{x}) = \boldsymbol{x}$$

として,

$$\boldsymbol{i} : \boldsymbol{V}' \longrightarrow \boldsymbol{V}$$

は単射になっている．単射というのは英語なら injection で，辞書では「注射」とあるだろう．いっそ「中射」という訳はどうかと提唱したことがあったが，はやらなかった.

これに対して,

$$\boldsymbol{f}(\boldsymbol{U}) = \boldsymbol{V}$$

のときは，フルイ用語では $\boldsymbol{V}$ の「上への」写像，ハイカラな用語では全射とか上射とかいう.

こちらの方で代表的なのは，商空間の場合で，$\boldsymbol{x}$ を $\boldsymbol{V}'$ の方向に眺めた

$$\boldsymbol{p}(\boldsymbol{x}) = \boldsymbol{x} + \boldsymbol{V}'$$

を考えると,

$$\boldsymbol{p} : \boldsymbol{V} \longrightarrow \boldsymbol{V}/\boldsymbol{V}'$$

が上射になっている.

この両方,

$$\boldsymbol{f}^{-1}(\mathbf{0}) = \{\mathbf{0}\}, \quad \boldsymbol{f}(\boldsymbol{U}) = \boldsymbol{V}$$

のときは，全単射とか双射とかいう.

もちろん，一般の場合には，こんなことにならないのだが，それを

$$\boldsymbol{U} \xrightarrow{\boldsymbol{p}} \boldsymbol{U}/\boldsymbol{f}^{-1}(\mathbf{0}) \xrightarrow{\tilde{\boldsymbol{f}}} \boldsymbol{f}(\boldsymbol{U}) \xrightarrow{\boldsymbol{i}} \boldsymbol{V}$$

のように分解すると，$\tilde{\boldsymbol{f}}$ は双射になる．$\boldsymbol{f}^{-1}(\mathbf{0})$ でわるところで同じ値をとる $\boldsymbol{x}$ を

$$\boldsymbol{x}_1 - \boldsymbol{x}_2 \in \boldsymbol{f}^{-1}(\mathbf{0}),$$

すなわち

$$\boldsymbol{f}(\boldsymbol{x}_1) = \boldsymbol{f}(\boldsymbol{x}_2)$$

で同値類に分け，値の方は必要最小限の $\boldsymbol{f}(\boldsymbol{U})$ の方に限定してしまったのが，$\tilde{\boldsymbol{f}}$ なのである．

象徴的な図をかくなら，図のようになる．よくベン図風にマルを書くが，いっそシンボル化して線にした方がはっきりする（「線型だから線にするのだ」とダジャレを言う人もある）．

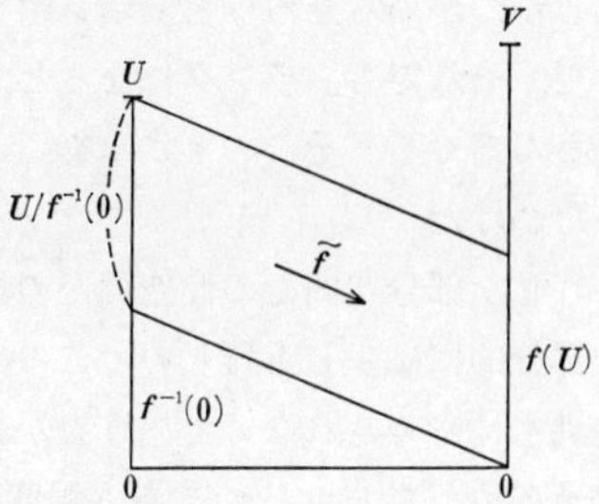

次元についての議論は，もっとキッチリやらねばならないのだが，今までもボンヤリと次元について触れてきたので，少しサキドリして関係づけておくと，さきほどの余次元というのは，$\boldsymbol{V}/\boldsymbol{V}'$ の次元のことになる．すなわち

$$\operatorname{codim} \boldsymbol{V}' = \dim \boldsymbol{V}/\boldsymbol{V}' \quad (=\dim \boldsymbol{V}'')$$

である．これは，

$$\dim \boldsymbol{V}/\boldsymbol{V}' = \dim \boldsymbol{V} - \dim \boldsymbol{V}'$$

としておいてもダイタイはよいのだが，あとで無限次元を扱うときの用心に，商空間のままにしておこう．

すると，$\tilde{\boldsymbol{f}}$ では $\boldsymbol{U}/\boldsymbol{f}^{-1}(\boldsymbol{0})$ が $\boldsymbol{f}(\boldsymbol{U})$ に双射でうつるので，

$$\operatorname{codim} \boldsymbol{f}^{-1}(\boldsymbol{0}) = \dim \boldsymbol{U}/\boldsymbol{f}^{-1}(\boldsymbol{0}) = \dim \boldsymbol{f}(\boldsymbol{U})$$

となっている．これが，$\boldsymbol{f}$ のランク（階数とか位数とか訳す）で，「線型代数の難しい概念」ということになっている．それについては，あらためて触れることにするが，これは「次元の弟分」ぐらいのもので，実のところ真に難しいのは，すでに使いまくっている次元の方で，使いまくっとるうちに感じがつかめるだろうと，ボンヤリしたままで使っとるわけだ．それでも，ランクになると，部分空間やら商空間がからんでくる．そこのところを，ここでさしあたり論じてみたわけだ．

しかし，こうした部分空間だの商空間だのを，形式的にやられると，部分的には少しも難しいところがないのに，用語と概念の洪水にやりきれないと思う方が普通だ．一般的抽象形式はそのカッコヨサにつきあう程度で，3 次元空間の中の直線や平面の方でフィーリングをつかむ方がよいと思う．なにやら難しげなことを言うとるが，なんや，直線と平面のことやんけ，チョロイ話や，ということだ．

3
次 元

直 和

ベクトルを考えるのに，いくつかの量を組にして考えることから始めた．これは，普通は直積，もしくは最近では単に積といっている．そこで，集合の場合の直積や直和について，考えておこう．それから，線型空間の場合はどうなっているかを考えよう，という寸法である．

いま，集合 F_1 と F_2 があるとき，その要素（元）の組の集合

$$F_1 \times F_2 = \left\{ \begin{bmatrix} y_1 \\ y_2 \end{bmatrix} \middle| y_1 \in F_1,\ \ y_2 \in F_2 \right\}$$

が直積である．

これは，y_1 と y_2 を同時に表現するのに適している．そのようなことの起こるのは，2つの関数

$$f_1 : E \longrightarrow F_1, \qquad f_2 : E \longrightarrow F_2$$

があるとき，

$$x \longmapsto \begin{bmatrix} f_1(x) \\ f_2(x) \end{bmatrix}$$

によって

$$\begin{bmatrix} f_1 \\ f_2 \end{bmatrix} : E \longrightarrow F_1 \times F_2$$

を表現できる．たとえば，x が時間で，y_1 と y_2 が平面上の2つの座標のようなとき，こうした扱いをいつもやっている．ここで

$$p_1 : F_1 \times F_2 \longrightarrow F_1, \qquad p_2 : F_1 \times F_2 \longrightarrow F_2$$

を，各成分を与える関数と考えると，図のようなことになっている．じつは $F_1 \times F_2$ というのは，こうした f_1 と f_2 を同時に映せるいっぱいのスクリーンなのである．

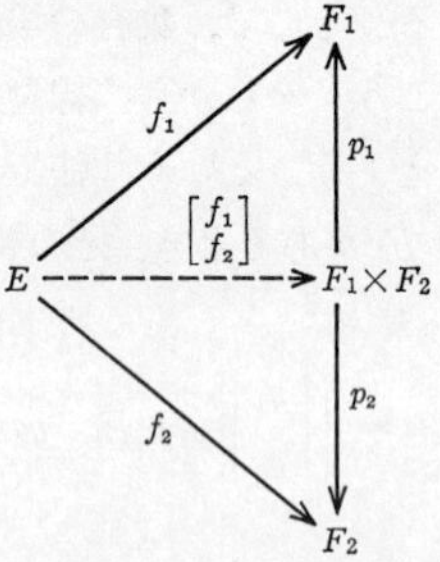

こんどは，2つの関数

$$g_1 : F_1 \longrightarrow G, \qquad g_2 : F_2 \longrightarrow G$$

があったとする．このとき，F_1 と F_2 を並列した集合 F_1+F_2 を考える．これが，集合としての直和である．すると，

$$y \in F_1 \text{ なら } y \longmapsto g_1(y), \qquad y \in F_2 \text{ なら } y \longmapsto g_2(y)$$

として，

$$[g_1 \quad g_2] : F_1 + F_2 \longrightarrow G$$

が定まる．よく，$y \geqq 0$ のときと $y<0$ のときなどと，定義

域を2つに分けて，関数を定義するが，これは定義域の方を直和に分けているのである．こちらの方も，F_1 と F_2 を F_1+F_2 の中に埋めこむ関数

$$i_1 : F_1 \longrightarrow F_1+F_2, \quad i_2 : F_2 \longrightarrow F_1+F_2$$

を考えると，同じような図になるが，今度はヤジルシが反対になっている．こちらでは，F_1+F_2 が，g_1 と g_2 が両方に動けるいっぱいのステージとなる．

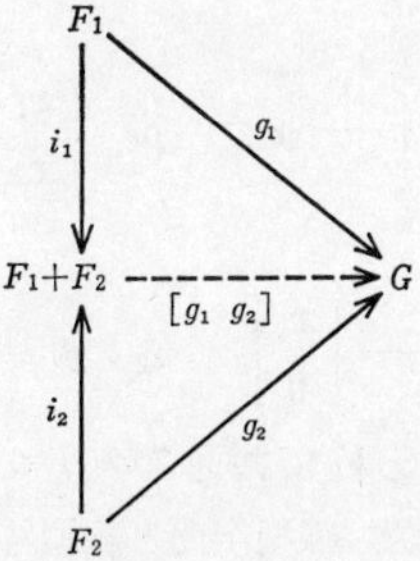

これらが複合した場合として，

$$f_{ij} : E_j \longrightarrow F_i \qquad (i, j=1, 2)$$

を考えると，

$$\begin{bmatrix} f_{11} & f_{12} \\ f_{21} & f_{22} \end{bmatrix} : E_1+E_2 \longrightarrow F_1 \times F_2$$

が考えられることになる．行列を考えるときは，こうしたことをしていたのである．

ところが線型空間と線型写像の場合は，少し事情が変わってくる．直積に関しては同じことだが，直和の方については，まずともかく原点 $\mathbf{0}$ がある．それで，集合のときの

ように交わらずに並列するわけにはいかず，$\mathbf{0}$ を共有せねばならない．さらに，線型に張らねばならないので，座標軸があるだけではすまない．すると，こちらの方も直積と同じものを考えねばならない．これをどう呼んだものか，集合の場合と同じく直積と呼ぶ人もあるが，加法が関係しているし，ここではいっそ，直和の方を使うことにしよう．記号も問題だが，$V_1 \oplus V_2$ のような記法を用いることにする．ここで，射影

$$\boldsymbol{p}_1 : \begin{bmatrix} \boldsymbol{x}_1 \\ \boldsymbol{x}_2 \end{bmatrix} \longmapsto \boldsymbol{x}_1, \qquad \boldsymbol{p}_2 : \begin{bmatrix} \boldsymbol{x}_1 \\ \boldsymbol{x}_2 \end{bmatrix} \longmapsto \boldsymbol{x}_2$$

と埋めこみ

$$\boldsymbol{i}_1 : \boldsymbol{x}_1 \longmapsto \begin{bmatrix} \boldsymbol{x}_1 \\ \mathbf{0} \end{bmatrix}, \qquad \boldsymbol{i}_2 : \boldsymbol{x}_2 \longmapsto \begin{bmatrix} \mathbf{0} \\ \boldsymbol{x}_2 \end{bmatrix}$$

の両方があり，$\boldsymbol{V}_1 \oplus \boldsymbol{V}_2$ で共通スクリーンにも共通ステージにも使えることが，線型空間と線型写像の場合と，集合と一般の関数の場合との違う点である．ここで

$$\begin{bmatrix} \boldsymbol{f}_1 \\ \boldsymbol{f}_2 \end{bmatrix}(\boldsymbol{x}) = \begin{bmatrix} \boldsymbol{f}_1(\boldsymbol{x}) \\ \boldsymbol{f}_2(\boldsymbol{x}) \end{bmatrix}$$

$$[\boldsymbol{g}_1 \quad \boldsymbol{g}_2] \begin{bmatrix} \boldsymbol{x}_1 \\ \boldsymbol{x}_2 \end{bmatrix} = \boldsymbol{g}_1(\boldsymbol{x}_1) + \boldsymbol{g}_2(\boldsymbol{x}_2)$$

のようになっている．

こうしたカラクリが，線型空間と線型写像について，行列算がうまくいく根拠ともいえる．じつは，高校まででやってきた座標だって，方眼紙の縁に目盛りを読む（射影する）小学校のときの直積型と，やがて平面の真中に座標軸

を組む（埋めこむ）直和型とを，混然と使っているとも言える．図でいえば，$\boldsymbol{V}_1$ と $\boldsymbol{i}_1(\boldsymbol{V}_1)$ とを普通は同一視して考えているのである．

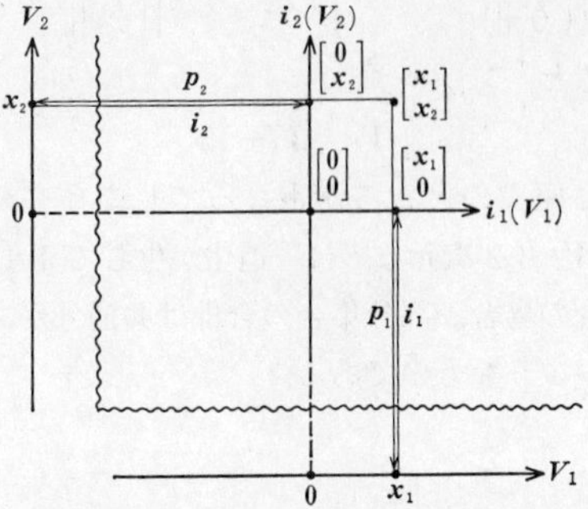

こうした混同ないしは同一視は，むしろ便利なことで，区別したりするとメンドクサイから区別しない．数学なんて，ゲンミツそうでもやはりメンドクサイことは避けて成立しているものだ．

線型独立

いままでは，$\boldsymbol{V}_1$ と $\boldsymbol{V}_2$ とは，それぞれがいわば宙空にあった．こんどは，それが1つの線型空間 $\boldsymbol{V}$ の枠の中で，部分空間としてある場合を考える．この場合は，$\boldsymbol{V}$ に加法があるので

$$\boldsymbol{V}_1+\boldsymbol{V}_2=\{\boldsymbol{x}_1+\boldsymbol{x}_2 \mid \boldsymbol{x}_1\in\boldsymbol{V}_1,\ \boldsymbol{x}_2\in\boldsymbol{V}_2\}$$

を考えることができた．しかし一般には，これは $\boldsymbol{V}_1\oplus\boldsymbol{V}_2$ と同型にならない．$\boldsymbol{V}$ の加法で関係づけられることがあ

るからである．たとえば，$\boldsymbol{V}$ が3次元空間で

$$\boldsymbol{V}_1 = \left\{ \begin{bmatrix} x_1 \\ x_2 \\ 0 \end{bmatrix} \middle| x_1, x_2 \in K \right\}, \qquad \boldsymbol{V}_2 = \left\{ \begin{bmatrix} 0 \\ x_2 \\ x_3 \end{bmatrix} \middle| x_2, x_3 \in K \right\}$$

とでもすると，

$$\boldsymbol{V} = \boldsymbol{V}_1 + \boldsymbol{V}_2$$

だが，第2座標のところが重なってしまう．次元でいえば，$\boldsymbol{V}_1$ も $\boldsymbol{V}_2$ も2次元なのに，退化が生じて $\boldsymbol{V}$ は3次元になる．集合の場合，部分集合の合併は共通分があれば直和にならないようなものである．

ここで

$$\begin{bmatrix} \boldsymbol{x}_1 \\ \boldsymbol{x}_2 \end{bmatrix} \longmapsto \boldsymbol{x}_1 + \boldsymbol{x}_2$$

を考えると，$\boldsymbol{V}_1 \oplus \boldsymbol{V}_2$ から $\boldsymbol{V}_1 + \boldsymbol{V}_2$ の上へと線型写像があるが，単射になるとはかぎらない．これが単射になるというのは，

$$\boldsymbol{x}_1 + \boldsymbol{x}_2 = \boldsymbol{x}_1' + \boldsymbol{x}_2' \quad \text{なら} \quad \boldsymbol{x}_1 = \boldsymbol{x}_1', \qquad \boldsymbol{x}_2 = \boldsymbol{x}_2'$$

のとき，つまり各成分が一意的に定まる場合である．このとき，$\boldsymbol{V}_1$ と $\boldsymbol{V}_2$ は線型独立という．ただし，$\{\boldsymbol{0}\}$ はつまらないので，通常は $\{\boldsymbol{0}\}$ でない部分空間について考える．これは

$$(\boldsymbol{x}_1 - \boldsymbol{x}_1') + (\boldsymbol{x}_2 - \boldsymbol{x}_2') = \boldsymbol{0} \quad \text{なら}$$
$$\boldsymbol{x}_1 - \boldsymbol{x}_1' = \boldsymbol{0}, \qquad \boldsymbol{x}_2 - \boldsymbol{x}_2' = \boldsymbol{0}$$

と同じことだから，$\boldsymbol{0}$ についてだけの

$$\boldsymbol{x}_1 + \boldsymbol{x}_2 = \boldsymbol{0} \quad \text{なら} \quad \boldsymbol{x}_1 = \boldsymbol{0}, \qquad \boldsymbol{x}_2 = \boldsymbol{0}$$

だけを条件として記すことも多い.

じつは，これは

$$\boldsymbol{V}_1 \cap \boldsymbol{V}_2 = \{\boldsymbol{0}\}$$

と同値でもある．なぜなら，さきの独立にならない例のように

$$\boldsymbol{V}_1 \cap \boldsymbol{V}_2 \ni \boldsymbol{x} \neq \boldsymbol{0}$$

なら，

$$\boldsymbol{x} = \boldsymbol{x} + \boldsymbol{0} = \boldsymbol{0} + \boldsymbol{x},$$

なんならもっと一般に

$$\boldsymbol{x} = \boldsymbol{x}s + \boldsymbol{x}t, \quad s + t = 1$$

と，2種類の分解表記があって独立にならないし，逆に，

$$\boldsymbol{x}_1 = -\boldsymbol{x}_2$$

なら左辺は $\boldsymbol{V}_1$ に右辺は $\boldsymbol{V}_2$ に入ることから，$\boldsymbol{V}_1 \cap \boldsymbol{V}_2$ に入って，これが $\boldsymbol{0}$ だけなら

$$\boldsymbol{x}_1 = -\boldsymbol{x}_2 = \boldsymbol{0}$$

ということになる．これは，$\boldsymbol{V}_1$ と $\boldsymbol{V}_2$ とが $\boldsymbol{0}$ を共有するだけの関係になっている，ということをリクツで言ってみたまでのことだ．こうしたリクツは，慣れてしまうとどうとでもなるのだが，慣れないうちはもひとつピンと来にくい．たいてい，ピンと来ないままでしばらく頭の中に飼っておくと，そのうちに馴れてくる．

いまは，2つで言ったが，$\boldsymbol{V}_1, \boldsymbol{V}_2, \cdots, \boldsymbol{V}_n$ についての線型独立だと，

$$\boldsymbol{x}_1 + \boldsymbol{x}_2 + \cdots + \boldsymbol{x}_n = \boldsymbol{x}_1' + \boldsymbol{x}_2' + \cdots + \boldsymbol{x}_n' \quad \text{なら}$$

$$\boldsymbol{x}_1 = \boldsymbol{x}_1', \ \cdots, \ \boldsymbol{x}_n = \boldsymbol{x}_n',$$

あるいは，2つの場合と同じで

$$\boldsymbol{x}_1+\boldsymbol{x}_2+\cdots+\boldsymbol{x}_n=\boldsymbol{0} \quad なら \quad \boldsymbol{x}_1=\boldsymbol{x}_2=\cdots=\boldsymbol{x}_n=\boldsymbol{0}$$

のようにして考えられる．部分空間で言うには，

$$\boldsymbol{V}_1\cap\boldsymbol{V}_2=\{\boldsymbol{0}\}, \qquad (\boldsymbol{V}_1+\boldsymbol{V}_2)\cap\boldsymbol{V}_3=\{\boldsymbol{0}\},$$
$$(\boldsymbol{V}_1+\boldsymbol{V}_2+\boldsymbol{V}_3)\cap\boldsymbol{V}_4=\{\boldsymbol{0}\}, \qquad \cdots$$

のように，帰納法的になってくる．つぎつぎと，独立な方向に伸びる，といった感じのことだが，帰納法的なところが特徴で，帰納法というのはつまりツギツギということなのだが，「証明」などと書かれていると読むのがメンドクサイ．

こうした線型独立な部分空間の和は，直和の記号を流用して，$\boldsymbol{V}_1+\boldsymbol{V}_2+\cdots+\boldsymbol{V}_n$ のかわりに $\boldsymbol{V}_1\oplus\boldsymbol{V}_2\oplus\cdots\oplus\boldsymbol{V}_n$ と書くことも多い．

実際によく使うのは，$\boldsymbol{0}$ でないベクトル $\boldsymbol{a}_1, \boldsymbol{a}_2, \cdots, \boldsymbol{a}_n$ から，1次元空間

$$\boldsymbol{V}_{\boldsymbol{a}_k}=\{\boldsymbol{a}_k t \mid t\in K\}$$

を考える場合である．この場合は，$\boldsymbol{V}_{\boldsymbol{a}_1}, \boldsymbol{V}_{\boldsymbol{a}_2}, \cdots, \boldsymbol{V}_{\boldsymbol{a}_n}$ というのが，それぞれの方向への直線で，これが線型独立のことを，単に $\boldsymbol{a}_1, \boldsymbol{a}_2, \cdots, \boldsymbol{a}_n$ が線型独立という．

$$\boldsymbol{V}_{\boldsymbol{a}_1,\boldsymbol{a}_2}=\boldsymbol{V}_{\boldsymbol{a}_1}+\boldsymbol{V}_{\boldsymbol{a}_2}, \quad \boldsymbol{V}_{\boldsymbol{a}_1,\boldsymbol{a}_2,\boldsymbol{a}_3}=\boldsymbol{V}_{\boldsymbol{a}_1,\boldsymbol{a}_2}+\boldsymbol{V}_{\boldsymbol{a}_3}, \qquad \cdots$$

としておくと，

$$\boldsymbol{a}_2\notin\boldsymbol{V}_{\boldsymbol{a}_1}, \qquad \boldsymbol{a}_3\notin\boldsymbol{V}_{\boldsymbol{a}_1,\boldsymbol{a}_2}, \qquad \cdots$$

のように，ツギツギと新しい方向にベクトルが出ていることを意味する．式で条件づけると

$$\boldsymbol{a}_1 t_1+\boldsymbol{a}_2 t_2+\cdots+\boldsymbol{a}_n t_n=\boldsymbol{0}$$

なら

$$\boldsymbol{a}_1 t_1 = \boldsymbol{a}_2 t_2 = \cdots = \boldsymbol{a}_n t_n = \boldsymbol{0}$$

すなわち

$$t_1 = t_2 = \cdots = t_n = 0$$

ということになる．これは，$t_1, \cdots, t_n$ を係数とする $\boldsymbol{a}_1, \boldsymbol{a}_2, \cdots, \boldsymbol{a}_n$ の1次式と考えると，それが $\boldsymbol{0}$ になるという「線型な関係式」としては，係数がすべて0となるようなトリビアルな1次式しかない，ということを意味してもいる．

線型独立についての議論の厄介なことは，式で言うのと，部分空間で言うのと，その間をとりもつリクツが慣れないとピンと来ない，しかし，式で考えることも，空間で考えることも，両方が必要だということである．それで，最初に線型代数を学ぶとき，ここでクタビレル学生がよくあるが，そのときはムリをしないで，さきも言ったように頭の中に飼っておいて，馴れるのを待つことをぼくはすすめる．

次 元

ここで，いままでなんとなく使ってきた，次元の概念を正式に定義することができる．つまり

$$\boldsymbol{V} = \boldsymbol{V}_{\boldsymbol{a}_1} \oplus \boldsymbol{V}_{\boldsymbol{a}_2} \oplus \cdots \oplus \boldsymbol{V}_{\boldsymbol{a}_n}$$

のとき，$\boldsymbol{V}$ を n 次元という．n 本の線型独立な座標軸で張られる，ということだ．ところで，この定義が意味を持つためには，n が定まらないと困る．ところがリクツの上では，べつの座標軸で

$$\boldsymbol{V} = \boldsymbol{V}_{\boldsymbol{b}_1} \oplus \boldsymbol{V}_{\boldsymbol{b}_2} \oplus \cdots \oplus \boldsymbol{V}_{\boldsymbol{b}_m}$$

と作っていくとき，同じ本数になるという保証はない．つまり，こうしたことをしてみたとき，

$$n = m$$

であることを，証明しなければならない．

たいてい，モットモラシイことの証明はむずかしいものだ．そうしたときは，モットモラシサを，対象化してリクツにしなければならない．

一般に，2つの個数 n と m が等しいことを示すには，対応をつけてみて，足りもせず余りもしなければよい．たとえば，n 人の人と m 脚の椅子があったら，1脚に1人ずつ坐らせてみればわかる．いまの場合も，そうした対応づけを考える．

まず，

$$\boldsymbol{b}_i \in \boldsymbol{V}_{\boldsymbol{a}_2} \oplus \boldsymbol{V}_{\boldsymbol{a}_3} \oplus \cdots \oplus \boldsymbol{V}_{\boldsymbol{a}_n} \qquad (i=1, 2, \cdots, m)$$

ということはありえないから，

$$\boldsymbol{b}_{i_1} \notin \boldsymbol{V}_{\boldsymbol{a}_2} \oplus \boldsymbol{V}_{\boldsymbol{a}_3} \oplus \cdots \oplus \boldsymbol{V}_{\boldsymbol{a}_n}$$

となる $\boldsymbol{b}_{i_1}$ がとれる．このとき

$$\boldsymbol{V} = \boldsymbol{V}_{\boldsymbol{b}_{i_1}} \oplus \boldsymbol{V}_{\boldsymbol{a}_2} \oplus \cdots \oplus \boldsymbol{V}_{\boldsymbol{a}_n}$$

となるはずだ．ここのところを少しくわしく見ると

$$\boldsymbol{b}_{i_1} = \boldsymbol{a}_1 t_1 + \boldsymbol{a}_2 t_2 + \cdots + \boldsymbol{a}_n t_n$$

のとき，$t_1 \neq 0$ で

$$\boldsymbol{a}_1 t_1 = \boldsymbol{b}_{i_1} - \boldsymbol{a}_2 t_2 - \cdots - \boldsymbol{a}_n t_n$$

から，$\boldsymbol{a}_1$ が $\boldsymbol{b}_{i_1}, \boldsymbol{a}_2, \cdots, \boldsymbol{a}_n$ の線型結合で表わせることを言うのに，t_1 で割算をしなければならない．ここのところに，

Kとして割算のできる$\boldsymbol{R}$や$\boldsymbol{C}$をとることが利いていて，整数環$\boldsymbol{Z}$のようなものだと困る．

この議論をツギツギと進める．ここで

$$\boldsymbol{V}_{b_1} \oplus \boldsymbol{V}_{b_2} \oplus \cdots \oplus \boldsymbol{V}_{b_m} = \boldsymbol{V}_{b_{i_1}} \oplus \boldsymbol{V}_{a_2} \oplus \cdots \oplus \boldsymbol{V}_{a_n}$$

であったことから

$$\boldsymbol{b}_{i_2} \notin \boldsymbol{V}_{b_{i_1}} \oplus \boldsymbol{V}_{a_3} \oplus \cdots \oplus \boldsymbol{V}_{a_n}$$

をとり，同じように

$$\boldsymbol{b}_{i_3} \notin \boldsymbol{V}_{b_{i_1}} \oplus \boldsymbol{V}_{b_{i_2}} \oplus \boldsymbol{V}_{a_4} \oplus \cdots \oplus \boldsymbol{V}_{a_n}$$

をとり，というようにして

$$\boldsymbol{V} = \boldsymbol{V}_{b_{i_1}} \oplus \boldsymbol{V}_{b_{i_2}} \oplus \cdots \oplus \boldsymbol{V}_{b_{i_k}} \oplus \boldsymbol{V}_{a_{k+1}} \oplus \cdots \oplus \boldsymbol{V}_{a_n}$$

となるように，$\boldsymbol{a}_1, \boldsymbol{a}_2, \cdots$ をツギツギと，$\boldsymbol{b}_{i_1}, \boldsymbol{b}_{i_2}, \cdots$ とトリカエル対応を考えていく．それを最後までやってみたら，$\boldsymbol{a}$の方が余っても$\boldsymbol{b}$の方が余ってもオカシイ，コレゾワレワレノショーメーセントシタトコロノコトデワアッターというわけだ．

このリクツをもう少し一般的に定式化して使いやすくしたり，トリカエの思想を全面展開して定理群を並べたり，ま，それらは線型代数の教科書でエエカッコシをするところだが，大部分の学生はそれをすぐ消化するほどにはエエカッコシに慣れていない．これに関しては，すぐに消化しなくてもええやんか，というのがぼくの立場だ．

ただ，この

$$\dim \boldsymbol{V} = n$$

ということについて，次のことは理解しておいてほしい．

まずこれは，$\boldsymbol{V}$の中で線型独立なベクトルをできるだけ多くとろうとしたとき，最大で n 本で，それより多くとろうとすると線型独立性が崩れてしまう，ということを意味している．またこれは，$\boldsymbol{V}$ のベクトルすべてを線型結合として表わせるようなベクトルの系をとろうとすると，どんなに節約しても最小で n 本は必要で，それより少ないとすべてのベクトルを表現することはできない，ということを意味している．最大と最小と，2種類の表現をしているところを鑑賞してほしい．つまり，座標軸がチョッキリ n 本ということだが，それが次元が n という概念なのだ．

ところで，ここで正式に次元だの座標だのといったが，この場合に本数の n こそ一定だったが，座標系のとり方はいろいろ可能だった．たとえば

$$\begin{aligned}\boldsymbol{x} &= \boldsymbol{a}_1 x_1 + \boldsymbol{a}_2 x_2 + \cdots + \boldsymbol{a}_n x_n \\ &= \boldsymbol{b}_1 y_1 + \boldsymbol{b}_2 y_2 + \cdots + \boldsymbol{b}_n y_n\end{aligned}$$

のようになる．このことからは

$$\boldsymbol{x} = [\boldsymbol{a}_1 \quad \boldsymbol{a}_2 \quad \cdots \quad \boldsymbol{a}_n] \begin{bmatrix} x_1 \\ x_2 \\ \vdots \\ x_n \end{bmatrix}$$

と書くのが本来である．ところが，最初から書いてきた

$$\boldsymbol{x} = \begin{bmatrix} x_1 \\ x_2 \\ \vdots \\ x_n \end{bmatrix}$$

というのは，$K \oplus K \oplus \cdots \oplus K$（$n$ 個）についての議論にあた

り（これを K^n と書くのが普通），

$$e_1=\begin{bmatrix}1\\0\\\vdots\\\vdots\\0\end{bmatrix},\quad e_2=\begin{bmatrix}0\\1\\0\\\vdots\\0\end{bmatrix},\quad \cdots,\quad e_n=\begin{bmatrix}0\\\vdots\\\vdots\\0\\1\end{bmatrix}$$

という座標で

$$x=[e_1\ \ e_2\ \ \cdots\ \ e_n]\begin{bmatrix}x_1\\x_2\\\vdots\\x_n\end{bmatrix}$$

と書くべきところを，$e_1, e_2, \cdots, e_n$ はワカリキットルので省略したことになっている．それに，この式は行列算と考えても，単位行列で省略できる．

このKⁿに伝統的にはn次元「数空間」というヘンな用語法があるが，ここではn次元座標線型空間，略してn次元座標空間とでも呼んでおこう．座標系が指定されている，とのココロである．あとになると，ウマイ座標系を選択したい，という問題が生じてくるが，それまでは，座標系はキマットルとしてもよいので，いままでだって K^n のごとく論じてきた．しかし本来は，

{線型空間}＋{座標系}＝{座標空間}

で，n 次元線型空間というのは，入れようとすれば n 本の座標がとれるが，まだ座標系は定めていない，というのが本当である．このあたり，最初からゲンミツに区別するの

が数学者魂かもしれないが，ぼくはヤマトダマシイ同様にそうしたタマシイがキライでして，なにやらエエカゲンにやっとるのだ．つまり，

{線型空間} = {座標空間} − {座標系}

で，さしあたりは座標系はあっても見ないことにしよう，というわけだ．見なければ見えない，見えないものはないのと同じではないか．

ランク

次元の概念の子分にランクの概念があることは，もう論じた．しかし，親分の次元の方を折角キッチリもしくはモットモラシク論じたのだから，ランクの方もいちど念を押しておこう．なお，普通はカタカナはなるべく避けるので，位数とか階数とかいった「数学用語」を使うのだが，序列化社会の今日，ランクという「日常語」を使うことにする．

線型写像

$$\boldsymbol{f} : \boldsymbol{U} \longrightarrow \boldsymbol{V}$$

のランクというのは，

$$\operatorname{rank} \boldsymbol{f} = \dim \boldsymbol{f}(\boldsymbol{U}) = \operatorname{codim} \boldsymbol{f}^{-1}(\boldsymbol{0})$$

だった．こんな式を書いただけでは，アジもシャシャリもない．それでまたもや，直線と平面の例にもどってみる．

$\boldsymbol{U}$ を 2 次元座標空間，$\boldsymbol{V}$ を 3 次元座標空間とすると，$\boldsymbol{V}$ の中の原点を通る平面を表わすには

$$\begin{bmatrix} x_1 \\ x_2 \\ x_3 \end{bmatrix} = \begin{bmatrix} a_{11} & a_{12} \\ a_{21} & a_{22} \\ a_{31} & a_{32} \end{bmatrix} \begin{bmatrix} t_1 \\ t_2 \end{bmatrix}$$

であった．しかし，たとえば

$$x_1 = 2t_1+3t_2 = 1(2t_1+3t_2)$$
$$x_2 = 4t_1+6t_2 = 2(2t_1+3t_2)$$
$$x_3 = 6t_1+9t_2 = 3(2t_1+3t_2)$$

のようなときは，$(2t_1+3t_2)$ がひとかたまりで助変数になっていて，2次元に拡がってくれない．

そこで実は，ここでは

$$\mathrm{rank}\begin{bmatrix} a_{11} & a_{12} \\ a_{21} & a_{22} \\ a_{31} & a_{32} \end{bmatrix} = 2$$

という条件が必要になる．

$$\boldsymbol{a}_1 = \begin{bmatrix} a_{11} \\ a_{21} \\ a_{31} \end{bmatrix}, \quad \boldsymbol{a}_2 = \begin{bmatrix} a_{12} \\ a_{22} \\ a_{32} \end{bmatrix}$$

とすると，これは

$$\boldsymbol{x} = \boldsymbol{a}_1 t_1 + \boldsymbol{a}_2 t_2$$

となって，$\boldsymbol{a}_1$ と $\boldsymbol{a}_2$ が線型独立で $\boldsymbol{f}(\boldsymbol{U})$ の座標系を張っているということだ．この議論では，$\boldsymbol{V}$ の方は一般の線型空間でよく，結局，平面とは2次元部分空間のことだ，と言っているだけだ．$\boldsymbol{U}$ の方にしたって，座標を入れるために K^2 をとっただけのことで，なんだショモナイ，2次元部分空間が平面だというのに，助変数も行列もあるものか．それでも，こうした具体的表現で，ランクといったはっきりした量を考えて，それでわかった気になるところが，人間のアホラシクもショモナイところだから仕方がない．

これで

$$A = [\boldsymbol{a}_1 \quad \boldsymbol{a}_2 \quad \cdots \quad \boldsymbol{a}_m]$$

ならば，

$$\operatorname{rank} A = r$$

というのは，m 本のベクトル $\boldsymbol{a}_1, \boldsymbol{a}_2, \cdots, \boldsymbol{a}_m$ で張った部分空間の次元が r ということ，つまり，線型関係からムダを省いても，どうしてもこれだけのものを表現するためには r 本必要だし，また，r 本以上とると必ず線型独立性が崩れてムダができる，といった意味を持つことがわかる．ここで利いているのは，個別の $\boldsymbol{a}_1, \boldsymbol{a}_2, \cdots, \boldsymbol{a}_m$ ではなしに，それを束ねた A であって，rank A という量が次元として利いているのである．

codim の方は，$\boldsymbol{V} \supseteqq \boldsymbol{V}'$ について

$$\operatorname{codim} \boldsymbol{V}' = \dim \boldsymbol{V}/\boldsymbol{V}'$$

のように考えた．$\boldsymbol{V}$ が直和分解されて

$$\boldsymbol{V} = \boldsymbol{V}' \oplus \boldsymbol{V}''$$

のようになっていれば，$\boldsymbol{V}/\boldsymbol{V}'$ のかわりに $\boldsymbol{V}''$ を考えていて間に合うのだが，$\boldsymbol{V}$ と $\boldsymbol{V}'$ だけでは $\boldsymbol{V}''$ が定まらないので，$\boldsymbol{V}/\boldsymbol{V}'$ という形にしていたのである．いまとなっては，商空間を考えるのがイヤなら $\boldsymbol{V}''$ を仮想していてもいいだろう．ともかく，$\boldsymbol{V}$ から次元を $\boldsymbol{V}'$ まで下げるのに必要な次元数が codim $\boldsymbol{V}'$ というわけだ．

こちらの方は，たとえば3次元座標空間での原点を通る直線の陰関数表示

$$\begin{bmatrix} a_{11} & a_{12} & a_{13} \\ a_{21} & a_{22} & a_{23} \end{bmatrix} \begin{bmatrix} x_1 \\ x_2 \\ x_3 \end{bmatrix} = \begin{bmatrix} 0 \\ 0 \end{bmatrix}$$

を考えてみよう．この場合も，

$$2x_1 + 3x_2 + 4x_3 = 0,$$
$$4x_1 + 6x_2 + 8x_3 = 0$$

のような場合だと，条件が重複して codim が1で，次元を3次元から1つしか下げてくれない．そこでこの場合も

$$\operatorname{rank} \begin{bmatrix} a_{11} & a_{12} & a_{13} \\ a_{21} & a_{22} & a_{23} \end{bmatrix} = 2$$

という条件が必要になる．

こちらの場合だと

$$\boldsymbol{a}_1{}^* = [a_{11} \quad a_{12} \quad a_{13}], \qquad \boldsymbol{a}_2{}^* = [a_{21} \quad a_{22} \quad a_{23}]$$

とヨコワリのヨコベクトルを考えると，こちらに重複が起こったりして，2本分に働いていないときは困ることになるのである．ヨコベクトルとは言っても，まだ「ベクトル」としての機能を与えていないが，そこをサキドリして言えば，一般に，A をヨコワリにして

$$A = \begin{bmatrix} \boldsymbol{a}_1{}^* \\ \boldsymbol{a}_2{}^* \\ \vdots \\ \boldsymbol{a}_n{}^* \end{bmatrix}$$

とすれば，この n 本のヨコベクトルを束と考えて，有効性

としては r 本分というのが，rank A の意味にもなっている．

ついでに言えば，これは線型方程式の解空間でもあるのだが，高校では，1元方程式の

$$0x = 0$$

を「不定」と言って，2元方程式では

$$\begin{aligned} 2x+3y &= 0 \\ 4x+6y &= 0 \end{aligned}$$

のような場合ばかりで，

$$\begin{aligned} 0x+0y &= 0 \\ 0x+0y &= 0 \end{aligned}$$

を扱わないのは不公平な気がする．先の場合は

$$\operatorname{rank}\begin{bmatrix} 2 & 3 \\ 4 & 6 \end{bmatrix} = 1$$

だから，1次元だけは退化がおこって，「不定」とはいっても解空間が直線にまで限定されている．つまり，ランクで退化の次元を調べることは，単に「不定」などというより，もう少しは情報量が多いことになる．これでは，完全な「不定」というより，「半定」というところだ．

4
関数空間

ベクトルとしての関数

3次関数

$$x(t) = x_0 + x_1 t + x_2 t^2 + x_3 t^3$$

について，それを微分した

$$Dx(t) = x_1 + 2x_2 t + 3x_3 t^2$$

は2次関数になる．ただし，$x_3 \neq 0$ という条件をつけるのはウルサイので，ここでの「3次関数」というのは，$x_3 = 0$ の場合も含んだ，「見掛け上の3次関数」つまり「3次以下の関数」の意味にしておく．

すると，これは4次元空間から3次元空間への線型写像

$$\begin{bmatrix} y_0 \\ y_1 \\ y_2 \end{bmatrix} = \begin{bmatrix} 0 & 1 & 0 & 0 \\ 0 & 0 & 2 & 0 \\ 0 & 0 & 0 & 3 \end{bmatrix} \begin{bmatrix} x_0 \\ x_1 \\ x_2 \\ x_3 \end{bmatrix}$$

になっている．ここで，座標系を与えるのは，$1, t, t^2, t^3$ といった関数で，

$$x(t) = [1 \quad t \quad t^2 \quad t^3]\begin{bmatrix} x_0 \\ x_1 \\ x_2 \\ x_3 \end{bmatrix}$$

$$Dx(t) = [1 \quad t \quad t^2]\begin{bmatrix} y_0 \\ y_1 \\ y_2 \end{bmatrix}$$

となっている.

これは, 有限次でなくて, 無限次まで, つまり無限級数になった整級数の場合でも同じで,

$$x(t) = \sum_{n=0}^{\infty} x_n t^n, \qquad Dx(t) = \sum_{n=0}^{\infty} y_n t^n$$

と項別微分を考えると, この場合には無限次元の行列になって

$$\begin{bmatrix} y_0 \\ y_1 \\ y_2 \\ \vdots \end{bmatrix} = \begin{bmatrix} 0 & 1 & 0 & 0 & \cdots \\ 0 & 0 & 2 & 0 & \cdots \\ 0 & 0 & 0 & 3 & \cdots \\ \vdots & \vdots & \vdots & \ddots & \end{bmatrix}\begin{bmatrix} x_0 \\ x_1 \\ x_2 \\ \vdots \end{bmatrix}$$

といった形になる. ただし, この場合には, 0が多くて加算に関係するのが有限個ですむが, 一般には, 無限次元でベクトルや行列を考えようとすると, 無限和が出てくるので収束の問題が生じてくる. それで,「無限行列算」については,

$$y_n = \sum_{m=0}^{\infty} a_{nm} x_m$$

といった表現形式を留意するだけにとどめて，この問題をもう少し別の観点から眺めよう．

いま，一般の集合 T から K への関数 x の全体を $\mathscr{F}(T;K)$ あるいは略して $\mathscr{F}(T)$ と書くことにしよう．するとここでは

$$x_1+x_2 : t \longmapsto x_1(t)+x_2(t), \qquad xr : t \longmapsto x(t)r$$

を考えると，加法と r 倍があるわけで，線型空間といえる．「関数とはベクトルの一種である」なんて言うと，奇妙な感じがするかもしれないが，さきの3次式や2次式の例は，この $\mathscr{F}(T)$ の中で考えているともいえる．

それに，

$$T=\{1, 2, \cdots, n\}$$

の場合を考えると，

$$x : k \longmapsto x_k$$

というのは，$x_1, x_2, \cdots, x_n$ 全体を，番号 k から成分 x_k への関数としてとらえていることになる．さきの「無限次元ベクトル」は，これが有限個でなくなった場合になっている．これは，高校でいえば「数列」だが，「数列とは自然数変数（もしくは整数変数）の関数である」といってもよく，それが変域がポツポツなので関数値もポツポツと並べたくなり，連続変数のときなどはベターッとして書ききれない，というだけのことである．連続変数のときだって，「関数表」の場合では，ポツポツの値にだけ関数値が並べてあるので，実質的には「数列」と同じだし，数列だって実際上は k 日目の利息が x_k 円というように「関数」として考える

ことが多い．x_k と書くと k がパラメーター風で遠慮していて，$x(k)$ と書くと k が独立変数風にでかい面をしている，ま，そうした気分の違いがあるだけだ．つまり，数学的実質としては

$$\text{数列} = \text{整数変数の関数}$$

なのだ．そして，ベクトルを有限数列から始めたことを考えてみれば，有限次元ベクトルをほんの少し一般化して，「関数」にまでしておいてもおかしくもあるまい．それでまた，$\mathcal{F}(T\,;K)$ のことを K^T のように表わすこともある．K の値が，各 $t \in T$ だけ並んでいる，と考えればよい．つまり

$$K^T = \{(x(t))|x(t) \in K\ (t \in T)\},$$

で，こう書いてみると，K^n のときと同じではないか．

ここで，数列の場合だと

$$\delta_m(n) = \begin{cases} 0 & (n \neq m) \\ 1 & (n = m) \end{cases}$$

をとると，これは座標空間の場合の単位であって，

$$x(n) = \sum_m \delta_m(n) x(m)$$

といった形，つまり

$$x = \sum_m \delta_m x(m)$$

になっている．

一般の T の場合でも

$$\delta_s(t)=\begin{cases}0 & (t\neq s)\\ 1 & (t=s)\end{cases}$$

として，

$$x=\sum_s \delta_s x(s)$$

となっている．このδは，自然数変数のときはクロネッカーの記号というが，連続変数の方はディラックが量子力学に使用したので，ディラックの関数という．

こうした$\mathcal{F}(T)$というのは，点sだけにスポットをあてるのがδ_sでそのときの値が$x(s)$，それらの「スポット」の合成としてxができている，こういうように考えればよい．この形では，δ_sは$\mathcal{F}(T)$の「座標系」なのだが，実はあまりそうした感じがしない．もともと，人間にとって，3本までは座標軸を考えられるが，4本の座標軸の組み合わさった状態というのは，今まで多少は（n本の座標軸と言いながら実際は3本を使ったりして）扱っていないわけではないが，相当にSF的なものだ．

この$\mathcal{F}(T)$について，Tをベースと呼ぶのは，わりとしっくりするのではなかろうか．ベースなんて，今では日本語なのだが，底（テイ）と訳したりして「底空間」ということもある．

ところで，いままでわざと「座標系」といった古典的用語を用いてきたが，最近ではたいてい「基底」という用語を使う．それはベースの訳の「底」が，一字では淋しいので「基」をつけたものである．いまでは「線型空間のベース」というのを，こうした「座標系」の意味に使うが，一方で関数空間のように無限次元になると，有限和用のベースとか，無限和用のベースとか，いろいろ使うことがないでもない．それに，K^n だって，これを関数空間と見てのベースの方が，イメージがつかみ易いようにぼくは思う．これなら，何次元だってヘイチャラだ．

線型写像としての作用素

ここで，さきほどの微分 D を考えたりするときは，一般の $\mathscr{F}(T)$ では具合が悪い．そこで部分空間を考えねばならない．たとえば T を $\boldsymbol{R}$ とでもしておいて，何度でも微分できる関数の全体 $\mathscr{D}(\boldsymbol{R})$ でもとることにしよう．すると

$$D : x \longmapsto x'$$

という微分演算は線型で，$\mathscr{D}$ から $\mathscr{D}$ への線型写像になっている．関数空間の場合には，歴史的なイキガカリから，「写像」と言わずに，作用素とか演算子とか言うことの方が多い．これはオペレーターの訳語だが，オペレーターの方も，今ではそのまま日本語で通用してしまう．どうもカタカナをわざわざ訳して「数学用語」にしても，それがカタカナのままで「日常語」になってしまうことが多い．ヘンな世の中だ．

ところで，$\mathscr{D}(\boldsymbol{R})$ になってしまうと，$\mathscr{F}(\boldsymbol{R})$ のベースだったはずの δ_s は，もはや入っていない．ここのところを，δ についての微積分をするのがディラックで，その枠組み

には超関数なるものがあるが，今は触れない．最初のベースが消えてしまっているので，必要があれば新しくベースになる「座標系」，たとえば$1, t, t^2, \cdots$のようなものを考えたりして，「関数空間の線型代数」が行なわれる．じつは，この場合に無限和を考えるので，収束の問題が重要になる．それが関数解析である．

ここで，$\mathcal{F}(\boldsymbol{R})$で$\{\delta_s\}$から張った部分空間を$\mathcal{N}(\boldsymbol{R})$とすると，これは，有限個の例外点を除いては0になる関数になる．そこで

$$x_1 - x_2 \in \mathcal{N}$$

というのは，関数x_1とx_2が有限個の例外点を除いて一致する，ということを意味する．積分論などでは，こうした有限個の例外点の不一致などを問題にしないので，$\mathcal{F}(\boldsymbol{R})/\mathcal{N}(\boldsymbol{R})$を考えたりする．このような場合には，まあ「関数空間」には違いないが，もはやベースの点が個別的には無視され，ますます，その「空間」自体で考えねばならなくなる．むしろ，こうした場合こそ，座標系に無関係に，一般的に線型代数が論じられねばならなくなる．

積分といえば，さきの場合と同じく

$$y(t) = \int_{\alpha}^{\beta} a(t, s) x(s) ds$$

も線型になる．この場合は，積分核と言われる$a(t, s)$が，行列の代りになっているのである．

こうした議論で，一般的な「線型代数の枠組み」が意味を持つが，それなら「有限次元の線型代数」ではだめかと

いうと，そうでもない．たとえば，線型微分方程式

$$\frac{dx_1}{dt}=a_{11}x_1+a_{12}x_2$$

$$\frac{dx_2}{dt}=a_{21}x_1+a_{22}x_2$$

は

$$D\begin{bmatrix}x_1\\x_2\end{bmatrix}=\begin{bmatrix}a_{11}&a_{12}\\a_{21}&a_{22}\end{bmatrix}\begin{bmatrix}x_1\\x_2\end{bmatrix}$$

と考えれば

$$D\boldsymbol{x}=A\boldsymbol{x}$$

であって，

$$(D-A)\boldsymbol{x}=\mathbf{0}$$

という線型方程式として，「線型方程式の一般論」はそのまま成立する．ところで，線型微分方程式の初期値問題については，存在定理があって，初期条件

$$\boldsymbol{x}(0)=\boldsymbol{c}$$

を満足する解

$$\boldsymbol{x}=\boldsymbol{x}(t\,;\boldsymbol{c})$$

が定まっている．ここで，これを $\boldsymbol{c}$ の関数と考えると，$\boldsymbol{c}$ について線型になって

$$\boldsymbol{c}\longmapsto\boldsymbol{x}(t\,;\boldsymbol{c})$$

は $\boldsymbol{R}^2$ から $\mathcal{D}(\boldsymbol{R}\,;\boldsymbol{R}^2)$ への線型写像で，しかも単射になっている．それで，$\mathcal{D}$ は無限次元でも，この写像の像は2次元なので，線型独立に $\boldsymbol{e}_1(t), \boldsymbol{e}_2(t)$ という2つの解をとると，一般の解は

$$\boldsymbol{x}(t) = \boldsymbol{e}_1(t)x_1 + \boldsymbol{e}_2(t)x_2$$

というように，その線型結合として表現されることになる．じつのところ，線型結合とか線型独立とかいった概念は，この問題から生まれたのである．

いままでは連続変数で考えたが，整数変数だと

$$y(n) = x(n+1)$$

として

$$y = Sx$$

というズラシの作用素がある．これはシフトといって，今ではこちらの方も「日本語」だが，幸か不幸か漢語の「数学用語」は定まっていない．行列だと

$$\begin{bmatrix} \vdots \\ y(-1) \\ y(0) \\ y(1) \\ \vdots \end{bmatrix} = \begin{bmatrix} \ddots & \ddots & & & 0 \\ & 0 & 1 & & \\ & & 0 & 1 & \\ & & & 0 & 1 \\ 0 & & & \ddots & \ddots \end{bmatrix} \begin{bmatrix} \vdots \\ x(-1) \\ x(0) \\ x(1) \\ \vdots \end{bmatrix}$$

のようになる．この逆の

$$T = \begin{bmatrix} \ddots & \ddots & & & 0 \\ & 1 & 0 & & \\ & & 1 & 0 & \\ & & & 1 & 0 \\ 0 & & & \ddots & \ddots \end{bmatrix}$$

の方だと，逆方向にズラスことになる．

実際には，自然数だけとか，有限個だけとか考えることが多く，その場合にはオーバーフローする．たとえば

$$\begin{bmatrix} 0 & 1 & 0 \\ 0 & 0 & 1 \\ 0 & 0 & 0 \end{bmatrix}\begin{bmatrix} x_1 \\ x_2 \\ x_3 \end{bmatrix} = \begin{bmatrix} x_2 \\ x_3 \\ 0 \end{bmatrix},$$

$$\begin{bmatrix} 0 & 1 & 0 \\ 0 & 0 & 1 \\ 0 & 0 & 0 \end{bmatrix}\begin{bmatrix} x_2 \\ x_3 \\ 0 \end{bmatrix} = \begin{bmatrix} x_3 \\ 0 \\ 0 \end{bmatrix}\left(= \begin{bmatrix} 0 & 0 & 1 \\ 0 & 0 & 0 \\ 0 & 0 & 0 \end{bmatrix}\begin{bmatrix} x_1 \\ x_2 \\ x_3 \end{bmatrix}\right)$$

になっている．

微分にあたるのは，

$$\Delta x = Sx - x$$

で，これは $x(n+1)-x(n)$ で差でよいのだが，これも一字では淋しいので，階差とか定差とか，微分にゴロアワセをして差分とかいう．積分にあたるのは，和だがこれも積分とゴロアワセをして和分という．つまり

$$\sum_{n}^{m} x(k)$$

のようなものである．

これらの連続変数の場合の微分や積分，整数変数の場合の差分（またはズラシ）や和分が，すべて線型作用素になっていること，それが解析学をずいぶんと易しくしている．高校のときに，整式を微分や積分するのに各項ごとにやったのも，数列の和を計算するときも，すべてこうした線型性に依拠していたのである．それが，線型微分方程式や線型差分方程式の理論になってくると，もう少し意識的に活用されるようになる．最初に線型代数を学びはじめるときに「なんのためにやるのかわからん」と言っている工

学部あたりの学生が，微分方程式論や差分方程式論あたりで,「こんなところで使われるとは」とあわてだすことがよくある．

ベクトルとしての行列

このような議論は，各 t ごとの関数値 $x(t)$ で加法と r 倍の法則があることから来ている．それで，いましがたサキドリして使ってしまったが，ベクトル値関数

$$\boldsymbol{x} : T \longmapsto \boldsymbol{V}$$

の全体 $\mathscr{F}(T\,;\boldsymbol{V})$ が線型空間になっている．

これは無限次元の関数空間だが，とくに T も線型空間 $\boldsymbol{U}$ のときは，線型写像の全体 $\mathscr{L}(\boldsymbol{U}\,;\boldsymbol{V})$ は $\mathscr{F}(\boldsymbol{U}\,;\boldsymbol{V})$ の部分線型空間になっている．

そこで，$\mathscr{L}(K^m\,;K^n)$ は n/m 行列で表わされるので，行列について加法と r 倍が，

$$(A+B)\boldsymbol{x} = A\boldsymbol{x}+B\boldsymbol{x}, \qquad (Ar)\boldsymbol{x} = (A\boldsymbol{x})r$$

として定義できる．これは，その意味を考えてみれば，各成分ごとを加えたり，r 倍していることになる．

いままで，行列算というと乗法ばかりで，加法や r 倍を扱わなかったのに奇異な感じを持った人もあるかもしれないが，行列の加法や r 倍というのは，こうした nm 次元ベクトルとして扱えることから来ている．ただし，今までの方式だと，K^{nm} のベクトルというときには，四角の表を解体して，タテに長く並べねばならない．折角タテとヨコに整理してあるのを，タテに並べてしまうなんて，もったい

ない話で，そこで四角の表のままで，行列の加法を考えることにする．

r 倍の乗法については，いままでの乗法と整合性がないと困るが，たとえば

$$\begin{bmatrix} a_{11}r & a_{12}r & a_{13}r \\ a_{21}r & a_{22}r & a_{23}r \end{bmatrix} = \begin{bmatrix} a_{11} & a_{12} & a_{13} \\ a_{21} & a_{22} & a_{23} \end{bmatrix} \begin{bmatrix} r & 0 & 0 \\ 0 & r & 0 \\ 0 & 0 & r \end{bmatrix}$$
$$= \begin{bmatrix} r & 0 \\ 0 & r \end{bmatrix} \begin{bmatrix} a_{11} & a_{12} & a_{13} \\ a_{21} & a_{22} & a_{23} \end{bmatrix}$$

になっているので，こうした行列（スカラー行列という）を r の意味に考えれば，ツジツマがあう．もともと，ベクトルのときだって，たとえば

$$\begin{bmatrix} x_1 r \\ x_2 r \\ x_3 r \end{bmatrix} = \begin{bmatrix} x_1 \\ x_2 \\ x_3 \end{bmatrix} r = \begin{bmatrix} r & 0 & 0 \\ 0 & r & 0 \\ 0 & 0 & r \end{bmatrix} \begin{bmatrix} x_1 \\ x_2 \\ x_3 \end{bmatrix}$$

だったのである．

ヨコベクトルというのは，$1/n$ の行列のことだったので，この場合も，たとえば

$$\begin{bmatrix} x_1 r & x_2 r & x_3 r \end{bmatrix} = \begin{bmatrix} x_1 & x_2 & x_3 \end{bmatrix} \begin{bmatrix} r & 0 & 0 \\ 0 & r & 0 \\ 0 & 0 & r \end{bmatrix}$$
$$= r \begin{bmatrix} x_1 & x_2 & x_3 \end{bmatrix}$$

となっている．つまりスカラー行列にしなくても，左からならヨコベクトルにスカラー r を掛けられるわけだ．

加法については，行列をタテワリで考えると，たとえば

$$[\boldsymbol{a}_1+\boldsymbol{b}_1 \quad \boldsymbol{a}_2+\boldsymbol{b}_2 \quad \boldsymbol{a}_3+\boldsymbol{b}_3] = [\boldsymbol{a}_1 \quad \boldsymbol{a}_2 \quad \boldsymbol{a}_3]+[\boldsymbol{b}_1 \quad \boldsymbol{b}_2 \quad \boldsymbol{b}_3]$$

のようにしていることになる．行列は比例定数の一般化であったが，たとえば

$$y^{円} = a^{円/\mathrm{g}}\times x^{\mathrm{g}}, \qquad z^{円} = b^{円/\mathrm{g}}\times x^{\mathrm{g}}$$

が，それぞれ原価と利潤とであったりすれば，その合計として

$$y^{円}+z^{円} = (a^{円/\mathrm{g}}+b^{円/\mathrm{g}})\times x^{\mathrm{g}}$$

のように，同じ x^{g} の上での $a^{円/\mathrm{g}}$ と $b^{円/\mathrm{g}}$ との加法が考えられる．行列の和というのは，こうした比例定数の和の多次元の場合なのである．

この場合，$\mathscr{F}(\boldsymbol{U}\,;\boldsymbol{V})$ は無限次元であっても，部分空間の $\mathscr{L}(\boldsymbol{U}\,;\boldsymbol{V})$ は有限次元になって，普通の線型代数の範囲で議論ができる．

ヨコベクトルの全体 $\mathscr{L}(\boldsymbol{V}\,;K)$ のことを，$\boldsymbol{V}$ の双対空間ということもある．ここでは，$\boldsymbol{V}^*$ という記号を使うことにしよう．$\boldsymbol{V}$ が K^n なら，$\boldsymbol{V}$ の方はタテに書き，$\boldsymbol{V}^*$ の方はヨコに書く，というだけのことで，n 個の数の組であることにかわりはない．無限次元の場合には，$\boldsymbol{V}$ と $\boldsymbol{V}^*$ とがハッキリと別物になったりするが，有限次元のときは区別が少しあいまいではある．そのことが，タテベクトルとヨコベクトルを区別しない流儀が存在する理由なのだが，ここでは行列算の枠組みを堅持して，タテとヨコを区別することにする．

双対性（そうつい）

タテとヨコの区別の意味として，ふたたび，メリケン粉と砂糖とバターとで，バターケーキとカップケーキを作る場合，

$$\begin{bmatrix} y_{メ} \\ y_{サ} \\ y_{バ} \end{bmatrix} = \begin{bmatrix} a_{メバ} & a_{メカ} \\ a_{サバ} & a_{サカ} \\ a_{ババ} & a_{バカ} \end{bmatrix} \begin{bmatrix} x_{バ} \\ x_{カ} \end{bmatrix}$$

を考えてみよう．

ここで，ヨコベクトルとして価格を考えると，原料代は

$$\begin{aligned} z_{円} &= \xi_{バ}{}^{円/個} \times x_{バ}{}^{個} + \xi_{カ}{}^{円/個} \times x_{カ}{}^{個} \\ &= \eta_{メ}{}^{円/\mathrm{g}} \times y_{メ}{}^{\mathrm{g}} + \eta_{サ}{}^{円/\mathrm{g}} \times y_{サ}{}^{\mathrm{g}} + \eta_{バ}{}^{円/\mathrm{g}} \times y_{バ}{}^{\mathrm{g}}, \end{aligned}$$

すなわち

$$\begin{aligned} [\xi_{バ} \quad \xi_{カ}] \begin{bmatrix} x_{バ} \\ x_{カ} \end{bmatrix} &= [\eta_{メ} \quad \eta_{サ} \quad \eta_{バ}] \begin{bmatrix} y_{メ} \\ y_{サ} \\ y_{バ} \end{bmatrix} \\ &= [\eta_{メ} \quad \eta_{サ} \quad \eta_{バ}] \begin{bmatrix} a_{メバ} & a_{メカ} \\ a_{サバ} & a_{サカ} \\ a_{ババ} & a_{バカ} \end{bmatrix} \begin{bmatrix} x_{バ} \\ x_{カ} \end{bmatrix} \end{aligned}$$

となり，$\boldsymbol{x}$ を単位ベクトルにしてみて調べると，

$$[\xi_{バ} \quad \xi_{カ}] = [\eta_{メ} \quad \eta_{サ} \quad \eta_{バ}] \begin{bmatrix} a_{メバ} & a_{メカ} \\ a_{サバ} & a_{サカ} \\ a_{ババ} & a_{バカ} \end{bmatrix}$$

となっている．

つまり，

$$\boldsymbol{f} : \boldsymbol{U} \longrightarrow \boldsymbol{V}$$

が

$$\boldsymbol{y} = A\boldsymbol{x}$$

だとすると，$\boldsymbol{V}^*$ の（ヨコ）ベクトルで

$$\boldsymbol{\xi x} = \boldsymbol{\eta y} = \boldsymbol{\eta} A\boldsymbol{x}$$

と考えて，

$$\boldsymbol{\xi} = \boldsymbol{\eta} A$$

という，行列を右から掛ける

$$\boldsymbol{f}^* : \boldsymbol{V}^* \longrightarrow \boldsymbol{U}^*$$

が考えられることになる．

いまは「経済学」を例にしたが，量子力学などでも，こうした状況が出てくる．その場合は，ディラックの記号で，$\langle \boldsymbol{\eta} | A | \boldsymbol{x} \rangle$ と書いたりする．

これを，今までどおりに，行列は左から書くことにしようとすると，

$$\begin{bmatrix} \xi_{バ} \\ \xi_{カ} \end{bmatrix} = \begin{bmatrix} a_{メバ} & a_{サバ} & a_{ババ} \\ a_{メカ} & a_{サカ} & a_{バカ} \end{bmatrix} \begin{bmatrix} \eta_{メ} \\ \eta_{サ} \\ \eta_{バ} \end{bmatrix}$$

として，タテとヨコを全部入れかえた世界で考えればよい．ただし，この場合には，$a_{メバ}$ といったインデックスも逆転して，最初のメサバの方が独立変数に対応するヨコのインデックス，あとのバカの方が従属変数に対応するタテのインデックスということになる．

これは転置行列といって，A^t とか ${}^tA$ とかいった記号法が普通なのだが，ここでは A^* としておこう（じつは複素係数のときは，この記号をもう一細工して使うのだが，さ

しあたり実係数としておく）. つまり,

$$a_{ij} = a_{ji}$$

としてできる行列を

$$[a_{ij}] = [a_{ij}]^*$$

と考えるのである. これは

$$\boldsymbol{\xi} = \boldsymbol{\eta} A$$

を, タテとヨコをひっくりかえして

$$\boldsymbol{\xi}^* = A^* \boldsymbol{\eta}^*$$

としたわけだ. これに合成を考えてみれば, 一般に

$$(AB)^* = B^* A^*$$

となることがわかる.

これは, 本来は $\boldsymbol{V}^*$ の世界のできごとを, $\boldsymbol{V}$ のできごとのように考えたために生じたので, あたかも鏡の中のできごとのように, 右と左がすっかりいれかわってしまっているのである. n/m 行列の転置行列なら m/n 行列になるわけで, 分母と分子が逆になる. つまり, $\boldsymbol{V}$ と $\boldsymbol{V}^*$ とは, いわばアベコベの世界であって,

$$\boldsymbol{x} : \boldsymbol{\xi} \longmapsto \boldsymbol{\xi x}$$

を, $\boldsymbol{V}^*$ から K への関数と考えると, $\boldsymbol{V}$ は $\boldsymbol{V}^*$ の双対すなわち, $\boldsymbol{V}^{**}$ と考えることもできる. これは無限次元なら一般に $\boldsymbol{V}$ より大きくなる可能性があるが, 有限次元の場合なら次元数が変わらないから一致する.

つまり, $\boldsymbol{V}$ と $\boldsymbol{V}^*$ とは, 相互に他を規定しあうアベコベ世界としてある. たとえば, 教師が学生を評価しているようだが, 学生の方から見れば, アイツは点の甘い教師だな

どと，学生が教師を評価しているようなものである．このように，$\boldsymbol{V}$ と $\boldsymbol{V}^*$ が相互に他を規定しあう関係を双対性（そうつい）といって，数学として基本的な考えになっている．行列のタテとヨコというのは，こうした $\boldsymbol{V}$ と $\boldsymbol{V}^*$ の関係をうまく表わしているのである．

5
変換群

行列群

こんどは特に，$\boldsymbol{V}$ から $\boldsymbol{V}$ への線型写像（このとき線型変換とか線型作用素という用語を用いる人もある），すなわち $\mathscr{L}(\boldsymbol{V}\,;\boldsymbol{V})$ を考える．これを略して，$\mathscr{L}(\boldsymbol{V})$ と書くこともある．これは線型空間であるだけでなく，乗法が考えられる．これを $\boldsymbol{V}$ の作用素環とも言う．さらには全体でなくて，特定のものだけ，$\mathscr{L}(\boldsymbol{V})$ の部分空間で乗法で閉じているもの（部分環という）を言うこともある．$\mathscr{L}(K^n)$ は n/n 行列と考えられるわけで，このときは行列環という言い方をする．

行列環について調べることは，19 世紀末から 20 世紀はじめにかけて，ドイツやアメリカの代数学派の中心課題で，それが現代代数学の基盤となった．それで，これを別名アルジェブラというぐらいである．代数屋さんは，たいてい行列環に強いものだ．

$\boldsymbol{V}$ が関数空間の場合は，微分作用素や積分作用素に関連して，作用環を調べることが現代解析学の主題のひとつになっている．これだって，創始者のノイマンが行列環に強かったから考えられた，と言われている．

そうしたわけで，行列環に関連して，いくつも演習問題があるから，それに強くなっておくのはいいことだ．しかし，ここでは触れない．

さしあたりここで問題にしたいのは，除法のできる場合である．それは，$\boldsymbol{f}$ が双射になるとき，すなわち

$$\boldsymbol{f}\boldsymbol{f}^{-1} = \boldsymbol{f}^{-1}\boldsymbol{f} = 1$$

となるような逆写像 $\boldsymbol{f}^{-1}$ がある場合である．こうしたとき，直訳では非特異なのだが，たいていは正則という．こうした $\boldsymbol{f}$ の全体 $\mathcal{G}(\boldsymbol{V})$ は $\boldsymbol{V}$ の線型変換群という．こちらの場合も，特定して，乗除について閉じたもの，部分群を考えることもある．$\mathcal{G}(K^n)$ については，行列群ということもある．高校でやった行列の議論は主として，$\mathcal{G}(K^2)$ に関することだった．それは，アメリカのSMSGというカリキュラムを真似したからである．

ここで，K^n の場合には，A が正則であるというのは

$$\operatorname{rank} A = n$$

を意味する．それで，逆行列の

$$AB = BA = 1$$

というのが，一方だけでよい．

$$AB = 1$$

の方は A が全射であることを，

$$BA = 1$$

の方は A が単射であることを意味し，どちらもランクを考えると同じことになる．つまり，$\mathcal{L}(K^n)$ については，単射か全射の一方だけで双射であることが帰結される．それ

は，有限集合Sの変換

$$f: S \longrightarrow S$$

について，単射か全射かの一方だけで，個数を考えてみると双射であることが帰結されるのと同じで，いわば，集合の個数のかわりに，次元の個数としてランクを勘定したことになる．

集合について，これは有限集合の特性で，無限集合についてはそうはならない．「集合論」によっては，これを「有限の定義」にする流儀すらある．同じように，線型写像の場合も，無限次元空間ではだめになる．たとえば$\mathcal{L}(K^N)$で，ズラシ

$$S = \begin{bmatrix} 0 & 1 & 0 & 0 & \cdots \\ 0 & 0 & 1 & 0 & \cdots \\ 0 & 0 & 0 & 1 & \\ \vdots & \vdots & & & \end{bmatrix}, \quad T = \begin{bmatrix} 0 & 0 & 0 & \cdots \\ 1 & 0 & 0 & \cdots \\ 0 & 1 & 0 & \\ \vdots & \vdots & & \end{bmatrix}$$

を考えると，

$$\begin{bmatrix} 0 & 1 & 0 & \cdots \\ 0 & 0 & 1 & \cdots \\ 0 & 0 & 0 & \\ \vdots & \vdots & & \end{bmatrix} \begin{bmatrix} 0 & 0 & 0 & \cdots \\ 1 & 0 & 0 & \cdots \\ 0 & 1 & 0 & \\ \vdots & \vdots & & \end{bmatrix} \begin{bmatrix} x_0 \\ x_1 \\ x_2 \\ \vdots \end{bmatrix}$$

$$= \begin{bmatrix} 0 & 1 & 0 & \cdots \\ 0 & 0 & 1 & \cdots \\ 0 & 0 & 0 & \\ \vdots & \vdots & & \end{bmatrix} \begin{bmatrix} 0 \\ x_0 \\ x_1 \\ \vdots \end{bmatrix} = \begin{bmatrix} x_0 \\ x_1 \\ x_2 \\ \vdots \end{bmatrix},$$

$$\begin{bmatrix} 0 & 0 & 0 & \cdots \\ 1 & 0 & 0 & \cdots \\ 0 & 1 & 0 & \\ \vdots & \vdots & & \end{bmatrix}\begin{bmatrix} 0 & 1 & 0 & \cdots \\ 0 & 0 & 1 & \cdots \\ 0 & 0 & 0 & \\ \vdots & \vdots & & \end{bmatrix}\begin{bmatrix} x_0 \\ x_1 \\ x_2 \\ \vdots \end{bmatrix}$$

$$= \begin{bmatrix} 0 & 0 & 0 & \cdots \\ 1 & 0 & 0 & \cdots \\ 0 & 1 & 0 & \\ \vdots & \vdots & & \end{bmatrix}\begin{bmatrix} x_1 \\ x_2 \\ x_3 \\ \vdots \end{bmatrix} = \begin{bmatrix} 0 \\ x_1 \\ x_2 \\ \vdots \end{bmatrix}$$

となって，

$$ST = \begin{bmatrix} 1 & & & 0 \\ & 1 & & \\ & & 1 & \\ 0 & & & \ddots \end{bmatrix}, \quad TS = \begin{bmatrix} 0 & & & 0 \\ & 1 & & \\ & & 1 & \\ 0 & & & \ddots \end{bmatrix}$$

つまり

$$ST = 1, \quad TS \neq 1$$

となってしまう．これは，ベースの無限集合についてのズラシを行なっているわけだ．

無限次元の変換群も，最近では問題にされているが，断然重要性を持っているのは，行列群の理論である．量子力学も特殊相対論も行列群と深くかかわっているし，現代物理学で「群論」が必要というのは，主として行列群としてである．もちろん数学としても，幾何学を統制するのがこうした変換群であって，現代数学の根幹になる．

そこで，行列群に関連していくらか論議してみようというのだが，$\mathcal{G}(K^n)$ だと「…」を書くのがワズラワシイので，

$\mathcal{G}(K^3)$ ぐらいで議論しよう.「2を聞いて n を知る」で, 高校でやる $\mathcal{G}(K^2)$ でもかなりよいのだが, それでは少し淋しい. というだけの理由で, $\mathcal{G}(K^3)$ にしただけのことだ.

基本変形

まず, 一番単純には,

$$\begin{bmatrix} r & 0 & 0 \\ 0 & r & 0 \\ 0 & 0 & r \end{bmatrix}\begin{bmatrix} x_1 \\ x_2 \\ x_3 \end{bmatrix} = \begin{bmatrix} x_1 \\ x_2 \\ x_3 \end{bmatrix} r$$

はスカラーの r 倍の機能を意味する. それで, こうした行列をスカラー行列といい, ときに r と書いてしまう. スカラーの r と区別がつかないが, つかなくてもよいことが多いから, ブショーしてこう書く.

これが逆を持つのは, もちろん

$$r \neq 0$$

のときで, この行列の乗除は, 実質的には0以外の K の乗除と変わらない. これは K の乗法群というのだが, ここでは (あまり世間で使われない記号だが) $K_\times$ と書くことにしよう.

これをもう少し一般化して

$$\begin{bmatrix} r_1 & 0 & 0 \\ 0 & r_2 & 0 \\ 0 & 0 & r_3 \end{bmatrix}\begin{bmatrix} x_1 \\ x_2 \\ x_3 \end{bmatrix} = \begin{bmatrix} r_1 x_1 \\ r_2 x_2 \\ r_3 x_3 \end{bmatrix}$$

と考えよう. これは, 各座標ごとに倍率の r_k が違ってもよい. このことは, 線型変換といっても, 1次元に分解さ

れて，

$$y_1 = r_1 x_1$$
$$y_2 = r_2 x_2$$
$$y_3 = r_3 x_3$$

と，普通の1次元の r_k 倍を並べただけのことにしかならない．これは，行列の対角線以外は0だから，対角行列という．

これについても，逆を考えるためには，各倍率の

$$r_1 \neq 0, \quad r_2 \neq 0, \quad r_3 \neq 0$$

なら，各成分ごとに逆数を考えればよい．これは，$K_\times$ を3つ重ねただけで，$(K_\times)^3$ を考えているにすぎない．

こんどは，少しおもむきを変えて

$$\begin{bmatrix} x_1 \\ x_2 \end{bmatrix} + \begin{bmatrix} s_1 \\ s_2 \end{bmatrix} = \begin{bmatrix} y_1 \\ y_2 \end{bmatrix}$$

という，ベクトルの加法を考えてみよう．これは

$$\begin{bmatrix} 1 & 0 & 0 \\ s_1 & 1 & 0 \\ s_2 & 0 & 1 \end{bmatrix} \begin{bmatrix} 1 \\ x_1 \\ x_2 \end{bmatrix} = \begin{bmatrix} 1 \\ y_1 \\ y_2 \end{bmatrix}$$

になる．この行列はベクトルの加法に対応する．つまり，行列として「ベクトルの加法」も乗法の枠で処理できるわけだ．この方は逆は「加法逆」として

$$\begin{bmatrix} 1 & 0 & 0 \\ s_1 & 1 & 0 \\ s_2 & 0 & 1 \end{bmatrix}^{-1} = \begin{bmatrix} 1 & 0 & 0 \\ -s_1 & 1 & 0 \\ -s_2 & 0 & 1 \end{bmatrix}$$

となるのはもちろんである．K を加法で考えたのを K_+ と

書くことにすれば，これはベクトルの加法だから，各成分ごとに K_+ を考えるわけで，$(K_+)^2$ にあたる．それで，あまり一般的でないが，こうした行列をベクトル行列ということにしよう．

これらの入りまじったものとして，簡単のために $\mathcal{G}(K^2)$ でやることにして，

$$\begin{bmatrix} 1 & 0 \\ b & a \end{bmatrix}\begin{bmatrix} 1 \\ x \end{bmatrix} = \begin{bmatrix} 1 \\ y \end{bmatrix}$$

を考えてみよう．これは

$$b+ax = y$$

という式を意味している．ここで逆があるのは，

$$a \neq 0$$

のときだが，これを解くと

$$x = -a^{-1}b+a^{-1}y$$

だから，

$$\begin{bmatrix} 1 & 0 \\ b & a \end{bmatrix}^{-1} = \begin{bmatrix} 1 & 0 \\ -a^{-1}b & a^{-1} \end{bmatrix}$$

になる．合成についても

$$b+a(b'+a'x) = b+ab'+aa'x$$

だから

$$\begin{bmatrix} 1 & 0 \\ b & a \end{bmatrix}\begin{bmatrix} 1 & 0 \\ b' & a' \end{bmatrix} = \begin{bmatrix} 1 & 0 \\ b+ab' & aa' \end{bmatrix}$$

となる．つまり，この場合には，K_+ と $K_\times$ を独立に考えた $K_+ \times K_\times$ ではなしに，$K_\times$ の方はそのままだが，K_+ の方に $K_\times$ がヒッカカッている．

これは,

$$\begin{bmatrix} 1 & 0 & 0 \\ b_1 & a_{11} & a_{12} \\ b_2 & a_{21} & a_{22} \end{bmatrix} \begin{bmatrix} 1 \\ x_1 \\ x_2 \end{bmatrix} = \begin{bmatrix} 1 \\ y_1 \\ y_2 \end{bmatrix}$$

でも同じで，これは

$$\boldsymbol{b} + A\boldsymbol{x} = \boldsymbol{y}$$

を意味して,

$$\begin{bmatrix} 1 & \mathbf{0}^* \\ \boldsymbol{b} & A \end{bmatrix}^{-1} = \begin{bmatrix} 1 & \mathbf{0}^* \\ -A^{-1}\boldsymbol{b} & A^{-1} \end{bmatrix}$$

$$\begin{bmatrix} 1 & \mathbf{0}^* \\ \boldsymbol{b} & A \end{bmatrix} \begin{bmatrix} 1 & \mathbf{0}^* \\ \boldsymbol{b}' & A' \end{bmatrix} = \begin{bmatrix} 1 & \mathbf{0}^* \\ \boldsymbol{b} + A\boldsymbol{b}' & AA' \end{bmatrix}$$

となっている．このような行列は，非同次１次変換に対応するわけで，アファイン行列という．それを逆用して，最近では「非同次１次」のことを「アファイン」と呼ぶ風習が一部に生じている．

いまの行列を普通のベクトルに考えると,

$$\begin{bmatrix} 1 & 0 & 0 \\ s_1 & 1 & 0 \\ s_2 & 0 & 1 \end{bmatrix} \begin{bmatrix} x_1 \\ x_2 \\ x_3 \end{bmatrix} = \begin{bmatrix} x_1 \\ x_2 + s_2 x_1 \\ x_3 + s_3 x_1 \end{bmatrix}$$

つまり，第１成分の s_2 倍を第２成分に加え，s_3 倍を第３成分に加えることになっている．同じように

$$\begin{bmatrix} 1 & s_1 & 0 \\ 0 & 1 & 0 \\ 0 & s_3 & 1 \end{bmatrix} \begin{bmatrix} x_1 \\ x_2 \\ x_3 \end{bmatrix} = \begin{bmatrix} x_1 + s_1 x_2 \\ x_2 \\ x_3 + s_3 x_2 \end{bmatrix}$$

になる．

これらの行列を，行列 A にかけるのは，A のタテベクトルごとにかけるのと同じで，たとえば

$$\begin{bmatrix} r & 0 & 0 \\ 0 & 1 & 0 \\ 0 & 0 & 1 \end{bmatrix}\begin{bmatrix} a_{11} & a_{12} \\ a_{21} & a_{22} \\ a_{31} & a_{32} \end{bmatrix} = \begin{bmatrix} ra_{11} & ra_{12} \\ a_{21} & a_{22} \\ a_{31} & a_{32} \end{bmatrix}$$

$$\begin{bmatrix} 1 & 0 & 0 \\ s & 1 & 0 \\ 0 & 0 & 1 \end{bmatrix}\begin{bmatrix} a_{11} & a_{12} \\ a_{21} & a_{22} \\ a_{31} & a_{32} \end{bmatrix} = \begin{bmatrix} a_{11} & a_{12} \\ a_{21}+sa_{11} & a_{22}+sa_{12} \\ a_{31} & a_{32} \end{bmatrix}$$

のようになる．こうした変形を基本変形ということもある．

いまは，ヨコにいっせいに掛けていたが，逆にタテにいっせいに掛けたければ，アベコベ世界を考えればよいのだから，こうした行列の転置行列を右から掛けていけばよい．しかし，いまは，もっぱら左から掛ける方でいくことにしよう．ナントヤラは左キキ，なんて歌が昔はやったね(パチンコ屋で聞いただけなので，ここしか覚えていない)．

掃きだし

なぜこれらを基本変形というかというと，連立1次方程式を加減法で解くときは，実際はこうした変形をしているからである．いままでに，実際の計算法を少しもしなかったので，逆行列の計算やランクの計算まで含めて，連立1次方程式の計算原理を考えてみよう．

連立1次方程式は，分解されて

$$a_1x_1 = b_1$$
$$a_2x_2 = b_2$$
$$a_3x_3 = b_3$$

になっていれば，1元1次方程式を3つ解くだけのことにしかならない．それで，基本変形による対角化を考えればよいことになる．例でやってみよう．

いま，3元1次方程式

$$\begin{bmatrix} 1 & 2 & 5 \\ 2 & 6 & 13 \\ 3 & 7 & 16 \end{bmatrix} \begin{bmatrix} x_1 \\ x_2 \\ x_3 \end{bmatrix} = \begin{bmatrix} -1 \\ -2 \\ -4 \end{bmatrix}$$

があると，第1行の2倍を第2行から引き，第1行の3倍を第3行から引くと，

$$\begin{bmatrix} 1 & 2 & 5 \\ 0 & 2 & 3 \\ 0 & 1 & 1 \end{bmatrix} \begin{bmatrix} x_1 \\ x_2 \\ x_3 \end{bmatrix} = \begin{bmatrix} -1 \\ 0 \\ -1 \end{bmatrix}$$

になる．第3行を2倍にしておくと

$$\begin{bmatrix} 1 & 2 & 5 \\ 0 & 2 & 3 \\ 0 & 2 & 2 \end{bmatrix} \begin{bmatrix} x_1 \\ x_2 \\ x_3 \end{bmatrix} = \begin{bmatrix} -1 \\ 0 \\ -2 \end{bmatrix}$$

で，第2行を第1行と第3行から引くと

$$\begin{bmatrix} 1 & 0 & 2 \\ 0 & 2 & 3 \\ 0 & 0 & -1 \end{bmatrix} \begin{bmatrix} x_1 \\ x_2 \\ x_3 \end{bmatrix} = \begin{bmatrix} -1 \\ 0 \\ -2 \end{bmatrix}$$

で，第3行の2倍を第1行に加え，3倍を第2行に加えると，

$$\begin{bmatrix} 1 & 0 & 0 \\ 0 & 2 & 0 \\ 0 & 0 & -1 \end{bmatrix}\begin{bmatrix} x_1 \\ x_2 \\ x_3 \end{bmatrix} = \begin{bmatrix} -5 \\ -6 \\ -2 \end{bmatrix}$$

すなわち，

$$\begin{bmatrix} x_1 \\ x_2 \\ x_3 \end{bmatrix} = \begin{bmatrix} 1 & 0 & 0 \\ 0 & 1 & 0 \\ 0 & 0 & 1 \end{bmatrix}\begin{bmatrix} x_1 \\ x_2 \\ x_3 \end{bmatrix} = \begin{bmatrix} -5 \\ -3 \\ 2 \end{bmatrix}$$

として解がえられる．

ここで，対角行列までしなくても，左下半分を0にするだけで x_3 は求まり，それから代入して x_2，さらに x_1 と求めていってもよいが，手数はたいして変わらない．中学校のときの加減法はこうしていた．

これは，適当な書き方をすればよいが，たとえば

$$\begin{array}{cc|ccc|c}
-3 & -2 & 1 & 2 & 5 & -1 \\
\downarrow & \downarrow & 2 & 6 & 13 & -2 \\
\downarrow & & 3 & 7 & 16 & -4 \\
\hline
 & & 1 & 2 & 5 & -1 \\
 & & 0 & 2 & 3 & 0 \\
 & \times 2 & 0 & 1 & 1 & -1 \\
\hline
\uparrow & & 1 & 2 & 5 & -1 \\
-1 & -1 & 0 & 2 & 3 & 0 \\
 & \downarrow & 0 & 2 & 2 & -2 \\
\hline
\end{array}$$

とでも言った形式で書いていけばよい（自分流の上手な書き方をあみだせ）．

これが逆行列になれば

$$\begin{bmatrix}1 & 2 & 5\\ 2 & 6 & 13\\ 3 & 7 & 16\end{bmatrix}\begin{bmatrix}x_1\\ x_2\\ x_3\end{bmatrix}=\begin{bmatrix}y_1\\ y_2\\ y_3\end{bmatrix}=\begin{bmatrix}1 & 0 & 0\\ 0 & 1 & 0\\ 0 & 0 & 1\end{bmatrix}\begin{bmatrix}y_1\\ y_2\\ y_3\end{bmatrix}$$

を解いていけばよい．上のような方式なら

$$\begin{array}{cc|ccc|ccc}
-2 & -3 & 1 & 2 & 5 & 1 & 0 & 0\\
\downarrow & \downarrow & 2 & 6 & 13 & 0 & 1 & 0\\
 & \downarrow & 3 & 7 & 16 & 0 & 0 & 1\\
\hline
 & & 1 & 2 & 5 & 1 & 0 & 0\\
 & & 0 & 2 & 3 & -2 & 1 & 0\\
 & \times 2 & 0 & 1 & 1 & -3 & 0 & 1\\
\hline
\uparrow & & 1 & 2 & 5 & 1 & 0 & 0\\
-1 & -1 & 0 & 2 & 3 & -2 & 1 & 0\\
 & \downarrow & 0 & 2 & 2 & -6 & 0 & 2\\
\hline
\uparrow & & 1 & 0 & 2 & 3 & -1 & 0\\
 & \uparrow & 0 & 2 & 3 & -2 & 1 & 0\\
2 & 3 & 0 & 0 & -1 & -4 & -1 & 2\\
\hline
 & & 1 & 0 & 0 & -5 & -3 & 4\\
\times 1/2 & & 0 & 2 & 0 & -14 & -2 & 6\\
\times(-1) & & 0 & 0 & -1 & -4 & -1 & 2\\
\hline
 & & 1 & 0 & 0 & -5 & -3 & 4\\
 & & 0 & 1 & 0 & -7 & -1 & 3\\
 & & 0 & 0 & 1 & 4 & 1 & -2\\
\hline
\end{array}$$

となって，

$$\begin{bmatrix}1 & 2 & 5\\ 2 & 6 & 13\\ 3 & 7 & 16\end{bmatrix}^{-1}=\begin{bmatrix}-5 & -3 & 4\\ -7 & -1 & 3\\ 4 & 1 & -2\end{bmatrix}$$

となる.

高校のときは, 2/2の逆行列を計算するのに, 4元方程式を解く流儀があって, 3/3なら9元に見かけはなる. しかしそれは同じことで, いまの例でいえば

$$\begin{bmatrix} 1 & 2 & 5 \\ 2 & 6 & 13 \\ 3 & 7 & 16 \end{bmatrix}\begin{bmatrix} x_1 \\ x_2 \\ x_3 \end{bmatrix} = \begin{bmatrix} 1 \\ 0 \\ 0 \end{bmatrix}$$

などの方程式を解くことで, それを3つ同時にやっただけのことである.

この方法は掃きだし法という. 余分な数字を掃きだすのだ. ここで, さきに割り算をして対角線を1にしたり, 分数倍を引き算しても, 原理的には同じだが, 割り算や分数はイヤラシイし誤差が出やすいから, 割るのは最後だけにした. これもまた, 中学校のときの加減法と同じのココロ. 割り算と分数は, だれも苦手なのだ. コンピューターだってそうだ.

0が出てきたら

じつは, 今までのところ, 0についての用心を無視している. 対角線をもとにして, 残りを掃きだして0にしようとしているのだが, 掃きだすための箒それ自体が0であっては, 掃きだしようがないではないか.

しかしたとえば,

$$\begin{bmatrix} 0 & 3 & 1 \\ 1 & 2 & 2 \\ 2 & 6 & 5 \end{bmatrix}\begin{bmatrix} x_1 \\ x_2 \\ x_3 \end{bmatrix} = \begin{bmatrix} 1 \\ 2 \\ 3 \end{bmatrix}$$

のような方程式なら，第1行と第2行を引っくりかえして

$$\begin{bmatrix} 1 & 2 & 2 \\ 0 & 3 & 1 \\ 2 & 6 & 5 \end{bmatrix}\begin{bmatrix} x_1 \\ x_2 \\ x_3 \end{bmatrix} = \begin{bmatrix} 2 \\ 1 \\ 3 \end{bmatrix}$$

にすれば足りる．

このようなものも，基本変形に入れるべきであった．これは

$$\begin{bmatrix} 0 & 1 & 0 \\ 1 & 0 & 0 \\ 0 & 0 & 1 \end{bmatrix}\begin{bmatrix} x_1 \\ x_2 \\ x_3 \end{bmatrix} = \begin{bmatrix} x_2 \\ x_1 \\ x_3 \end{bmatrix}$$

という，イレカエ（互換というイカメシキ漢語を使う）の行列で達成される．これはたとえば

$$\begin{array}{ccc|c} 0 & 3 & 1 & 1 \\ 1 & 2 & 2 & 2 \\ 2 & 6 & 5 & 3 \\ \hline 1 & 2 & 2 & 2 \\ 0 & 3 & 1 & 1 \\ 2 & 6 & 5 & 3 \\ \hline \end{array}$$

とでも書いていけば足りる．

こうしたイレカエは，他にも

$$\begin{bmatrix}1&0&0\\0&0&1\\0&1&0\end{bmatrix}\begin{bmatrix}x_1\\x_2\\x_3\end{bmatrix}=\begin{bmatrix}x_1\\x_3\\x_2\end{bmatrix},\quad \begin{bmatrix}0&0&1\\0&1&0\\1&0&0\end{bmatrix}\begin{bmatrix}x_1\\x_2\\x_3\end{bmatrix}=\begin{bmatrix}x_3\\x_2\\x_1\end{bmatrix}$$

がある．つまり対角線の1のうち，不変の部分はソノママで，イレカエの1を反対の対角点に移せばよい．

こうした互換から生成される変換群は

$$\begin{bmatrix}0&1&0\\1&0&0\\0&0&1\end{bmatrix}\begin{bmatrix}1&0&0\\0&0&1\\0&1&0\end{bmatrix}\begin{bmatrix}x_1\\x_2\\x_3\end{bmatrix}=\begin{bmatrix}0&1&0\\1&0&0\\0&0&1\end{bmatrix}\begin{bmatrix}x_1\\x_3\\x_2\end{bmatrix}=\begin{bmatrix}x_3\\x_1\\x_2\end{bmatrix},$$

$$\begin{bmatrix}1&0&0\\0&0&1\\0&1&0\end{bmatrix}\begin{bmatrix}0&1&0\\1&0&0\\0&0&1\end{bmatrix}\begin{bmatrix}x_1\\x_2\\x_3\end{bmatrix}=\begin{bmatrix}1&0&0\\0&0&1\\0&1&0\end{bmatrix}\begin{bmatrix}x_2\\x_1\\x_3\end{bmatrix}=\begin{bmatrix}x_2\\x_3\\x_1\end{bmatrix}$$

のように，座標軸の置換を表わす．互換がアミダクジの横棒のイレカエで，置換がアミダクジ総体と考えてもよい．これは，別に線型空間を考えなくて，固定された座標系で，座標軸の集合の置換をやっているだけだ．これは置換群という．

まだ行列式に触れてないが，カリキュラムによっては線型代数を行列式からやる流儀もあって，それはよいとしても，その定義のついでに，置換群を材料に「群論」的展開をやる人もある．そうした「数学趣味」の洗礼は，学生を早い時期に「数学好き」と「数学嫌い」に選別する効果を持っている．ぼくとしては，早い選別を好まないので，「群論」はやらない．

ところで，イレカエて新しい箒があればよいが，どれも

0ならどうなるか，その場合はもはや掃きだしができない．つまり，この場合には，行列が正則でないのである．たとえば

$$\begin{matrix} 2 & 3 & 4 \\ 0 & 0 & 5 \\ 0 & 0 & 6 \end{matrix}$$

のようになってしまえば，そこで掃きだしを中断せざるをえない．

しかし，対角化にこだわらねば，ナナメ左下を掃きだしていくことはできる．このことによって，退化の程度としてのランクがわかる．こちらの方は正方行列に対してでなくてもよくて，たとえば4/5行列について，掃きだした結果が，

$$\begin{matrix} 2 & 3 & 5 & 7 & 9 \\ 0 & 2 & 4 & 6 & 2 \\ 0 & 0 & 0 & 3 & 1 \\ 0 & 0 & 0 & 0 & 0 \end{matrix}$$

とでもなったとしよう．掃きだし用の基本変形はすべて双射で次元を変えないから，ランクは変わらず，これをヨコベクトルでみれば，3本のヨコベクトルには，上ほど新しい座標が0でなくなっているから，これらはたしかに独立で，いまの場合でいえば，ランクが3になることがわかる．

このあたりの扱いは，「線型代数の教科書」ではまちまちで，掃きだしでランクを「定義」する流儀があるかと思えば，掃きだしに一切触れないものだから，ランクを計算す

るのがひどく面倒な流儀もある．数値計算というのは，昔は卑しめられていたので，掃きだしなんてのもなかったりしたのだが，当節の教科書では扱う方が多くなったようだ．理論的にも，数理経済学でよく使う，成分が正の行列の固有値問題に関係することも，影響しているかもしれない．

ともかくも，逆行列だのランクだのは，掃きだしで計算するのが，今では標準的である．そして，計算の仕方とは別に，逆変換としての逆行列の意味や，ベクトルのタバとしての有効性として，次元の子分のランクの意味を，つかんでおけばよい．

そしてまた，ここで扱った基本変形は，行列としては，対角行列やベクトル行列や置換行列，それから正則でなければ前にやったズラシもあった．それらの異質な変換を表わしていることも留意されるべきだろう．かくも多様な変換を表現できるという，行列の持つ〈豊かさ〉，それはやはり，ちょっとしたことである．この点では，高校のときの行列は，2/2 に限定していた故もあって，そうした行列の〈豊かさ〉を感じさせないのは，気にくわない．ここはまだ部分的ではあるが，こうした行列群を通じて，その〈豊かさ〉を感じとってほしい．行列環 $\mathscr{L}(K^n)$ の研究が現代代数学の基盤となったというのは，そうした〈豊かさ〉の故であった．

6
内 積

自分に自分をかけるとは

いままで，1次関数の係数は

$$y = [a_1 \quad a_2]\begin{bmatrix} x_1 \\ x_2 \end{bmatrix}$$

とヨコベクトルの形で表わしてきた．ここで

$$\boldsymbol{a} = \begin{bmatrix} a_1 \\ a_2 \end{bmatrix}$$

によって，

$$y = \boldsymbol{a}^* \boldsymbol{x}$$

と表わすことを考えよう．

これは高校でやってきた内積であるが，この場合は $\boldsymbol{a}$ も $\boldsymbol{x}$ も $\boldsymbol{V}$ に入っているので，$\boldsymbol{a}^* \in \boldsymbol{V}^*$ と $\boldsymbol{x} \in \boldsymbol{V}$ を考えるのと少し違う．元来，〈積〉というものは，異質なもの同士がかけ合わしやすいので，$\boldsymbol{V}^*$ と $\boldsymbol{V}$ をかける方はよいが，$\boldsymbol{V}$ の中で $\boldsymbol{a}$ と $\boldsymbol{x}$ とをかけ合わすというのは，やりにくい．それで，$\boldsymbol{a} \in \boldsymbol{V}$ をアベコベ世界の $\boldsymbol{V}^*$ に映して，$\boldsymbol{a}^*$ と $\boldsymbol{x}$ をかけているのだ．

$\boldsymbol{a}^*$ と $\boldsymbol{x}$ であろうと，$\boldsymbol{a}$ と $\boldsymbol{x}$ であろうと，「内積」と呼ぶこともある．しかし，混乱を避けるためには，区別した方

がよいだろう．それには，一方を（ふつうは $\boldsymbol{V}^*$ と $\boldsymbol{V}$ の方を）「スカラー積」といい，他方は（ふつうは $\boldsymbol{V}$ と $\boldsymbol{V}$ の方を）「内積」という．少なくとも，$\boldsymbol{V}$ と $\boldsymbol{V}$ の方は，タテベクトルとタテベクトルの積という，行列算の枠からはみだした乗法で，それは一種の「幾何学的内積」といったものであることだけは，認識しておいた方がよい．ともかく，ここで「内積」というのは，こちらの意味に使うことにしよう．

本当のところは，あとでの議論では，複素係数で問題になってくる．しかし，さしあたりは，複素係数であることの微調整をあとまわしにして，もっぱら実係数で考える．そこで記号だが，これは

$$\boldsymbol{a}\cdot\boldsymbol{x}$$

という書き方と，

$$(\boldsymbol{a},\boldsymbol{x}),\qquad \langle\boldsymbol{a},\boldsymbol{x}\rangle,\qquad (\boldsymbol{a}|\boldsymbol{x}),\qquad \langle\boldsymbol{a}|\boldsymbol{x}\rangle$$

といった書き方がある．力学などでは，よく $\boldsymbol{a}\cdot\boldsymbol{x}$ を使うが，これはなにより，いかにも「積」らしいところがとりえだ．そのかわり，$\boldsymbol{a}\cdot\boldsymbol{b}\cdot\boldsymbol{c}$ なんてナンセンスをしてしまう危険がある．その点，数学者がよく使う $(\boldsymbol{a},\boldsymbol{x})$ の方だと心配ないが，あまり「積」のような感じがしないし，それに $\boldsymbol{a}$ と $\boldsymbol{x}$ のペアの記号とまぎらわしい．その点を考慮したのが $\langle\boldsymbol{a},\boldsymbol{x}\rangle$ だが，これだって別の意味に使ったり，ペアの記号に使うこともある．そのために，まんなかにボーを入れるのもあるのだが，ますます「積」らしくない．ぼくは，$(\boldsymbol{a}\cdot\boldsymbol{x})$ というのが安全だと思うのだが，だれも使っていないので，仕方がない．そこで，使い方を誤らないとい

う注意つきで，$\boldsymbol{a}\cdot\boldsymbol{x}$ を使うことにする．

そこで K^n なら，

$$\boldsymbol{x}\cdot\boldsymbol{y}=\sum_{k=1}^{n}x_k y_k$$

をいちおう考えようというのだが，もう少し一般的に考えておいた方がよい．たとえば，2次元平面で斜交座標だったりすると

$$\begin{aligned}\boldsymbol{x}\cdot\boldsymbol{y}&={a_1}^2x_1y_1+a_1a_2\cos\omega(x_1y_2+x_2y_1)+{a_2}^2x_2y_2\\&=[x_1\quad x_2]\begin{bmatrix}{a_1}^2 & a_1a_2\cos\omega\\ a_1a_2\cos\omega & {a_2}^2\end{bmatrix}\begin{bmatrix}y_1\\ y_2\end{bmatrix}\end{aligned}$$

がよい．長さの2乗 $\boldsymbol{x}^2$（$\boldsymbol{x}\cdot\boldsymbol{x}$ のこと）を考えるのに，外角型の余弦定理の

$$\boldsymbol{x}^2=(a_1x_1)^2+2(a_1x_1)(a_2x_2)\cos\omega+(a_2x_2)^2$$

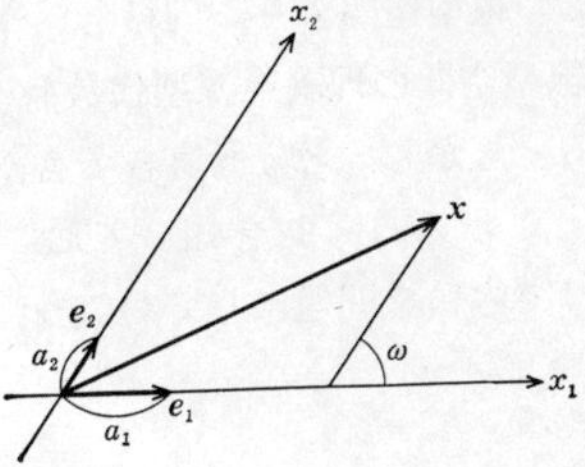

がよいからである．

また，確率で共分散を考えたりするときには

$$\sum_i x_i y_i p_i$$

と，確率 p_i を重みにつけて考えたかったり，特殊相対論のような場合だと，

$$-c^2tt'+xx'+yy'+zz'$$

といったものを考えねばならなかったりする.

つまり，いろんな状況のもとで，内積を利用した〈幾何学〉をしたいのである．その意味で，ともかく線型空間 $\boldsymbol{V}$ に，なんらかの意味で内積 $\boldsymbol{x}\cdot\boldsymbol{y}$ が規定されているところから出発する．この内積概念を持った線型空間については，いろいろな呼び名がある．このごろでは「計量線型空間」という人が増えているが，ユークリッドとかヒルベルトとかピタゴラスとか，しかるべき人名をつける流儀もある．ここではアッサリと，内積線型空間といっておこう．つまり，

$$\{内積線型空間\}=\{線型空間\}+\{内積\}$$

である．

これは，ただの線型空間より，内積というヨブンの概念があるので，「線型空間の理論＝線型代数」の番外に扱うケッペキ派もある．しかし，どうせ高校でもやったことではあるし，早いとこ世のヨゴレを知っておいた方がよかろう，というわけで内積を問題にしておこう，という考えである．

内積の概念規定

そこで，内積として，モットモラシイ規定を考えていこう．まず，これは1次関数から出発したことではあるし，$\boldsymbol{x}$ を固定したとき，$\boldsymbol{y}$ について線型

$$\boldsymbol{x}\cdot(\boldsymbol{y}_1+\boldsymbol{y}_2)=\boldsymbol{x}\cdot\boldsymbol{y}_1+\boldsymbol{x}\cdot\boldsymbol{y}_2,\qquad \boldsymbol{x}\cdot(\boldsymbol{y}r)=(\boldsymbol{x}\cdot\boldsymbol{y})r$$

がほしい．この形は，$\boldsymbol{x}$についてもあって，

$$(\boldsymbol{x}_1+\boldsymbol{x}_2)\cdot\boldsymbol{y}=\boldsymbol{x}_1\cdot\boldsymbol{y}+\boldsymbol{x}_2\cdot\boldsymbol{y},\qquad(\boldsymbol{x}r)\cdot\boldsymbol{y}=(\boldsymbol{x}\cdot\boldsymbol{y})r$$

がほしい．

これは，$\boldsymbol{x}$をとめれば$\boldsymbol{y}$について線型，$\boldsymbol{y}$をとめれば$\boldsymbol{x}$について線型ということになる．線型というのは比例の一般化だったから，これは複比例の一般化で，複線型という．一般に多変数が複線型 multilinear で，これは2変数なので双線型 bilinear と使いわけする人もいるが，そんなに訳語を1対1対応させるほどのこともあるまい．

複比例は，一般に，異種の量についてでよかったので，これは$\boldsymbol{x}\in\boldsymbol{U},\boldsymbol{y}\in\boldsymbol{V}$についての$\boldsymbol{f}(\boldsymbol{x},\boldsymbol{y})$で

$$\begin{aligned}&\boldsymbol{f}(\boldsymbol{x},\boldsymbol{y}_1+\boldsymbol{y}_2)=\boldsymbol{f}(\boldsymbol{x},\boldsymbol{y}_1)+\boldsymbol{f}(\boldsymbol{x},\boldsymbol{y}_2),\\&\boldsymbol{f}(\boldsymbol{x},\boldsymbol{y}r)=\boldsymbol{f}(\boldsymbol{x},\boldsymbol{y})r,\\&\boldsymbol{f}(\boldsymbol{x}_1+\boldsymbol{x}_2,\boldsymbol{y})=\boldsymbol{f}(\boldsymbol{x}_1,\boldsymbol{y})+\boldsymbol{f}(\boldsymbol{x}_2,\boldsymbol{y}),\\&\boldsymbol{f}(\boldsymbol{x}r,\boldsymbol{y})=\boldsymbol{f}(\boldsymbol{x},\boldsymbol{y})r\end{aligned}$$

というのが複線型である．この場合に，スカラー値で，$\boldsymbol{V}$がK^nならば

$$f(\boldsymbol{x},\boldsymbol{y})=\sum_{j=1}^{n}b_j(\boldsymbol{x})y_j$$

となる．ここで，b_jも$\boldsymbol{x}$について線型で，$\boldsymbol{U}$がK^mなら

$$b_j(\boldsymbol{x})=\sum_{i=1}^{m}a_{ij}x_i$$

となり，結局

$$z=\sum_{i=1}^{m}\sum_{j=1}^{n}a_{ij}x_iy_j$$

のような形になる．このままの形では行列算にならないが，

$$\boldsymbol{z}=[b_1(\boldsymbol{x})\quad b_2(\boldsymbol{x})\quad\cdots\quad b_n(\boldsymbol{x})]\begin{bmatrix}y_1\\y_2\\\vdots\\y_n\end{bmatrix}$$

$$=[x_1\quad\cdots\quad x_m]\begin{bmatrix}a_{11}&\cdots&a_{1n}\\\vdots&&\vdots\\a_{m1}&\cdots&a_{mn}\end{bmatrix}\begin{bmatrix}y_1\\\vdots\\y_n\end{bmatrix}$$

の形になる．つまり

$$\boldsymbol{z}=\boldsymbol{x}^*A\boldsymbol{y}$$

というわけである．これは，普通の複比例

$$z=axy$$

を多次元化したものになっている．

関数空間については，同じように

$$x\cdot y=\iint a(s,t)x(s)y(t)dsdt$$

のような形が，複線型になっている．

つまり，まず内積とは

(B)　$\boldsymbol{x}\cdot\boldsymbol{y}$ は $\boldsymbol{V}\times\boldsymbol{V}$ で複線型

という条件を課そう．じつは，複素係数のときは，ここで微調整をするが，いまは実係数である．

つぎに，$\boldsymbol{x}$ と $\boldsymbol{y}$ に関する対称性がほしい．つまり

(S)　$\boldsymbol{x}\cdot\boldsymbol{y}=\boldsymbol{y}\cdot\boldsymbol{x}$

という条件を課す（これも複素係数なら微調整をするのだ

が)．こんどは，一般の $\boldsymbol{U}\times\boldsymbol{V}$ では意味がないわけで，いよいよ $\boldsymbol{V}\times\boldsymbol{V}$ でなければならない．さきの例だと，

$$z = \boldsymbol{y}^* A\boldsymbol{x}$$

で

$$\boldsymbol{y}^* A\boldsymbol{x} = \boldsymbol{x}^* A\boldsymbol{y}$$

となるときで，これは A が対称行列

$$A = A^*$$

の場合にかぎる．あとで対称行列について調べると，実質的には

$$\boldsymbol{x}\cdot\boldsymbol{y} = \sum_{i=1}^{n} x_i y_i \lambda_i$$

のような形と変わらないことになる．

この，対称な複線型関数というのが，一番一般的な内積概念だが，通常はもう少し限定する．相対論的内積のような場合には，λ_i にマイナスが出るのだが，普通はプラスばかりにして，正型

(P)　$\boldsymbol{x}\cdot\boldsymbol{x} \geqq 0$

という条件をつける．これは，2次関数

$$q(\boldsymbol{x}) = f(\boldsymbol{x}, \boldsymbol{x})$$

が正という意味で，正値とか正定符号とかいう言い方もある．

これではまだ，λ_i が0を排除していないので，非退化

(R)　$\boldsymbol{x}\cdot\boldsymbol{y} = 0$ $(\boldsymbol{y} \in \boldsymbol{V})$　なら　$\boldsymbol{x} = \boldsymbol{0}$

という条件を課す．ただし，これは正型でない場合も用心した条件で，普通の教科書には，見かけ上はこれよりも強

い

(R′)　$\boldsymbol{x}^2=0$　なら　$\boldsymbol{x}=\boldsymbol{0}$

を採用している．正型のときは，これですむ．それは，

$$\boldsymbol{x}^2=0$$

のとき，

$$(\lambda\boldsymbol{x}+\boldsymbol{y})^2=2\lambda\boldsymbol{x}\cdot\boldsymbol{y}+\boldsymbol{y}^2$$

となって，これがλに無関係に正になるには

$$\boldsymbol{x}\cdot\boldsymbol{y}=0$$

でないと困るからだ．

結局

内積 ＝ 正型非退化対称複線型関数

ということになった．一見は抽象的なようだが，2次式の常識が通用することを意味してもいる．それで，普通の2次式についてと同じように，内積線型空間のベクトルをあやつれることになる．

幾何学的意味

内積線型空間になると，内積を利用して，幾何学的概念を導入することが可能になる．

まず，正型から，

$$|\boldsymbol{x}|=\sqrt{\boldsymbol{x}^2}$$

として，$\boldsymbol{x}$の大きさを考えることができる．大きさのことは，絶対値とか，ノルム（計量）とかいうこともある（たぶん，計量とはmetricの訳だろうが，実際にはノルムのことを言っているみたい）．

一般には，ノルムとは

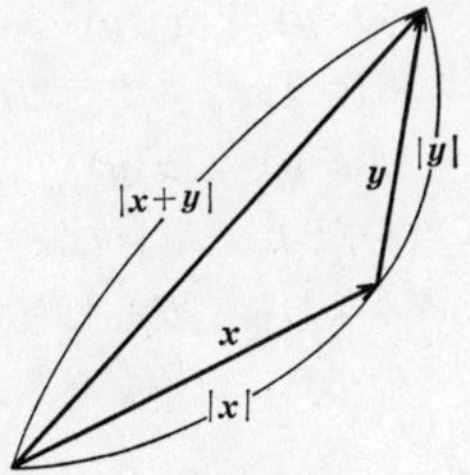

$$|\boldsymbol{x}| \geqq 0\,;\ |\boldsymbol{x}| = 0 \text{ なら } \boldsymbol{x} = \boldsymbol{0}$$

(N) $$|\boldsymbol{x}r| = |\boldsymbol{x}||r|$$

$$|\boldsymbol{x}+\boldsymbol{y}| \leqq |\boldsymbol{x}|+|\boldsymbol{y}|$$

となるものをいう．ときに，$|\boldsymbol{x}|$の値で $+\infty$ を許したり，退化する場合を扱うこともあるが，通常はこうしたものをいう．ここで問題なのは，最後の不等式（3 角不等式）だけである．

これは，両辺正だから

$$(\boldsymbol{x}+\boldsymbol{y})^2 \leqq (|\boldsymbol{x}|+|\boldsymbol{y}|)^2$$

と同値で，

$$\boldsymbol{x}^2+2\boldsymbol{x}\cdot\boldsymbol{y}+\boldsymbol{y}^2 \leqq |\boldsymbol{x}|^2+2|\boldsymbol{x}||\boldsymbol{y}|+|\boldsymbol{y}|^2$$

すなわち

$$\boldsymbol{x}\cdot\boldsymbol{y} \leqq |\boldsymbol{x}||\boldsymbol{y}|$$

になる．これは，$\boldsymbol{x}$ のかわりに $-\boldsymbol{x}$ にすると

$$-\boldsymbol{x}\cdot\boldsymbol{y} \leqq |\boldsymbol{x}||\boldsymbol{y}|$$

なので，

$$-|\boldsymbol{x}||\boldsymbol{y}| \leqq \boldsymbol{x}\cdot\boldsymbol{y} \leqq |\boldsymbol{x}||\boldsymbol{y}|$$

すなわち

$$|\boldsymbol{x}\cdot\boldsymbol{y}| \leqq |\boldsymbol{x}||\boldsymbol{y}|$$

になっている．これも両辺正なので，これは

$$(\boldsymbol{x}\cdot\boldsymbol{y})^2 \leqq \boldsymbol{x}^2\boldsymbol{y}^2$$

と同値になる．このあたり，「積」の記号が微妙なところで，$(\boldsymbol{x}, \boldsymbol{y})$の方で書きなおして安心した方がよいかもしれない．ともかく，この一見は奇妙な不等式は

$$\left(\sum_{i=1}^{n} x_i y_i\right)^2 \leqq \left(\sum_{i=1}^{n} {x_i}^2\right)\left(\sum_{i=1}^{n} {y_i}^2\right)$$

という，シュバルツの不等式を一般的に書いたわけである．

この証明は

$$(\lambda\boldsymbol{x}+\mu\boldsymbol{y})^2 = \lambda^2\boldsymbol{x}^2+2\lambda\mu\boldsymbol{x}\cdot\boldsymbol{y}+\mu^2\boldsymbol{y}^2$$

で，判別式を考えればよい．あとで考える複素係数のときは，ここでも微調整が必要．

ともかくも，〈大きさ〉の概念があった．すると，たちまち〈方向〉の概念がえられる．これは，ベクトルの方向を標準化する手段として，ノルム1にすればよいので，

$$|\boldsymbol{e}| = 1$$

となるベクトルを方向ベクトルという．すると，$\boldsymbol{a} \neq \boldsymbol{0}$の方向とは，$\boldsymbol{a}$を極分解

$$\boldsymbol{a} = \frac{\boldsymbol{a}}{|\boldsymbol{a}|}|\boldsymbol{a}|$$

とすればよい．つまり，高校のときの

「ベクトル」＝〈方向〉＋〈大きさ〉

というのは，ノルムがあっていえることで，$\boldsymbol{a}$ を

$$\text{方向}\ \frac{\boldsymbol{a}}{|\boldsymbol{a}|}\ \text{と大きさ}\ |\boldsymbol{a}|$$

に極分解したわけである．ただし，$\boldsymbol{a} \neq \boldsymbol{0}$ が必要でゼロベクトル $\boldsymbol{0}$ の「方向」というのは考えられない．その点は，「高校のベクトル」はゴマカスことになっている．それにしても，高校の「座標」というと，直角座標ばかりで，極座標をサベツしてきたのに，「ベクトル」になると突如として極座標になるのはなんでやろ．

ただし，この場合のノルムは，計量といってもただの計量ではなくて，2次式に関係したピタゴラス型の計量になっている．つまり，ここでは〈ピタゴラスの定理〉

$$\boldsymbol{x} \perp \boldsymbol{y} \Longleftrightarrow (\boldsymbol{x}+\boldsymbol{y})^2 = \boldsymbol{x}^2+\boldsymbol{y}^2$$

を使えるようになっている．逆にいえば，ピタゴラスの定理として，〈直交〉の概念が規定されうることになる．この式は

$$\boldsymbol{x}^2+2\boldsymbol{x}\cdot\boldsymbol{y}+\boldsymbol{y}^2 = \boldsymbol{x}^2+\boldsymbol{y}^2$$

だから，高校でオナジミの直交条件

$$\boldsymbol{x}\cdot\boldsymbol{y} = 0$$

のことになる．こちらの方で直交を定義してしまうので，ゼロベクトル $\boldsymbol{0}$ は任意のベクトルと直交すると考える．

じつは一般の $\boldsymbol{V}$ でやっているようでも，$\boldsymbol{V}_{x,y}$ とは2次元空間つまりは平面で，そこの上で直交の概念や長さの概念があれば，もう普通にユークリッド幾何ができることになる．じつは，このことを逆用して，無限次元の関数空間

でまでユークリッド幾何をやってのけよう，というのが将来の目論見である．

そこで，このとき，ベクトル $\boldsymbol{x}$ の $\boldsymbol{e}$ 方向への成分 x を計算することができる．直交条件から

$$(\boldsymbol{x}-\boldsymbol{e}x)\cdot\boldsymbol{e}=0$$

より，

$$x=\boldsymbol{x}\cdot\boldsymbol{e}$$

となる．

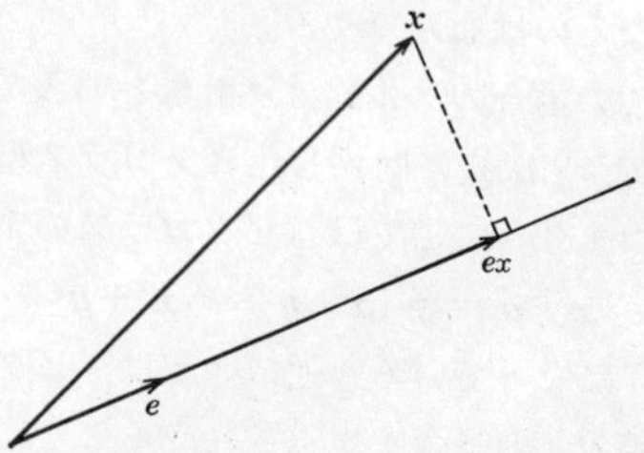

とくに，$\boldsymbol{e}$ と $\boldsymbol{f}$ が方向ベクトルのときは

$$\boldsymbol{e}\cdot\boldsymbol{f}=\cos\widehat{\boldsymbol{ef}}$$

になる．一般に，$\boldsymbol{a}, \boldsymbol{b}\neq\boldsymbol{0}$ についてだと

$$\frac{\boldsymbol{a}}{|\boldsymbol{a}|}\cdot\frac{\boldsymbol{b}}{|\boldsymbol{b}|}=\cos\widehat{\boldsymbol{ab}}$$

すなわち

$$\boldsymbol{a}\cdot\boldsymbol{b}=|\boldsymbol{a}||\boldsymbol{b}|\cos\widehat{\boldsymbol{ab}}$$

になる．高校では，こちらの方から内積を始めたかもしれない．

これは，直角座標で「解析幾何」を展開するための枠組

みを用意している．この場合は，座標系として

$$\boldsymbol{e}_i{}^2=1, \quad \boldsymbol{e}_i\cdot\boldsymbol{e}_j=0 \ (i\neq j)$$

つまり

$$\boldsymbol{e}_i\cdot\boldsymbol{e}_j=\begin{cases}1 & (i=j)\\ 0 & (i\neq j)\end{cases}$$

としてとる．そこで

$$\boldsymbol{x}=\sum_i \boldsymbol{e}_i x_i$$

のとき

$$x_i=\boldsymbol{x}\cdot\boldsymbol{e}_i$$

として，座標が与えられることになる．

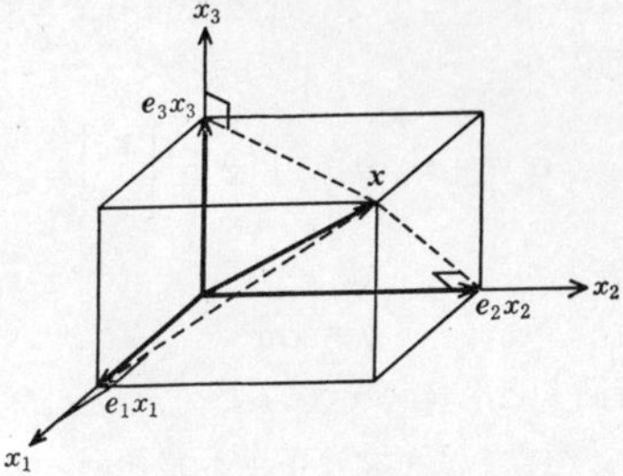

直交しない一般の座標系 $\boldsymbol{f}_1, \boldsymbol{f}_2, \boldsymbol{f}_3, \cdots$ からは，

$$\boldsymbol{e}_1=\frac{\boldsymbol{f}_1}{|\boldsymbol{f}_1|},$$

$$\boldsymbol{g}_2=\boldsymbol{f}_2-\boldsymbol{e}_1(\boldsymbol{f}_2\cdot\boldsymbol{e}_1), \quad \boldsymbol{e}_2=\frac{\boldsymbol{g}_2}{|\boldsymbol{g}_2|},$$

$$\boldsymbol{g}_3=\boldsymbol{f}_3-\{\boldsymbol{e}_1(\boldsymbol{f}_3\cdot\boldsymbol{e}_1)+\boldsymbol{e}_2(\boldsymbol{f}_3\cdot\boldsymbol{e}_2)\}, \quad \boldsymbol{e}_3=\frac{\boldsymbol{g}_3}{|\boldsymbol{g}_3|}$$

のようにして，こうした直交座標系に直すこともできる．

内積があると,「幾何の証明」などをいろいろと楽しむことができる. 高校に内積のなかったころは, 大学で内積というのは〈幾何の楽しみ〉の時間だったものだが, いまではそうした楽しみが受験数学に収奪されてしまっていて, いまさら白けるだろうから, ここではやめる.

内積と双対性

ここまでのところ, ケッペキ派に言わせれば,「線型空間の理論」ではなくて,「内積線型空間の理論」である. しかし, そもそもが「線型空間」でなくて,「座標線型空間」の K^n ではじめたし, そこで A^* などと言ってきた.

ここで最初の

$$\boldsymbol{\alpha} = [a_1 \quad a_2], \qquad \boldsymbol{x} = \begin{bmatrix} x_1 \\ x_2 \end{bmatrix}$$

による

$$y = \boldsymbol{\alpha x}$$

を,「線型空間」として考えてみよう.

ここでは,「座標」はキマリキットルといって省略したのだが,

$$\boldsymbol{\varepsilon}_1 = [1 \quad 0], \qquad \boldsymbol{\varepsilon}_2 = [0 \quad 1]\,; \qquad \boldsymbol{e}_1 = \begin{bmatrix} 1 \\ 0 \end{bmatrix}, \qquad \boldsymbol{e}_2 = \begin{bmatrix} 0 \\ 1 \end{bmatrix}$$

があったわけで,

$$\boldsymbol{\alpha} = a_1\boldsymbol{\varepsilon}_1 + a_2\boldsymbol{\varepsilon}_2 \in \boldsymbol{V}^*, \qquad \boldsymbol{x} = \boldsymbol{e}_1 x_1 + \boldsymbol{e}_2 x_2 \in \boldsymbol{V}$$

であった. $\boldsymbol{\varepsilon}_1$ と $\boldsymbol{\varepsilon}_2$ というのは, 座標を調べるという関数

$$\boldsymbol{\varepsilon}_1 : \boldsymbol{x} \longmapsto x_1, \qquad \boldsymbol{\varepsilon}_2 : \boldsymbol{x} \longmapsto x_2$$

である．

ここで

$$\boldsymbol{\varepsilon}_i \boldsymbol{e}_i = \begin{cases} 1 & (i=j) \\ 0 & (i \neq j) \end{cases}$$

で，

$$\boldsymbol{\alpha x} = a_1 x_1 + a_2 x_2$$

となっているわけだ．これが「線型空間の理論」の立場．

ところで，

$$\boldsymbol{e}_1{}^* = \boldsymbol{\varepsilon}_1, \quad \boldsymbol{e}_2{}^* = \boldsymbol{\varepsilon}_2$$

と考えて，

$$\boldsymbol{a}^* = \boldsymbol{\alpha}$$

としたというのは，$\boldsymbol{V}$ をアベコベ世界の $\boldsymbol{V}^*$ へ映して

$$\boldsymbol{V} \longrightarrow \boldsymbol{V}^*$$

を考えていることで，タテとヨコをヒックリカエスというのは，$\boldsymbol{V}$ と $\boldsymbol{V}^*$ とを「同一視」すること，つまり高校流の，タテベクトルでもヨコベクトルでもエエヤンカ，という立場へとヒヨリつつある，ということだ．つまり，ここでは，$\boldsymbol{V}^*$ と $\boldsymbol{V}$ の双対性のかわりに，$\boldsymbol{V}^*$ のところへ $\boldsymbol{V}$ を持ってきて，$\boldsymbol{V}$ と $\boldsymbol{V}$ 自身との自己双対性の立場を持ちこんでいるとも言える．「座標空間」を考えたということは，その「座標」が「直角座標」であることを，暗黙の前提としていて，そのことによって，タテをヨコにできたのである．

それにしても，この

$$y = \boldsymbol{a} \cdot \boldsymbol{x}$$

は，便利なことがある．ここで，$\boldsymbol{x}$ を方向 $\boldsymbol{e}$ に向けて

$$\boldsymbol{x} = \boldsymbol{e}t$$

と動かすと,

$$y = (\boldsymbol{a} \cdot \boldsymbol{e})t$$

であって, $\boldsymbol{a}$ の $\boldsymbol{e}$ 方向の成分が $\boldsymbol{e}$ 方向への変化率をあらわしている. こうした, 1つのベクトル $\boldsymbol{a}$ で, この1次関数の変化率が表現できる. それでこれを勾配ベクトルともいう.

もちろん

$$a_1 = \boldsymbol{a} \cdot \boldsymbol{e}_1, \quad a_2 = \boldsymbol{a} \cdot \boldsymbol{e}_2$$

というのは, x_1 や x_2 だけについての変化率だし, y の変化しない

$$\boldsymbol{a} \cdot \boldsymbol{x} = 0$$

では $\boldsymbol{a}$ と直交して変化率0になる. $\boldsymbol{a}$ の方向へは

$$\boldsymbol{a} \cdot \frac{\boldsymbol{a}}{|\boldsymbol{a}|} = |\boldsymbol{a}|$$

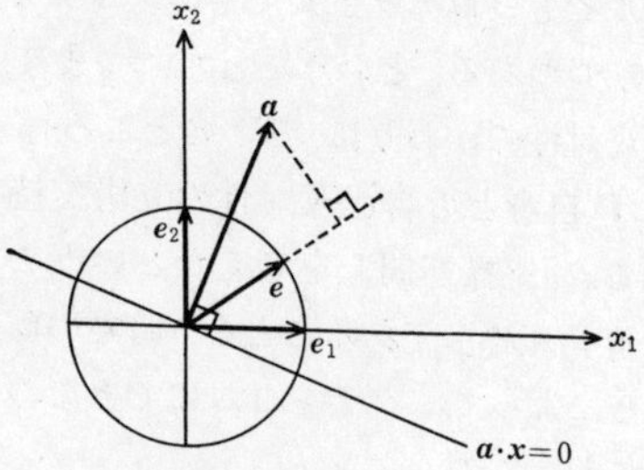

であって, これが最大変化方向で, その変化率が $|\boldsymbol{a}|$ になっている. つまり,「変化の大きさ」と「変化の方向」を持

っているから，勾配は「ベクトル」になるわけだ．

本来なら，直線

$$\boldsymbol{\alpha x} = 0$$

というのは，異界の $\boldsymbol{V}^*$ の $\boldsymbol{\alpha}$ によって条件づけられているといってよい．しかしそれが，

$$\boldsymbol{a} \cdot \boldsymbol{x} = 0$$

という，同じ世界の $\boldsymbol{V}$ の $\boldsymbol{a}$ によって，この直線にツキササッテイル，という方が迫力があるではないか．

直線のパラメーター表示は，その直線の方向を与える

$$\boldsymbol{x} = \boldsymbol{e}t$$

であった．これに対して，陰関数表示は直接につきささる方向として $\boldsymbol{a}$ がある．これは，この直線に沿うか，直線を横切るか，いわば〈平行と直交〉の双対性としてある．

本来，〈道〉とは，それに沿って〈内〉を進むときは通路であり，〈外〉からそれを横切ろうとすれば障害である．川でも屋根でも，そして現在の道路でも．ここに双対性の原型として，〈内と外〉の対立がある．これぞベンショーホーと，ヘーゲルさんが言わはった，なんてホンマかいな．

7
幾　何

アファイン空間

同じことだから，2次元で考えることにする．

まえに，アファイン変換

$$\begin{bmatrix} 1 \\ y_1 \\ y_2 \end{bmatrix} = \begin{bmatrix} 1 & 0 & 0 \\ b_1 & a_{11} & a_{12} \\ b_2 & a_{21} & a_{22} \end{bmatrix} \begin{bmatrix} 1 \\ x_1 \\ x_2 \end{bmatrix}$$

というのを考えた．それは

$$\boldsymbol{y} = \boldsymbol{b} + A\boldsymbol{x}, \qquad \boldsymbol{b} \in K^2,\ A \in \mathscr{L}(K^2)$$

であるわけだが，これは本来は，「線型空間の変換」ではない．線型空間というのは，原点が固定されていなければならず，線型変換のほかに，平行移動の $\boldsymbol{b}$ で原点がずれてしまうからである．それで，原点の自由度を保証した，いわば

$$\{線型空間\} - \{原点\} = \{アファイン空間\}$$

を考えねばならない．

「数学的定式化」ということなら，線型空間からアファイン変換群を作って，それからアファイン空間を構成するという手順もスマートで，いまの導入はそれを下敷きにしているが，実際の感覚としては，まずアファイン空間を考え

ていく方がよいだろう.

実際に，平面そのものはノッペラボーで，べつに原点が定まっているわけではない．ただ，平行移動の概念は考えてよいだろう．高校で矢線ベクトルと称するのは，ちょっとはっきりしない点があるが，そうしたものと考えてよいだろう.

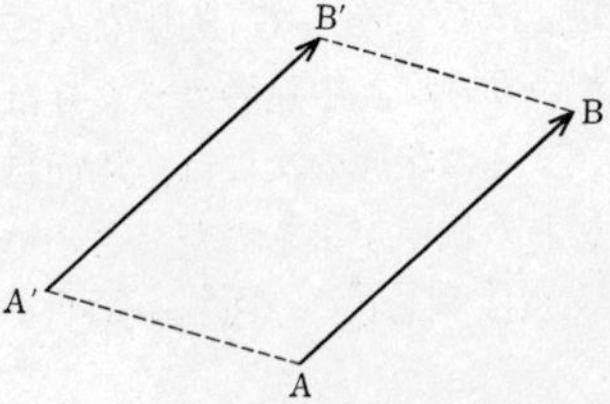

「A から B」というのと，「A′ から B′」というのが

$$AB \stackrel{\wedge}{=} A'B' \quad (\text{この平行は同じ向き})$$

つまり平行4辺形になっているとき，これは同じ移動と考えることにする．これがよく $\overrightarrow{AB}$ と書かれる，高校流の「矢線ベクトル」になる.

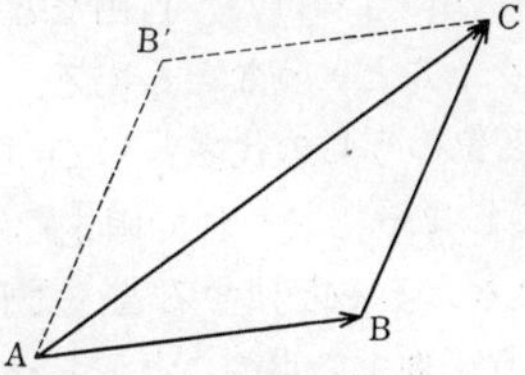

このとき，「A から B」と「B から C」を継続すると，

$$\overrightarrow{AB}+\overrightarrow{BC} = \overrightarrow{AC}$$

という加法が考えられる．AB と BC では折れ線になってしまうじゃないか，と言うかもしれないが，ここでなにも有向「線分」などと言ったおぼえはない．「始点」の A と「終点」の C とを指示したのが，$\overrightarrow{AC}$ であって，間を直線で結んだのは，なにも書かないと淋しいし，わざわざグニャグニャ書くまでもないからだ．「最初の状態」は A にあり，「最後の状態」は C であって，途中なんて知ったことじゃない．変換というのは，中途のカラクリはブラックボックスで，インプットの状態の次には，場面はかわりましてと，アウトプットの状態が来るのだ．ここで

$$\overrightarrow{AB} = \overrightarrow{B'C}, \qquad \overrightarrow{BC} = \overrightarrow{AB'}$$

についての

$$\overrightarrow{AB}+\overrightarrow{BC} = \overrightarrow{AB'}+\overrightarrow{B'C}$$

は，矢線ベクトルの交換法則だが，それは平行 4 辺形の基本性質を物語っている．

r 倍の方もどうってこともなくて，つまりはこの「矢線」の変位が線型空間になる．それで，これを矢線ベクトルとか変位ベクトルとかいうわけだ．自由なところで変位できるので，自由ベクトルということもある．

ここで，この変位のうちの代表として，「始点」の方を原点 O に固定してしまって（それで固定ベクトルという人もある），$\overrightarrow{OA}$ を考えることにすると，これは A だけで決まるので，つまり平面上の点のことでしかない．つまり，O が定まると

$$\text{点 A} \longleftrightarrow \text{変位ベクトル } \overrightarrow{OA}$$

になっている．ここで，高校だと

$$\overrightarrow{\mathrm{OA}}+\overrightarrow{\mathrm{AB}}=\overrightarrow{\mathrm{OB}}$$

と書いたかもしれないが，どうせ原点Oなんて勝手に決めたものだし，ヘソノオを引っぱって原点を思いだすのも，うっとうしいから，

$$\mathrm{A}+\overrightarrow{\mathrm{AB}}=\mathrm{B}$$

と書くことにしよう．これは，時刻と時間で

$$2\text{時}+3\text{時間}=5\text{時}$$

とやったのと同じ．原点に無関係に時間の加法はあったかもしれず，0時から2時間の変位で2時という時刻はあったかもしれないが，それがともかく指定されるなら，

$$\text{始点}\,\mathrm{A}+\text{変位}\,\overrightarrow{\mathrm{AB}}=\text{終点}\,\mathrm{B}$$

というのを考えてよい．

これが，アファイン空間の構造で，$\mathrm{A},\mathrm{B}\in E$ について，$\overrightarrow{\mathrm{AB}}\in\boldsymbol{V}$ が

$$\mathrm{A}+\overrightarrow{\mathrm{AB}}=\mathrm{B}$$

と対応しているというのが，アファイン空間の抽象的定義になる．

これは，平面に座標を入れていく手続きでもあって，まず原点Oを定めて，Aを $\overrightarrow{\mathrm{OA}}$ と対応させ

$$\{\text{アファイン空間}\}+\{\text{原点}\}=\{\text{線型空間}\}$$

という $\boldsymbol{V}$ を作り，そこに座標系を定めて

$$\{\text{線型空間}\}+\{\text{座標系}\}=\{\text{座標空間}\}$$

としていく．この場合に，$\boldsymbol{V}$ が n 次元なら E を n 次元アファイン空間という．いまの場合，平面は2次元アファイ

ン空間だったわけである．

リクツの上では，ノッペラボーのものから始めて，だんだんと構造を加えていくのが，スジというものかもしれない．しかし，ぼくにはどうも，座標といった枠がないと，ノッペラボーのものはとらえにくい．ノッペラボーの世界をとらえることのなかったギリシャ幾何学にたいして，世界そのものを〈空間〉として認識した，デカルト以来のヨーロッパ幾何学も，〈座標〉で枠づけることによって可能になった．ノッペラボーから始める流儀も多いのだが，ぼくは座標空間から枠を無視していく流儀を好んでいる．枠からの解放の方が気分がエエ．

重　心

ここで，アファイン空間 E の演算は，線型空間 $\boldsymbol{V}$ のベクトルを作用させる

$$\mathrm{A}+\boldsymbol{b}=\mathrm{C}$$

であって，点＋点は意味がない．時刻に時刻は足せないのだ．数直線で点と点が足せるように思うのは，少なくとも一方をベクトルとしているのである．

ところが，パーティの客の到着時刻を加えることはできないが，平均を考えることはできる．

$$\overrightarrow{\mathrm{MA}_1}+\overrightarrow{\mathrm{MA}_2}+\cdots+\overrightarrow{\mathrm{MA}_n}=\mathbf{0}$$

にすればよいのである．O からのベクトルに直すと

$$(\overrightarrow{\mathrm{OA}_1}-\overrightarrow{\mathrm{OM}})+(\overrightarrow{\mathrm{OA}_2}-\overrightarrow{\mathrm{OM}})+\cdots+(\overrightarrow{\mathrm{OA}_n}-\overrightarrow{\mathrm{OM}})=\mathbf{0}$$

すなわち

$$\frac{\overrightarrow{OA_1}+\overrightarrow{OA_2}+\cdots+\overrightarrow{OA_n}}{n}=\overrightarrow{OM}$$

になっている．これを

$$\frac{A_1+A_2+\cdots+A_n}{n}=M$$

のように書いてもよいだろう．

このA$_k$のうち，重なるものがあれば，〈重み〉がかかることになるが，その重みを有理比でなくすると

$$\lambda+\mu=1, \quad \lambda,\mu \geqq 0$$

として，A≠Bについて

$$(\overrightarrow{MA})\lambda+(\overrightarrow{MB})\mu=\mathbf{0}$$

とすると

$$M=A\lambda+B\mu$$

になる．これは高校でやった内分点で，「テコの理」で重みつきの平均，つまり重心のところでバランスしているのである．このλ,μを動かすと，線分ABがえられる．

これは，直線をパラメーター表示しているのと同じことになる．つまり，

$$\overrightarrow{AP}=\overrightarrow{AB}\mu$$

とすると

$$P=A(1-\mu)+B\mu$$

となっている．ただし，こちらの方は「負の重み」をも考えているわけで，マイナスの重さも考えると，

$$P=A\lambda+B\mu, \quad \lambda+\mu=1$$

が，AとBを通る直線を表わすことになる．これを1次元

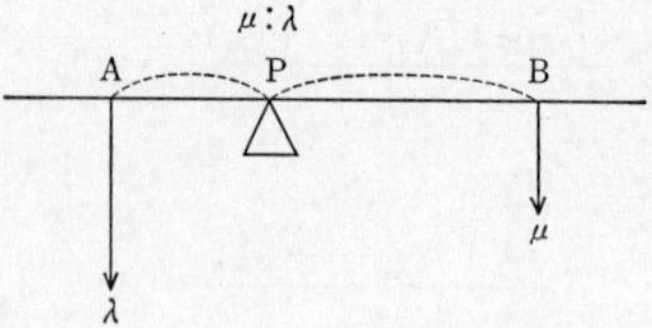

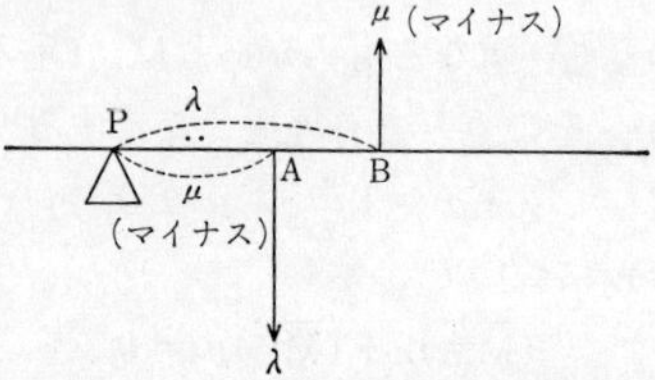

アファイン空間（直線）の重心座標という．

こんどは，平面（2次元アファイン空間）で，直線ABC以外に点Cをとろう．このときは，この平面上の点は

$$P = A\lambda + B\mu + C\nu, \qquad \lambda+\mu+\nu = 1$$

で表わされ，とくに

$$\lambda, \mu, \nu \geqq 0$$

とすると，3角形ABCを表わすことになる．

このことは，まず最初にBとCを平均して

$$Q = B\frac{\mu}{\mu+\nu} + C\frac{\nu}{\mu+\nu}$$

を作り，それからAとQを平均して

$$P = A\lambda + Q(\mu+\nu)$$

となる関係を考えると，

$$\frac{BQ}{QC}=\frac{\nu}{\mu},\quad \frac{CR}{RA}=\frac{\lambda}{\nu},\quad \frac{AS}{SB}=\frac{\mu}{\lambda}$$

であることから,

$$\frac{BQ}{QC}\cdot\frac{CR}{RA}\cdot\frac{AS}{SB}=1$$

になっている．いわゆるチェバの定理である．

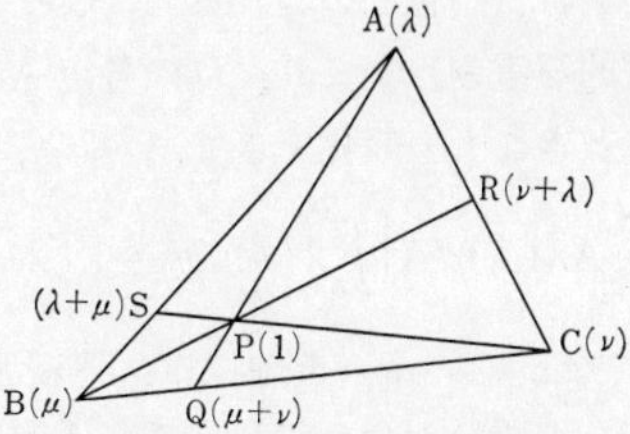

このように, n 次元アファイン空間では, 独立に $n+1$ 個の点をとっていけば,

$$P=A_0\lambda_0+A_1\lambda_1+\cdots+A_n\lambda_n,\quad \lambda_0+\lambda_1+\cdots+\lambda_n=1$$

といった形で, 重心座標 $(\lambda_0, \lambda_1, \cdots, \lambda_n)$ がえられる．

独立でない場合も含めて,

$$\lambda_0, \lambda_1, \cdots, \lambda_n \geqq 0$$

だけを考えることもある．これは,

$$P=A_0\lambda_0+\cdots+A_n\lambda_n$$
$$P'=A_0\lambda_0'+\cdots+A_n\lambda_n'$$

とするとき,

$$P\lambda+P'\lambda'=A_0(\lambda_0\lambda+\lambda_0'\lambda')+\cdots+A_n(\lambda_n\lambda+\lambda_n'\lambda')$$

となって, この点も同じ形をしている．この

$$C=\{\mathrm{A}_0\lambda_0+\cdots+\mathrm{A}_n\lambda_n \mid \lambda_0+\cdots+\lambda_n=1,\ \lambda_0,\cdots,\lambda_n\geqq 0\}$$

は,

$$\mathrm{P},\mathrm{P}'\in C,\ \lambda+\lambda'=1,\ \lambda,\lambda'\geqq 0 \quad \text{なら} \quad \mathrm{P}\lambda+\mathrm{P}'\lambda'\in C$$

という性質，つまり，C 内の 2 点 P,P' について線分 PP' が C に含まれる，という性質を持っている．これは，C が凸集合ということである．さらに，この C は，$\mathrm{A}_0,\cdots,\mathrm{A}_n$ を含む最小の凸集合（凸包といわれる）になっている．

これは連続的な重み，つまり，D の各点 A が密度 $\lambda(\mathrm{A})$ を持っているときにも一般化できて，

$$C=\left\{\int_D \mathrm{A}\lambda(\mathrm{A})d\mathrm{A} \,\middle|\, \int_D \lambda(\mathrm{A})d\mathrm{A}=1,\ \lambda(\mathrm{A})\geqq 0\right\}$$

が D の凸包になっている（正確には，連続密度だけでなく，δ_s のような点質量も含めて考える）．「積分の応用」と称する重心の計算や，連続確率分布についての期待値の計算は，こうした平均を求めているのである．

射影空間

さて，最初にアファイン変換を行列で表現したとき

$$\begin{bmatrix} 1 \\ y_1 \\ y_2 \end{bmatrix} = \begin{bmatrix} 1 & 0 & 0 \\ b_1 & a_{11} & a_{12} \\ b_2 & a_{21} & a_{22} \end{bmatrix} \begin{bmatrix} 1 \\ x_1 \\ x_2 \end{bmatrix}$$

と書いた．これと，3 次元の線型変換

$$\begin{bmatrix} \eta_0 \\ \eta_1 \\ \eta_2 \end{bmatrix} = \begin{bmatrix} 1 & 0 & 0 \\ b_1 & a_{11} & a_{12} \\ b_2 & a_{21} & a_{22} \end{bmatrix} \begin{bmatrix} \xi_0 \\ \xi_1 \\ \xi_2 \end{bmatrix}$$

との関係を考えよう．これは，非同次1次式を，変数を1つ増やして，同次1次式の議論，つまり「線型空間の理論」にしていることだ．

こんどは，$\boldsymbol{V}$ を3次元空間としよう．そこで，第0座標が1という平面

$$E = \{\xi | \xi_0 = 1\}$$

を考える．これは，座標平面

$$L_\infty = \{\xi | \xi_0 = 0\}$$

に平行になっている．

ここで，原点 $\mathbf{0}$ に目玉があるとしよう．E 上の点Pを見通す視線 P は

$$\begin{bmatrix} \xi_0 \\ \xi_1 \\ \xi_2 \end{bmatrix} = \begin{bmatrix} 1 \\ x_1 \\ x_2 \end{bmatrix} t$$

の形であって，

E 上の点P $\longleftrightarrow$ $\mathbf{0}$ を通る直線 P

とが対応している．ただ例外は，L_∞ 上の直線で，これは E に平行で，いつまでたっても E と交わらない．そこで，こうした例外も含めて，直線 P の全体 F を考えると，これは平行な場合の「行き先」を E の点につけ加えていることになる．これを，射影空間という．

数学的構成としては，$\boldsymbol{V}$ の1次元部分空間全体 F をとる，というだけのことで，この直線を表わすのは，

$$\boldsymbol{\xi} = \boldsymbol{\xi}' t, \qquad t \neq 0$$

で影響が変わらないので，比

$$\xi_0 : \xi_1 : \xi_2$$

だけが意味を持つ．ただし，ここで必要なのは

$$\boldsymbol{\xi} \neq \boldsymbol{0}$$

という条件で，高校のときと違って，ξ_0, ξ_1, ξ_2 の中に2つまでは0があってもよい．この $\xi_0 : \xi_1 : \xi_2$ は F の同次座標とか射影座標とかいう．

さらに，E 上の直線に沿って視線を動かせば，平面がえられる．直線が

$$\boldsymbol{x} = \boldsymbol{b} + \boldsymbol{a}t$$

なら

$$\begin{bmatrix} 1 \\ x_1 \\ x_2 \end{bmatrix} = \begin{bmatrix} 1 & 0 \\ b_1 & a_1 \\ b_2 & a_2 \end{bmatrix} \begin{bmatrix} 1 \\ t \end{bmatrix}$$

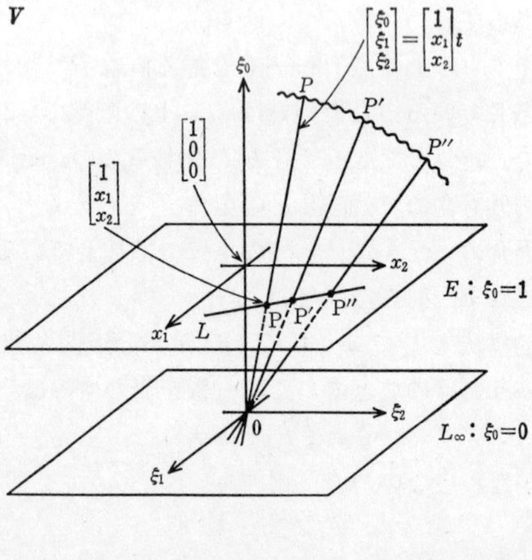

となるので，その平面は

$$\begin{bmatrix} \xi_0 \\ \xi_1 \\ \xi_2 \end{bmatrix} = \begin{bmatrix} 1 & 0 \\ b_1 & a_1 \\ b_2 & a_2 \end{bmatrix} \begin{bmatrix} \tau_1 \\ \tau_2 \end{bmatrix}$$

に対応する．あるいは

$$a_0 + a_1 x_1 + a_2 x_2 = 0$$

の形なら，これは

$$1 : x_1 : x_2 = \xi_0 : \xi_1 : \xi_2$$

で変換すると

$$a_0 \xi_0 + a_1 \xi_1 + a_2 \xi_2 = 0$$

という同次形になる．

つまり，

$$E \text{ 上の直線} \longleftrightarrow \mathbf{0} \text{ を通る平面}$$

になるのだが，ここでも例外があって，L_∞ そのものは平行だから E と交わらない．F として考えるときは，これを無限遠直線，その上の「点」を無限遠点という．

こうすると，

$$E = F - L_\infty,$$

すなわち，E とは，F のうちの特定の直線を無限遠直線として指定してとり除いたものになっている．

いまの場合は，E から説明していったが，F そのものは，線型空間 $\boldsymbol{V}$ から座標も必要とせずに作れる．これぞ真にノッペラボーである．E の方は，無限遠がかすんでいるだけ，無限遠の特異性を持っているともいえる．そして，F に特別の L_∞ を指定して除去したものが，アファイ

ン空間 E なのである．それで，一般の

$$\begin{bmatrix} \eta_0 \\ \eta_1 \\ \eta_2 \end{bmatrix} = \begin{bmatrix} a_{00} & a_{01} & a_{02} \\ a_{10} & a_{11} & a_{12} \\ a_{20} & a_{21} & a_{22} \end{bmatrix} \begin{bmatrix} \xi_0 \\ \xi_1 \\ \xi_2 \end{bmatrix}$$

のうちでも，L_∞ を不変にして，E から E への変換になっているものだけが，アファイン変換になっている．

一般の場合は，射影変換というが，これは線型変換とちがって

$$\xi_0 : \xi_1 : \xi_2 \longmapsto \eta_0 : \eta_1 : \eta_2$$

という比の変換で，E でいえば

$$y_1 = \frac{a_{10}+a_{11}x_1+a_{12}x_2}{a_{00}+a_{01}x_1+a_{02}x_2}, \quad y_2 = \frac{a_{20}+a_{21}x_1+a_{22}x_2}{a_{00}+a_{01}x_1+a_{02}x_2}$$

に対応するわけで，A についても $\boldsymbol{a}_0 : \boldsymbol{a}_1 : \boldsymbol{a}_2$ だけでよい．このようなのを1次分数変換，ときに略して1次変換ともいうのだからヤヤコシイ．

ただ，ちょっと注意しておくと，たとえば E 上の直線 L に沿って視線を移動させていくと，やがて無限遠になってしまう．ところが，半直線と言わず，直線と言ったところがミソで，その瞬間に目玉は蛙のように（というのはウソで，いくら蛙でもそううまくはいかないが）後ろに視線が走って，直線の反対側の端から視線を動かすのである．つまり，1次元射影空間としての射影直線は，円環的になっている．それは，ブルーノ的な無限進行的な直線ではなくて，アリストテレス的な無限循環なのだ．

いまは，2次元射影空間（射影平面）だから，3次元線型

空間の蛙ですんだが，3 次元射影空間を作るには，4 次元線型空間にインベーダーの蛙を登場させねばならない．それがどんなものか，ぼくも見当がつかない．

こんな奇妙なものを考えなくてもよさそうなものだが，完全にノッペラボーで，円環的に閉じた世界なので，これは数学に都合がよい．平行線は無限遠点でチャンと交わってくれるし，分数で分母を 0 にならないことをたしかめないですむ（ぼくはいつもそれを忘れて 3 点減点された）．それになにより，行列算の形式で同次式の議論を線型代数として展開できる．

ユークリッド空間

ユークリッド空間というのは，アファイン空間で線型空間 $\boldsymbol{V}$ というところを，内積線型空間にすればよい．つまり，内積アファイン空間のことで，

$$\{\text{ユークリッド空間}\}+\{\text{原点}\}=\{\text{内積線型空間}\}$$

である．前にも言ったように，「内積線型空間」を「ユークリッド線型空間」と呼ぶ人もあり，そうするとこちらは「ユークリッド・アファイン空間」というケッタイな呼び名になる．ケッタイというのは，もともと「アファイン」というのは「ユークリッドもどき」といった感じだったからである．

この場合，アファイン変換の A のところに来るのは，内積線型空間の変換として，内積を不変にする変換をとらねばならない．つまり

$$U\boldsymbol{x}\cdot U\boldsymbol{y}=\boldsymbol{x}\cdot\boldsymbol{y}$$

となる変換であって，これを直交変換という．このとき，

$$|U\boldsymbol{x}|=|\boldsymbol{x}|$$

だから，U は当然に単射になり，有限次元なら逆変換 U^{-1} の存在は自動的に言えるが，無限次元の場合は U^{-1} の存在を仮定しておく．直交変換の全体 $\mathcal{O}(\boldsymbol{V})$ を $\boldsymbol{V}$ の直交変換群という．行列では

$$\boldsymbol{x}^*U^*U\boldsymbol{y}=\boldsymbol{x}^*\boldsymbol{y}$$

となるから，

$$U^*U=1 \qquad (\text{無限次元なら } U^*U=UU^*=1)$$

すなわち

$$U^{-1}=U^*$$

となる行列を直交行列という．

ここで，ノルムの不変

$$|U\boldsymbol{x}|=|\boldsymbol{x}|$$

があれば，

$$2\boldsymbol{x}\cdot\boldsymbol{y}=|\boldsymbol{x}+\boldsymbol{y}|^2-|\boldsymbol{x}|^2-|\boldsymbol{y}|^2$$

だから，内積も不変になるので，ノルム不変を条件にすることもある．

直交座標で考えると，直交変換は直交座標を直交座標に移すことになるので，

$$U=[\boldsymbol{p}_1 \quad \boldsymbol{p}_2 \quad \cdots \quad \boldsymbol{p}_n]$$

について，

$$\boldsymbol{p}_k=U\boldsymbol{e}_k$$

も直交座標になり，

$$\boldsymbol{p}_k \cdot \boldsymbol{p}_h = \begin{cases} 1 & (k=h) \\ 0 & (k \neq h) \end{cases}$$

となり，逆も言えるので，直交変換とは直交座標系を直交座標系に移す線型変換といってもよい．

いま，2次元の場合に，直交変換の形を定めておこう．

$$U = \begin{bmatrix} p & r \\ q & s \end{bmatrix}$$

とすると，条件は

$$p^2+q^2 = 1, \qquad r^2+s^2 = 1, \qquad pr+qs = 0$$

になる．そこで，

$$p = \cos\alpha, \qquad q = \sin\alpha$$

とおくと，

$$U = \begin{bmatrix} \cos\alpha & \mp \sin\alpha \\ \sin\alpha & \pm \cos\alpha \end{bmatrix}$$

となる．

とくに

$$J = \begin{bmatrix} 1 & 0 \\ 0 & -1 \end{bmatrix}$$

は，

$$\begin{bmatrix} x \\ y \end{bmatrix} \longmapsto \begin{bmatrix} x \\ -y \end{bmatrix}$$

とする鏡映，x 軸に関するウラガエシであって，当然

$$J^2 = 1$$

となっている．

$$R = \begin{bmatrix} \cos\alpha & -\sin\alpha \\ \sin\alpha & \cos\alpha \end{bmatrix}$$

の方は，高校でオナジミの回転で，たしかに

$$\begin{bmatrix} 1 \\ 0 \end{bmatrix} \longmapsto \begin{bmatrix} \cos\alpha \\ \sin\alpha \end{bmatrix}$$

となる回転になっている．回転の部分 $\mathcal{R}(\boldsymbol{V})$ は $\boldsymbol{V}$ の回転群で，これに鏡映の

$$\{1, J\}$$

を組み合わせた

$$R, RJ$$

が一般の直交変換になる．

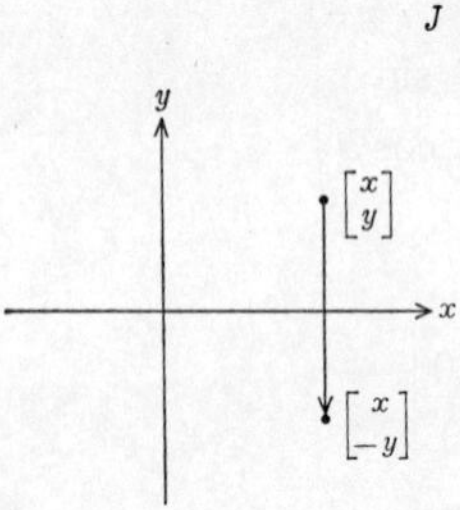

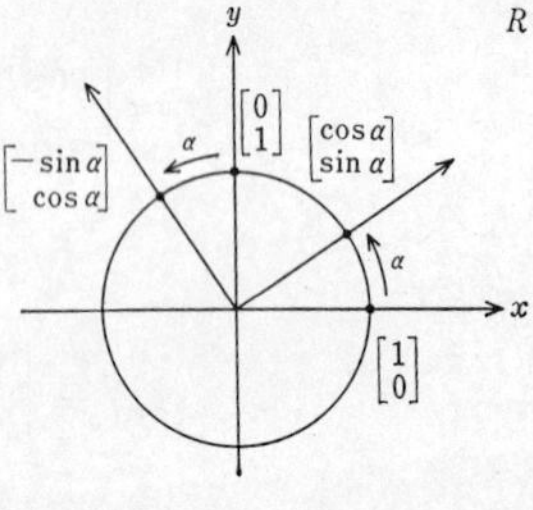

いまは，x^2+y^2 を不変にするものを考えたが，たとえば x^2-y^2 を不変にするものなら，

$$L = \begin{bmatrix} \cosh\xi & \sinh\xi \\ \sinh\xi & \cosh\xi \end{bmatrix}$$

といった双曲回転が現われる．電磁気学（相対論）の場合だと（2 次元でなくて 4 次元で），こうした形の変換（ロー

レンツ変換）が現われて，ユークリッド内積でなくて，非ユークリッド内積を不変にする非ユークリッド空間になっている．

8
面　積

平行４辺形

高校のとき，２次元空間 $\boldsymbol{V}$ でベクトル

$$\boldsymbol{a}=\begin{bmatrix}a_1\\a_2\end{bmatrix},\quad \boldsymbol{b}=\begin{bmatrix}b_1\\b_2\end{bmatrix}$$

から作った平行４辺形の面積の公式を計算したと思う．それは，外側に長方形を作って，計算したかもしれない．

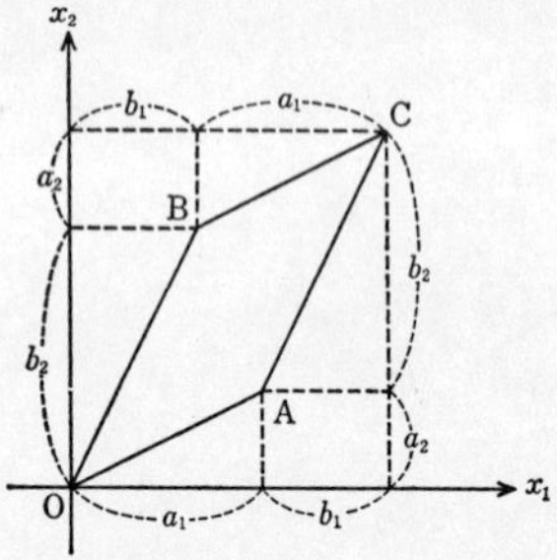

それは

$$(a_1+b_1)(a_2+b_2)-a_1a_2-b_1b_2-2a_2b_1=a_1b_2-a_2b_1$$

となる．しかしこれは，計算してみたら出るというだけのことで，$\boldsymbol{a}$ と $\boldsymbol{b}$ の位置関係でどうなるか，と考えるとめんどくさい．

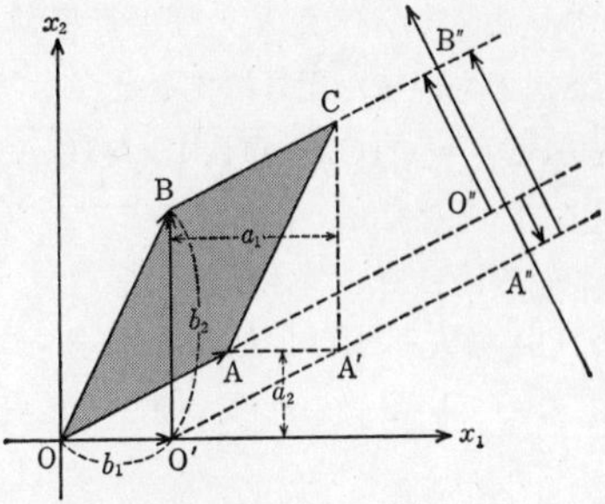

ここで

$$\overrightarrow{OB} = \overrightarrow{OO'} + \overrightarrow{O'B}$$

と分解してみると,

$$\Box OACB = -\Box OO'A'A + \Box O'A'CB$$
$$= -a_2 b_1 + a_1 b_2$$

と, イッパツで出る. これは, ベクトル $\boldsymbol{a}$ の方をそのままにして, $\boldsymbol{b}$ の方を

$$\boldsymbol{b} = \boldsymbol{e}_1 b_1 + \boldsymbol{e}_2 b_2$$

と分解している. この平行4辺形は底辺は共通で, 高さの方が

$$\overrightarrow{O''B''} = \overrightarrow{O''A''} + \overrightarrow{A''B''}$$

になっている. ここで, $\overrightarrow{O''A''}$ がマイナスの方になっている. それなら, 平行4辺形の方も逆マワリをマイナスにして

$$\Box OACB = \Box OAA'O' + \Box O'A'CB$$

とした方が筋が通っている. 平行4辺形をヒトマワリの記

号にしたので見にくいが，たとえば平行移動を生かして
□(OA→BC) とでもいった記号にすると，

$$□(\overrightarrow{OA}→\overrightarrow{BC}) = □(\overrightarrow{OA}→\overrightarrow{O'A'})+□(\overrightarrow{O'A'}→\overrightarrow{BC})$$

となって見やすい（ただし，これはここでハツメイした記
号だから，よそで使ってもダメ）．

　この場合，$\overrightarrow{OA}$ を左へずらしたら正，右へずらしたら逆
まわりで負になっている．これは，高さの正負と適合して
いる．

　これをベクトルの計算にしよう．$\boldsymbol{a}$ と $\boldsymbol{b}$ から作った平行
4辺形の面積（正負を考える）を $\boldsymbol{a}\wedge\boldsymbol{b}$ と書くことにしよ
う．すると

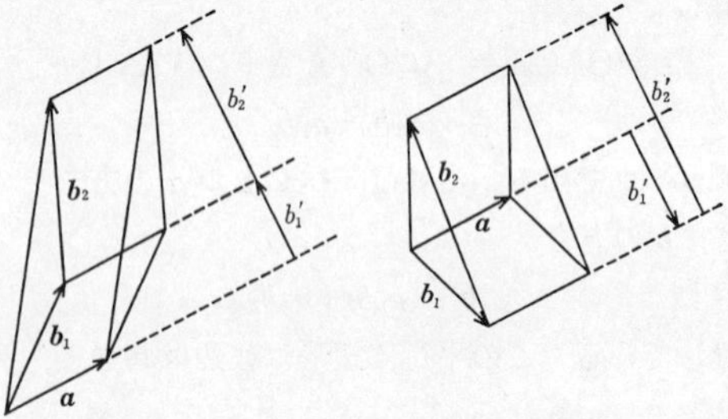

$$\boldsymbol{a}\wedge(\boldsymbol{b}_1+\boldsymbol{b}_2) = \boldsymbol{a}\wedge\boldsymbol{b}_1+\boldsymbol{a}\wedge\boldsymbol{b}_2, \quad \boldsymbol{a}\wedge(\boldsymbol{b}r) = (\boldsymbol{a}\wedge\boldsymbol{b})r$$

となる．

　一方，$\boldsymbol{b}$ が $\boldsymbol{a}$ より左にあれば，$\boldsymbol{a}$ は $\boldsymbol{b}$ より右にあるので，

$$\boldsymbol{b}\wedge\boldsymbol{a} = -\boldsymbol{a}\wedge\boldsymbol{b}$$

になる．さきの記号でいえば

$$□(\overrightarrow{OB}→\overrightarrow{AC}) = -□(\overrightarrow{OA}→\overrightarrow{BC})$$

であって，矢線ベクトルのときの

$$\overrightarrow{\mathrm{BA}} = -\overrightarrow{\mathrm{AB}}$$

に対応する．それで，$\boldsymbol{b}$ を固定すると

$$(\boldsymbol{a}_1+\boldsymbol{a}_2)\wedge\boldsymbol{b} = \boldsymbol{a}_1\wedge\boldsymbol{b}+\boldsymbol{a}_2\wedge\boldsymbol{b}, \qquad (\boldsymbol{a}r)\wedge\boldsymbol{b} = (\boldsymbol{a}\wedge\boldsymbol{b})r$$

すなわち

$$\boldsymbol{f}(\boldsymbol{a},\boldsymbol{b}) = \boldsymbol{a}\wedge\boldsymbol{b}$$

は複線型になっている．

ここで，$\boldsymbol{a}$ と $\boldsymbol{b}$ が一致するときは，ペシャンコになって面積 $\mathbf{0}$，すなわち

$$\boldsymbol{a}\wedge\boldsymbol{a} = \mathbf{0}$$

になっている．これは，

$$\boldsymbol{a}\wedge\boldsymbol{b}+\boldsymbol{b}\wedge\boldsymbol{a} = \mathbf{0}$$

の $\boldsymbol{a} = \boldsymbol{b}$ の場合と考えることもできる．ただし，そのためには２で割り算をしなければならず，

$$2 \neq 0$$

という条件がいる．アホなことを言っているようだが，数学としては，丁（0）と半（1）だけの

$$0+0 = 0, \quad 0+1 = 1, \quad 1+1 = 0,$$
$$0\times0 = 0, \quad 0\times1 = 0, \quad 1\times1 = 1$$

という〈数体〉を考えることもあって，そのときは用心が必要になる．ところが

$$(\boldsymbol{a}+\boldsymbol{b})\wedge(\boldsymbol{a}+\boldsymbol{b}) = \boldsymbol{a}\wedge\boldsymbol{a}+\boldsymbol{a}\wedge\boldsymbol{b}+\boldsymbol{b}\wedge\boldsymbol{a}+\boldsymbol{b}\wedge\boldsymbol{b}$$

なので，「同じならペシャンコ」から「ひっくりかえすとマイナス」が出る．それで，「数学者」は「ペシャンコ」の方を「定義」にして，交代とか反対称とかいう，この〈積〉

のことを，外積という．交代積とかグラスマン積という呼び名もある．

ここで，座標単位 $\boldsymbol{e}_1$ と $\boldsymbol{e}_2$ を考えると，外積の $\boldsymbol{V}\wedge\boldsymbol{V}$ については

$$\boldsymbol{e}_1\wedge\boldsymbol{e}_1=\boldsymbol{0},\qquad \boldsymbol{e}_2\wedge\boldsymbol{e}_2=\boldsymbol{0},\qquad \boldsymbol{e}_1\wedge\boldsymbol{e}_2=-\boldsymbol{e}_2\wedge\boldsymbol{e}_1$$

となるので，$\boldsymbol{V}\wedge\boldsymbol{V}$ は $\boldsymbol{e}_1\wedge\boldsymbol{e}_2$ だけの1次元線型空間になっている．すると，さきの計算は

$$\begin{aligned}\boldsymbol{a}\wedge\boldsymbol{b}&=\boldsymbol{a}\wedge(\boldsymbol{e}_1 b_1)+\boldsymbol{a}\wedge(\boldsymbol{e}_2 b_2)\\&=(\boldsymbol{e}_2 a_2)\wedge(\boldsymbol{e}_1 b_1)+(\boldsymbol{e}_1 a_1)\wedge(\boldsymbol{e}_2 b_2)\\&=-(\boldsymbol{e}_1\wedge\boldsymbol{e}_2)a_2 b_1+(\boldsymbol{e}_1\wedge\boldsymbol{e}_2)a_1 b_2\end{aligned}$$

という計算をしていたことになる．

さきには「高さ」を使ったが，ここの議論では $\boldsymbol{e}_1\wedge\boldsymbol{e}_2$ も平行4辺形でよいことに注意しておこう．つまりこれは斜交座標でもかまわないので，外積というのは，内積線型空間ではなくて，線型空間に対して考えられる（ただし，当面は座標線型空間だが）．

外　積

いまのは，$\boldsymbol{V}$ が2次元で，$\boldsymbol{V}\wedge\boldsymbol{V}$ が $\boldsymbol{e}_1\wedge\boldsymbol{e}_2$ だけの1次元になった．こんどは $\boldsymbol{V}$ を3次元としよう．この場合は，$\boldsymbol{V}\wedge\boldsymbol{V}$ には

$$\boldsymbol{e}_1\wedge\boldsymbol{e}_2,\qquad \boldsymbol{e}_1\wedge\boldsymbol{e}_3,\qquad \boldsymbol{e}_2\wedge\boldsymbol{e}_3$$

とあるから，3次元ということになる．

たとえば，$\boldsymbol{e}_1\wedge\boldsymbol{e}_2$ の座標を計算してみよう．

$$\begin{aligned}\boldsymbol{a}\wedge\boldsymbol{b} &= (\boldsymbol{e}_1a_1+\boldsymbol{e}_2a_2+\boldsymbol{e}_3a_3)\wedge(\boldsymbol{e}_1b_1+\boldsymbol{e}_2b_2+\boldsymbol{e}_3b_3)\\ &= (\boldsymbol{e}_1a_1+\boldsymbol{e}_2a_2)\wedge(\boldsymbol{e}_1b_1+\boldsymbol{e}_2b_2)\\ &\quad +\boldsymbol{e}_3a_3\wedge(\boldsymbol{e}_1b_1+\boldsymbol{e}_2b_2)+(\boldsymbol{e}_1a_1+\boldsymbol{e}_2a_2)\wedge\boldsymbol{e}_3b_3\end{aligned}$$

だが，$\boldsymbol{e}_1\wedge\boldsymbol{e}_2$ の出てくるのは第1項だけだから

$$(\boldsymbol{e}_1a_1+\boldsymbol{e}_2a_2)\wedge(\boldsymbol{e}_1b_1+\boldsymbol{e}_2b_2) = (\boldsymbol{e}_1\wedge\boldsymbol{e}_2)(a_1b_2-a_2b_1)$$

となる．これは，$\boldsymbol{a}$ と $\boldsymbol{b}$ を $\boldsymbol{V}_{e_1,e_2}$ に射影したところで，平行4辺形の面積を考えていることになる．他も同様だから

$$\begin{aligned}\boldsymbol{a}\wedge\boldsymbol{b} &= (\boldsymbol{e}_1\wedge\boldsymbol{e}_2)(a_1b_2-a_2b_1)+(\boldsymbol{e}_1\wedge\boldsymbol{e}_3)(a_1b_3-a_3b_1)\\ &\quad +(\boldsymbol{e}_2\wedge\boldsymbol{e}_3)(a_2b_3-a_3b_2)\end{aligned}$$

となる．

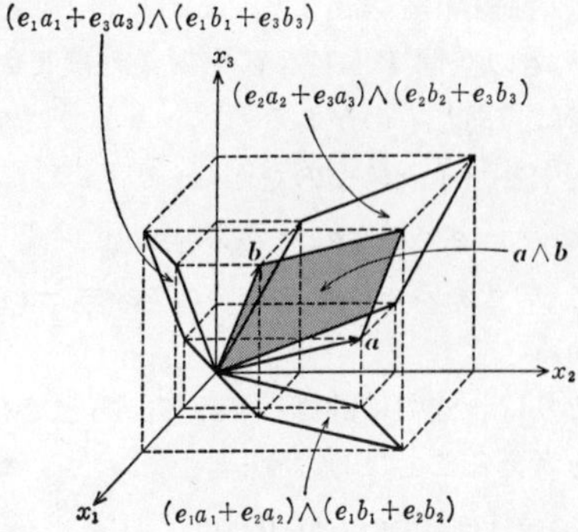

つまり，このベクトル $\boldsymbol{a}\wedge\boldsymbol{b}$ は，各座標平面への射影の平行4辺形の面積を成分に持っている．$\boldsymbol{V}$ のベクトルの成分が「長さ」だったのに対し，$\boldsymbol{V}\wedge\boldsymbol{V}$ のベクトルの成分は「面積」なのである．

これは，n 次元でも同じことで，2次元部分空間 $\boldsymbol{V}_{e_i,e_j}$ へ

の成分を考えれば

$$\boldsymbol{a}\wedge\boldsymbol{b}=\sum_{i<j}(\boldsymbol{e}_i\wedge\boldsymbol{e}_j)(a_ib_j-a_jb_i)$$

を考えればよい．ただし，n 次元空間なら，n 本の座標のうち 2 本をとって，「座標平面」を作るので

$$\dim(\boldsymbol{V}\wedge\boldsymbol{V})=\frac{n(n-1)}{2}$$

になっている．

3 次元空間 $\boldsymbol{V}$ の場合でいえば，「面積」を問題にしているから，座標平面が 3 枚あって，3 次元ベクトルになった．それよりも，「体積」を考えよう．これには，平行 6 面体の体積 $\boldsymbol{a}\wedge\boldsymbol{b}\wedge\boldsymbol{c}$ の空間 $\boldsymbol{V}\wedge\boldsymbol{V}\wedge\boldsymbol{V}$ を考えればよい．この場合，座標では，同じものがあるとペシャンコになるし，ひっくりかえすとマイナスなのだから

$$\begin{aligned}\boldsymbol{e}_1\wedge\boldsymbol{e}_2\wedge\boldsymbol{e}_3&=-\boldsymbol{e}_1\wedge\boldsymbol{e}_3\wedge\boldsymbol{e}_2=\boldsymbol{e}_3\wedge\boldsymbol{e}_1\wedge\boldsymbol{e}_2\\&=-\boldsymbol{e}_3\wedge\boldsymbol{e}_2\wedge\boldsymbol{e}_1=\boldsymbol{e}_2\wedge\boldsymbol{e}_3\wedge\boldsymbol{e}_1=-\boldsymbol{e}_2\wedge\boldsymbol{e}_1\wedge\boldsymbol{e}_3\end{aligned}$$

になっている

さしあたりは，強引に計算してみて，あとでもう少しウマイことを考えることにしよう．

$$\begin{aligned}\boldsymbol{a}\wedge\boldsymbol{b}\wedge\boldsymbol{c}&=(\boldsymbol{e}_1a_1+\boldsymbol{e}_2a_2)\wedge\boldsymbol{b}\wedge\boldsymbol{c}\\&\quad+\boldsymbol{e}_3a_3\wedge(\boldsymbol{e}_1b_1+\boldsymbol{e}_2b_2)\wedge(\boldsymbol{e}_1c_1+\boldsymbol{e}_2c_2)\\&=(\boldsymbol{e}_1a_1+\boldsymbol{e}_2a_2)\wedge(\boldsymbol{e}_1b_1+\boldsymbol{e}_2b_2)\wedge\boldsymbol{c}\\&\quad+(\boldsymbol{e}_1a_1+\boldsymbol{e}_2a_2)\wedge\boldsymbol{e}_3b_3\wedge(\boldsymbol{e}_1c_1+\boldsymbol{e}_3c_3)\\&\quad+(\boldsymbol{e}_1\wedge\boldsymbol{e}_2\wedge\boldsymbol{e}_3)a_3(b_1c_2-b_2c_1)\\&=(\boldsymbol{e}_1\wedge\boldsymbol{e}_2\wedge\boldsymbol{e}_3)\{(a_1b_2-a_2b_1)c_3\end{aligned}$$

$$-(a_1c_2-a_2c_1)b_3+a_3(b_1c_2-b_2c_1)\}$$
$$=(\boldsymbol{e}_1\wedge\boldsymbol{e}_2\wedge\boldsymbol{e}_3)(a_1b_2c_3+a_2b_3c_1+a_3b_1c_2$$
$$-a_2b_1c_3-a_1b_3c_2-a_3b_2c_1)$$

となっている．

これをグッとにらむと

$$\sum\pm a_ib_jc_k$$

の形で，± は $\boldsymbol{e}_i\wedge\boldsymbol{e}_j\wedge\boldsymbol{e}_k$ を $\boldsymbol{e}_1\wedge\boldsymbol{e}_2\wedge\boldsymbol{e}_3$ に直すときの符号のかわり方であることがわかろう．つまり，いまは少し手を抜いたが，$\boldsymbol{a}\wedge\boldsymbol{b}\wedge\boldsymbol{c}$ をゼンブ展開すると，

$$(\boldsymbol{e}_ia_i)\wedge(\boldsymbol{e}_jb_j)\wedge(\boldsymbol{e}_kc_k)$$

という項が，同じものがないのだから 3! 種類現われているのである．この符号は，イレカエをするたびにヒックリカエルのであるから，イレカエ（互換）が p 回なら

$$(-1)^p$$

というのが，± の決め手になっている．

これが行列式であって，2 次元のときなら

$$\boldsymbol{a}\wedge\boldsymbol{b}=(\boldsymbol{e}_1\wedge\boldsymbol{e}_2)|\boldsymbol{a}\quad\boldsymbol{b}|,$$

3 次元のときなら

$$\boldsymbol{a}\wedge\boldsymbol{b}\wedge\boldsymbol{c}=(\boldsymbol{e}_1\wedge\boldsymbol{e}_2\wedge\boldsymbol{e}_3)|\boldsymbol{a}\quad\boldsymbol{b}\quad\boldsymbol{c}|$$

のように書く．n 次元のときなら

$$\boldsymbol{a}_1\wedge\boldsymbol{a}_2\wedge\cdots\wedge\boldsymbol{a}_n=(\boldsymbol{e}_1\wedge\boldsymbol{e}_2\wedge\cdots\wedge\boldsymbol{e}_n)|\boldsymbol{a}_1\quad\boldsymbol{a}_2\quad\cdots\quad\boldsymbol{a}_n|$$

である．ただし，1 次元のときは

$$\boldsymbol{a}=\boldsymbol{e}|\boldsymbol{a}|$$

と書いてしまうと，絶対値の記号と間違うので，これは書かない．

最近ではむしろ，

$$\boldsymbol{a}_1\wedge\boldsymbol{a}_2\wedge\cdots\wedge\boldsymbol{a}_n = (\boldsymbol{e}_1\wedge\boldsymbol{e}_2\wedge\cdots\wedge\boldsymbol{e}_n)\det[\boldsymbol{a}_1 \quad \boldsymbol{a}_2 \quad \cdots \quad \boldsymbol{a}_n]$$

のような書き方のほうが多くなっている．det というのは determinant（行列式）の略語である．元来，matrix（行列）に対応する「1 つの量」が行列式なのだが，「行列式」とはまたマズイ訳語を作ったもので，とかく混乱のもとになる．ともかく

$$\det[\boldsymbol{a}_1 \quad \boldsymbol{a}_2 \quad \cdots \quad \boldsymbol{a}_n] = \sum\pm a_{i_1 1}a_{i_2 2}\cdots a_{i_n n}$$

で，± は $\boldsymbol{e}_{i_1}\wedge\boldsymbol{e}_{i_2}\wedge\cdots\wedge\boldsymbol{e}_{i_n}$ を $\boldsymbol{e}_1\wedge\boldsymbol{e}_2\wedge\cdots\wedge\boldsymbol{e}_n$ に直すのに必要な互換の偶奇で定めることになる．これが，古典的な「行列式の定義」だが，こんなものをイキナリ出してこられても，なんのことやらわからない．

オリエンテーション

じつは，いまの議論で，「長さ」や「面積」や「体積」について，正負を問題にした．このさい，それについて少し論じておこう．これは，空間の向き（オリエンテーション）だが，ベクトルの方向（ダイレクション）と，日本語ではまぎらわしい．たいてい，口ではオリエンテーションといって，活字にするときは短く「向き」というのが普通だ（なかには「方向づけ」という人もいて，ますますまぎらわしい）．

ふつう，直線に正負をつけるとき，右の方を正とする．しかしこれは，目の前に直線を横においたとしているの

で，直線そのものはどこにあるかわからない．直線の前に出ていくのだって，どちら側に出ていくかで，右と左は反対になってしまう．それで，ともかく直線は，その上の点によって2つの領域に分かれるので，一方を正，他方を負と指定することとしか，直線そのものにとっては言いようがない，これが有向直線である．

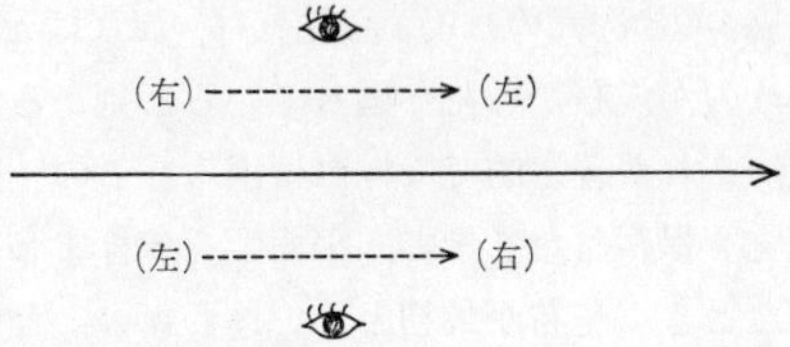

ところで，平面で x 軸の正負で，右が正のように思っているが，これは手前の方，つまり y の負の方から見ているからで，y 軸の方つまり y が正から見れば，x 軸は右から左へ流れる．この方，つまり紙の向こう側から見る方が自然なような気がしないでもない．

つまり，有向直線としての x 軸で，平面は2つの部分に分かれる．一方からみれば x 軸は左から右へ流れ，他方から見れば右から左へ流れる．このうち一方を正とすればよい．ここで，いちおう紙が固定されているとすると，x 軸が右から左へ流れると見る方が，正であって，そこに y 軸をとっていることになる．

しかし，これもまた，平面が固定されているように思うことの錯覚であって，紙の裏側へまわってしまえば，右と左は逆転してしまう．紙の裏は表と違う，と言うなかれ，本当はこれは「紙」ではなくて，「厚さのない」平面なので，表と裏は一致しているのだ．3次元空間をこの平面で2分したとき，はじめて紙の表側の領域と裏側の領域が発生しているので，紙そのものはペラペラなのだ．

それで，有向直線 x 軸で分けられる領域の一方を正と規定し，そちらに y 軸をとることで，有向平面がえられる．紙の上に立つ（3次元の）人から見れば，これは x 軸から y 軸へというのが，右から左へ廻っていると見えるだろう．

ただし，これが普遍的でなければ困る．この「人間」が左右の感覚を保存したままで，平面上を歩きまわって元へ戻ってきたとき，左右が最初とくい違わない，という保証がいる．エッシャーの絵で有名なメビュースの帯のようなときは，そうはならない．平面でオリエンテーションが保たれるというのは，2本の有向直線について，オリエンテーションのつけ方が同調するようにできることが必要で，それは一方の有向直線を回転して他方に重ね合わせる手続きがいる．

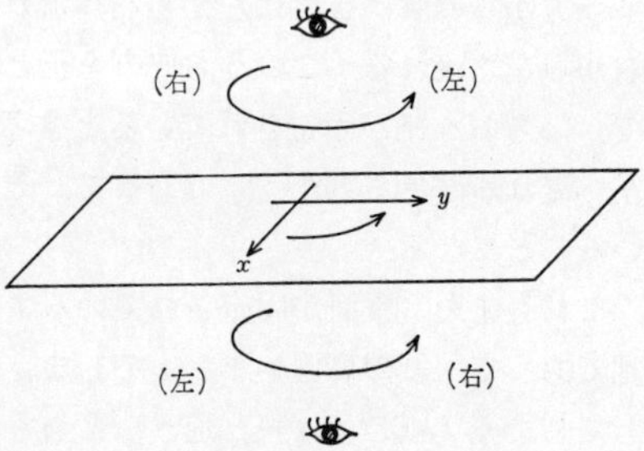

つぎに3次元空間だが，今度は有向 x-y 座標平面がある．この場合も，これで空間が2つの領域に分けられるので，この有向平面が右から左に廻るように見える領域を正として，そこに z 軸をとる．

もっともこれは，さきと同じく，われわれ〈人間〉がオリエンテーション感覚を持ち，それが普遍的であることに依拠している．つまり，われわれは有向3次元空間にいるのである．この前提なしで，左右を数学的に規定することはできない．

さらに4次元空間を考えるとき，ふたたび4次元のインベーダーを登場させたところで，われわれの有向3次元空間によって2分された領域のどちらにいるかを，3次元空間が「右まわり」に見えるか「左まわり」に見えるか，それを判定するにたる「左右感覚」を彼が持っているかどうか，それはだれにもわからない．

ともかく，有向直線から始めて，空間にオリエンテーションを定めていく手続きはできる．こうして

{アファイン空間}+{オリエンテーション}
={有向アファイン空間}

となる．座標空間の場合は，すでに

$$\boldsymbol{e}_1 \to \boldsymbol{e}_2 \to \boldsymbol{e}_3 \to \cdots$$

という「座標のえらび方」にオリエンテーションが入っている．そして，オリエンテーションは，鏡映

$$J = \begin{bmatrix} 1 & & & 0 \\ & \ddots & & \\ & & 1 & \\ 0 & & & -1 \end{bmatrix}$$

によって逆転することになる．有向線型空間 $\boldsymbol{V}_{e_1,\cdots,e_{n-1}}$ に対して，どちら側に $\boldsymbol{e}_n$ を立てるか，それが最終的なオリエンテーションを定めるのである．

とくに3次元のときは，3角形

$$C = \{\boldsymbol{e}_1\lambda_1 + \boldsymbol{e}_2\lambda_2 + \boldsymbol{e}_3\lambda_3 \,|\, \lambda_1+\lambda_2+\lambda_3=1,\ \lambda_1, \lambda_2, \lambda_3 \geqq 0\}$$

の外側（原点の反対側）から見て

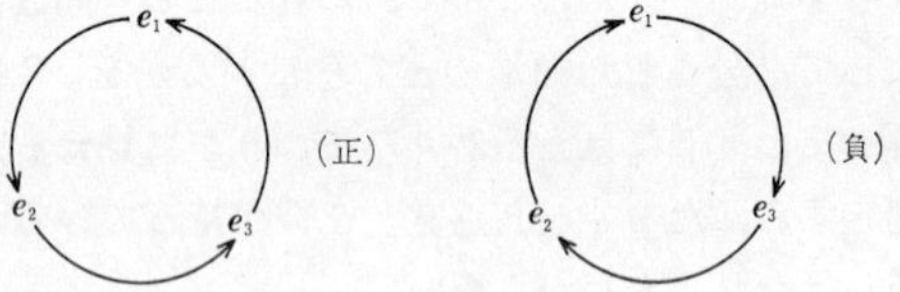

となっている．つまり，オリエンテーションの正負というのは，行列式のときの正負と同じになっている．4次元になると，$\boldsymbol{e}_1, \boldsymbol{e}_2, \boldsymbol{e}_3, \boldsymbol{e}_4$ の組み合わせも複雑になり，それで行列式の項の正負を言うのに，互換の偶奇といった置換群の性質としての表現が必要になるのである．

クラメルの公式

さて，行列 A に対して，行列式 $\det A$ を定義した．それは，今のところは

$$\boldsymbol{a}_1 \wedge \boldsymbol{a}_2 \wedge \cdots \wedge \boldsymbol{a}_n = (\boldsymbol{e}_1 \wedge \boldsymbol{e}_2 \wedge \cdots \wedge \boldsymbol{e}_n) \det A$$

と，特定の座標系 $[\boldsymbol{e}_1 \quad \boldsymbol{e}_2 \quad \cdots \quad \boldsymbol{e}_n]$ について，つまり座標空間について定義しているが，行列 A というからには，線型変換と関連して扱うことが望ましい．一般的な扱いはあとまわしにして，さしあたり2次元座標空間で，例のナナメ障子の絵を思い出してみよう．

この場合，$\boldsymbol{x}$ の方での $\boldsymbol{e}_1$ と $\boldsymbol{e}_2$ によって作った平行4辺形（普通は正方形をとるが）が，$\boldsymbol{y}$ の方で $\boldsymbol{a}_1$ と $\boldsymbol{a}_2$ から作った平行4辺形にうつっている．つまり

$$\boldsymbol{a}_1 \wedge \boldsymbol{a}_2 = (\boldsymbol{e}_1 \wedge \boldsymbol{e}_2)\det[\boldsymbol{a}_1 \quad \boldsymbol{a}_2]$$

というのは，この平行4辺形の面積比を表わしている．図の大きな平行4辺形で，$\boldsymbol{e}_1 x_1$ と $\boldsymbol{e}_2 x_2$ との平行4辺形が $\boldsymbol{a}_1 x_1$ と $\boldsymbol{a}_2 x_2$ の平行4辺形へうつると考えても，それぞれが $x_1 x_2$ 倍になるだけで，同じことである．つまり，行列式は「平行4辺形の面積」そのものというより，線型変換で面積が拡大される比，いわば

行列式とは線型変換の拡大比

と考えた方がよいだろう．

いまの考えを利用して，連立1次方程式の解の公式，い

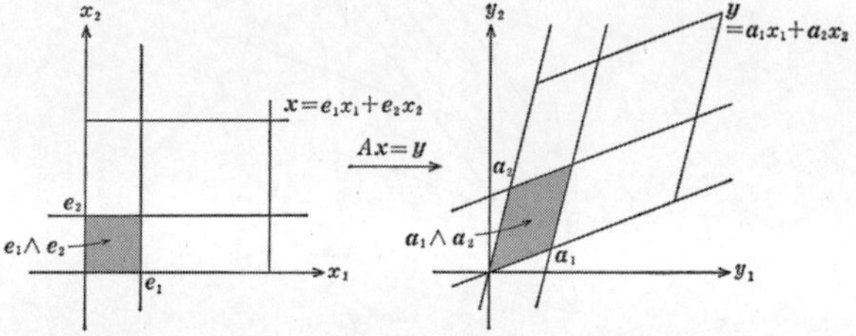

わゆるクラメルの公式を出しておこう.

$$\boldsymbol{a}_1x_1+\boldsymbol{a}_2x_2=\boldsymbol{y}$$

を解くのに, $\boldsymbol{y}$ と $\boldsymbol{a}_2$ の作る平行 4 辺形の面積は, $\boldsymbol{a}_1x_1$ と $\boldsymbol{a}_2$ の作る平行 4 辺形の面積に等しい. そして後者は, $\boldsymbol{a}_1$ と $\boldsymbol{a}_2$ より作る平行 4 辺形の x_1 倍だから, これで x_1 が求まる. 式で書くと

$$\begin{aligned}\boldsymbol{y}\wedge\boldsymbol{a}_2&=(\boldsymbol{a}_1x_1+\boldsymbol{a}_2x_2)\wedge\boldsymbol{a}_2\\&=(\boldsymbol{a}_1x_1)\wedge\boldsymbol{a}_2\\&=(\boldsymbol{a}_1\wedge\boldsymbol{a}_2)x_1\end{aligned}$$

としているわけだ. それで

$$x_1=\frac{\det[\boldsymbol{y}\quad\boldsymbol{a}_2]}{\det[\boldsymbol{a}_1\quad\boldsymbol{a}_2]},$$

同様に

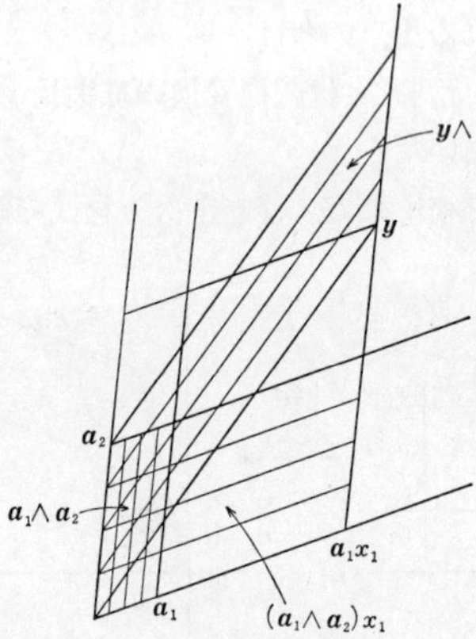

$$x_2 = \frac{\det[\boldsymbol{a}_1 \quad \boldsymbol{y}]}{\det[\boldsymbol{a}_1 \quad \boldsymbol{a}_2]}$$

となる．

これは n 次元でも同じで

$$\boldsymbol{a}_1 x_1 + \boldsymbol{a}_2 x_2 + \cdots + \boldsymbol{a}_n x_n = \boldsymbol{y}$$

なら

$$x_1 = \frac{\det[\boldsymbol{y} \quad \boldsymbol{a}_2 \quad \cdots \quad \boldsymbol{a}_n]}{\det[\boldsymbol{a}_1 \quad \boldsymbol{a}_2 \quad \cdots \quad \boldsymbol{a}_n]}$$

$$x_2 = \frac{\det[\boldsymbol{a}_1 \quad \boldsymbol{y} \quad \cdots \quad \boldsymbol{a}_n]}{\det[\boldsymbol{a}_1 \quad \boldsymbol{a}_2 \quad \cdots \quad \boldsymbol{a}_n]}$$

$$\vdots$$

$$x_n = \frac{\det[\boldsymbol{a}_1 \quad \boldsymbol{a}_2 \quad \cdots \quad \boldsymbol{y}]}{\det[\boldsymbol{a}_1 \quad \boldsymbol{a}_2 \quad \cdots \quad \boldsymbol{a}_n]}$$

のようになる．

これはそのまま，逆行列の公式でもあって

$$\begin{aligned}
&\det[\boldsymbol{y} \quad \boldsymbol{a}_2 \quad \cdots \quad \boldsymbol{a}_n] = y_1 \hat{a}_{11} + y_2 \hat{a}_{21} + \cdots + y_n \hat{a}_{n1} \\
&\det[\boldsymbol{a}_1 \quad \boldsymbol{y} \quad \cdots \quad \boldsymbol{a}_n] = y_1 \hat{a}_{12} + y_2 \hat{a}_{22} + \cdots + y_n \hat{a}_{n2} \\
&\vdots \\
&\det[\boldsymbol{a}_1 \quad \boldsymbol{a}_2 \quad \cdots \quad \boldsymbol{y}] = y_1 \hat{a}_{1n} + y_2 \hat{a}_{2n} + \cdots + y_n \hat{a}_{nn}
\end{aligned}$$

とおくと（$\hat{a}_{ij}$ は余因子といわれるが，それはあとで，行列式の展開で与えられる），

$$(\det A)[x_1 \quad x_2 \quad \cdots \quad x_n] = [y_1 \quad y_2 \quad \cdots \quad y_n]\widehat{A}$$

なので

$$\boldsymbol{x}(\det A) = \widehat{A}^* \boldsymbol{y}$$

となって，

$$A^{-1} = (\det A)^{-1}\widehat{A}^*$$

となる．

これがクラメルの公式で，高校のときでも，2元1次方程式や2/2行列の逆行列には使ったかもしれない．ただし，3次元はまだしも，4次元以上になると $\widehat{A}$ の計算がめんどくさくなるので，実用上の計算に使おうとするのは，得策ではない．それよりも，こうした形で書けること自体が，「ちょっといい話」なのである．

ここでわかるように

$$\det A \neq 0$$

のときは，逆行列が具体的に書ける．もちろん，

$$\det A = 0$$

というのは，像がペシャンコになって，体積の退化が生じているのであって，逆がとれない．つまり，$\det A$ という，「A のフクラミぐあい」によって，A の正則性が判断できることになっている．ペシャンコになれば，それが何次元退化しているかは，ランクによってしか測れない．この点では，行列式とランクは相補的であって，行列式によって「フクラミぐあい」がわかり，それが0でペシャンコのときは，ランクで「退化の程度」がわかるわけだ．

そして，1元1次方程式の

$$ax = b$$

についての

$$a \neq 0 \quad のとき \quad x = a^{-1}b$$

は，連立1次方程式

$$A\boldsymbol{x} = \boldsymbol{b}$$

について

$$\det A \neq 0 \quad \text{のとき} \quad \boldsymbol{x} = A^{-1}\boldsymbol{b}$$

という形になっているわけだ．

歴史的にはもちろん，連立１次方程式の方が線型変換の概念より先に考えられていた（中学から高校へのカリキュラムのように）ので，連立１次方程式の解の構造の分析から行列式が先発した．ただし，現代的な形でまとめられたのは，ほとんど行列概念が作られる時期で，それのみならず，解析でやる関数行列と関数行列式も，ほとんど同時に考えられた．そこでは，単なる行列「式」ではなしに，線型変換の「フクラミぐあい」を規制する量としてあった．

9
行列式

行列式

行列式を計算していく方式を考えよう.「3を聞いて n を知る」ことにして，3次元でやる.

$$\boldsymbol{a}\wedge\boldsymbol{b}\wedge\boldsymbol{c}=\boldsymbol{a}\wedge(\boldsymbol{b}\wedge\boldsymbol{c})$$

と考えると,

$$\begin{aligned}\boldsymbol{a}\wedge\boldsymbol{b}\wedge\boldsymbol{c} &= (\boldsymbol{e}_1a_1+\boldsymbol{e}_2a_2+\boldsymbol{e}_3a_3)\wedge(\boldsymbol{b}\wedge\boldsymbol{c})\\ &= (\boldsymbol{e}_1a_1)\wedge(\boldsymbol{e}_2b_2+\boldsymbol{e}_3b_3)\wedge(\boldsymbol{e}_2c_2+\boldsymbol{e}_3c_3)\\ &\quad+(\boldsymbol{e}_2a_2)\wedge(\boldsymbol{e}_1b_1+\boldsymbol{e}_3b_3)\wedge(\boldsymbol{e}_1c_1+\boldsymbol{e}_3c_3)\\ &\quad+(\boldsymbol{e}_3a_3)\wedge(\boldsymbol{e}_1b_1+\boldsymbol{e}_2b_2)\wedge(\boldsymbol{e}_1c_1+\boldsymbol{e}_2c_2)\\ &= (\boldsymbol{e}_1\wedge\boldsymbol{e}_2\wedge\boldsymbol{e}_3)a_1\begin{vmatrix}b_2 & c_2\\ b_3 & c_3\end{vmatrix}\\ &\quad+(\boldsymbol{e}_2\wedge\boldsymbol{e}_1\wedge\boldsymbol{e}_3)a_2\begin{vmatrix}b_1 & c_1\\ b_3 & c_3\end{vmatrix}\\ &\quad+(\boldsymbol{e}_3\wedge\boldsymbol{e}_1\wedge\boldsymbol{e}_2)a_3\begin{vmatrix}b_1 & c_1\\ b_2 & c_2\end{vmatrix}\\ &= (\boldsymbol{e}_1\wedge\boldsymbol{e}_2\wedge\boldsymbol{e}_3)\left(a_1\begin{vmatrix}b_2 & c_2\\ b_3 & c_3\end{vmatrix}-a_2\begin{vmatrix}b_1 & c_1\\ b_3 & c_3\end{vmatrix}+a_3\begin{vmatrix}b_1 & c_1\\ b_2 & c_2\end{vmatrix}\right)\end{aligned}$$

となる．すなわち

$$\begin{vmatrix} a_1 & b_1 & c_1 \\ a_2 & b_2 & c_2 \\ a_3 & b_3 & c_3 \end{vmatrix} = a_1\begin{vmatrix} b_2 & c_2 \\ b_3 & c_3 \end{vmatrix} - a_2\begin{vmatrix} b_1 & c_1 \\ b_3 & c_3 \end{vmatrix} + a_3\begin{vmatrix} b_1 & c_1 \\ b_2 & c_2 \end{vmatrix}$$

となる．$\boldsymbol{e}_1, \boldsymbol{e}_2, \boldsymbol{e}_3$ のイレカエにしたがって，符号がプラスとマイナスを交互にとる．$\boldsymbol{b}$ についてなら

$$\begin{vmatrix} a_1 & b_1 & c_1 \\ a_2 & b_2 & c_2 \\ a_3 & b_3 & c_3 \end{vmatrix} = -\begin{vmatrix} b_1 & a_1 & c_1 \\ b_2 & a_2 & c_2 \\ b_3 & a_3 & c_3 \end{vmatrix}$$

から始めるから，マイナスから始めればよい．これは，余因子を求めていることでもあるし，3 次元の行列式を 1 次元低い 2 次元の行列式に帰着させているともいえる．

こうした展開から，行列式を帰納的に定義する流儀もある．全部展開してしまうよりも，実際的であるとも考えられる．

ところが，帰納的にやったときは，

$$\det A = \det A^*$$

の証明も帰納的にせねばならなくなる．普通は全部展開して

$$\det A = \sum \pm a_{i_1 1} a_{i_2 2} \cdots a_{i_n n}$$

にしたのを

$$\det A^* = \sum \pm a_{1 j_1} a_{2 j_2} \cdots a_{n j_n}$$

と，タテとヨコの整理の順番を入れかえて，これが逆置換であることから，± が一致すると言ってすますのだが．

ここでは，ついでのことに，ヨコの展開を別個にやってみよう．また「3 を聞いて n を知る」ことにする．

$$\begin{aligned}\boldsymbol{a}\wedge\boldsymbol{b}\wedge\boldsymbol{c} &= (\boldsymbol{e}_1 a_1)\wedge(\boldsymbol{e}_2 b_2+\boldsymbol{e}_3 b_3)\wedge(\boldsymbol{e}_2 c_2+\boldsymbol{e}_3 c_3)\\ &\quad +(\boldsymbol{e}_2 a_2+\boldsymbol{e}_3 a_3)\wedge\boldsymbol{b}\wedge\boldsymbol{c}\\ &= (\boldsymbol{e}_1 a_1)\wedge(\boldsymbol{e}_2 b_2+\boldsymbol{e}_3 b_3)\wedge(\boldsymbol{e}_2 c_2+\boldsymbol{e}_3 c_3)\\ &\quad +(\boldsymbol{e}_2 a_2+\boldsymbol{e}_3 a_3)\wedge(\boldsymbol{e}_1 b_1)\wedge(\boldsymbol{e}_2 c_2+\boldsymbol{e}_3 c_3)\\ &\quad +(\boldsymbol{e}_2 a_2+\boldsymbol{e}_3 a_3)\wedge(\boldsymbol{e}_2 b_2+\boldsymbol{e}_3 b_3)\wedge\boldsymbol{c}\\ &= (\boldsymbol{e}_1 a_1)\wedge(\boldsymbol{e}_2 b_2+\boldsymbol{e}_3 b_3)\wedge(\boldsymbol{e}_2 c_2+\boldsymbol{e}_3 c_3)\\ &\quad +(\boldsymbol{e}_2 a_2+\boldsymbol{e}_3 a_3)\wedge(\boldsymbol{e}_1 b_1)\wedge(\boldsymbol{e}_2 c_2+\boldsymbol{e}_3 c_3)\\ &\quad +(\boldsymbol{e}_2 a_2+\boldsymbol{e}_3 a_3)\wedge(\boldsymbol{e}_2 b_2+\boldsymbol{e}_3 b_3)\wedge(\boldsymbol{e}_1 c_1)\\ &= (\boldsymbol{e}_1\wedge\boldsymbol{e}_2\wedge\boldsymbol{e}_3)\left(a_1\begin{vmatrix} b_2 & c_2\\ b_3 & c_3\end{vmatrix}-b_1\begin{vmatrix} a_2 & c_2\\ a_3 & c_3\end{vmatrix}+c_1\begin{vmatrix} a_2 & b_2\\ a_3 & b_3\end{vmatrix}\right)\end{aligned}$$

となって,

$$\begin{vmatrix} a_1 & b_1 & c_1\\ a_2 & b_2 & c_2\\ a_3 & b_3 & c_3\end{vmatrix} = a_1\begin{vmatrix} b_2 & c_2\\ b_3 & c_3\end{vmatrix}-b_1\begin{vmatrix} a_2 & c_2\\ a_3 & c_3\end{vmatrix}+c_1\begin{vmatrix} a_2 & b_2\\ a_3 & b_3\end{vmatrix}$$

という，ヨコについての展開ができる．n 次元でも同じこと．

これをやっておくと,

$$\begin{vmatrix} a_1 & a_2 & a_3\\ b_1 & b_2 & b_3\\ c_1 & c_2 & c_3\end{vmatrix} = a_1\begin{vmatrix} b_2 & b_3\\ c_2 & c_3\end{vmatrix}-a_2\begin{vmatrix} b_1 & b_3\\ c_1 & c_3\end{vmatrix}+a_3\begin{vmatrix} b_1 & b_2\\ c_1 & c_2\end{vmatrix}$$

となるので，転置行列式の方も，1次元低いのに帰着される．最後は1次元で，タテもヨコもないから，帰納的に証明されるわけだ．ともかく，行列式については，タテもヨコも区別しなくてよい．これは便利だ．

4次元ぐらいになると,

$$\boldsymbol{a} \wedge \boldsymbol{b} \wedge \boldsymbol{c} \wedge \boldsymbol{d} = (\boldsymbol{a} \wedge \boldsymbol{b}) \wedge (\boldsymbol{c} \wedge \boldsymbol{d})$$

のような分解もできる．こうしたのはラプラス展開というが，符号のきめ方で，ぼくはいつも間違う．それに，めったに使わない．せいぜい，この4次元のときぐらいである．このときは，マイナスを消す形で

$$\begin{vmatrix} a_0 & b_0 & c_0 & d_0 \\ a_1 & b_1 & c_1 & d_1 \\ a_2 & b_2 & c_2 & d_2 \\ a_3 & b_3 & c_3 & d_3 \end{vmatrix}$$

$$= \begin{vmatrix} a_0 & b_0 \\ a_1 & b_1 \end{vmatrix}\begin{vmatrix} c_2 & d_2 \\ c_3 & d_3 \end{vmatrix} + \begin{vmatrix} a_0 & b_0 \\ a_2 & b_2 \end{vmatrix}\begin{vmatrix} c_3 & d_3 \\ c_1 & d_1 \end{vmatrix} + \begin{vmatrix} a_0 & b_0 \\ a_3 & b_3 \end{vmatrix}\begin{vmatrix} c_1 & d_1 \\ c_2 & d_2 \end{vmatrix}$$

$$+ \begin{vmatrix} a_2 & b_2 \\ a_3 & b_3 \end{vmatrix}\begin{vmatrix} c_0 & d_0 \\ c_1 & d_1 \end{vmatrix} + \begin{vmatrix} a_3 & b_3 \\ a_1 & b_1 \end{vmatrix}\begin{vmatrix} c_0 & d_0 \\ c_2 & d_2 \end{vmatrix} + \begin{vmatrix} a_1 & b_1 \\ a_2 & b_2 \end{vmatrix}\begin{vmatrix} c_0 & d_0 \\ c_3 & d_3 \end{vmatrix}$$

と書く．3次元のときも

$$\begin{vmatrix} a_1 & b_1 & c_1 \\ a_2 & b_2 & c_2 \\ a_3 & b_3 & c_3 \end{vmatrix} = a_1\begin{vmatrix} b_2 & c_2 \\ b_3 & c_3 \end{vmatrix} + a_2\begin{vmatrix} b_3 & c_3 \\ b_1 & c_1 \end{vmatrix} + a_3\begin{vmatrix} b_1 & c_1 \\ b_2 & c_2 \end{vmatrix}$$

といった，循環を生かす書き方をする．次元が多くなると，こんなキレイな書き方はできないので，プラスとマイナスを適当につけていかねばならない．まあせいぜい，あとは4次元のときに

$$\begin{vmatrix} a_0 & b_0 & c_0 & d_0 \\ a_1 & b_1 & c_1 & d_1 \\ a_2 & b_2 & c_2 & d_2 \\ a_3 & b_3 & c_3 & d_3 \end{vmatrix} = a_0\begin{vmatrix} b_1 & c_1 & d_1 \\ b_2 & c_2 & d_2 \\ b_3 & c_3 & d_3 \end{vmatrix} - a_1\begin{vmatrix} b_0 & c_0 & d_0 \\ b_2 & c_2 & d_2 \\ b_3 & c_3 & d_3 \end{vmatrix}$$

$$-a_2\begin{vmatrix} b_0 & c_0 & d_0 \\ b_3 & c_3 & d_3 \\ b_1 & c_1 & d_1 \end{vmatrix} - a_3\begin{vmatrix} b_0 & c_0 & d_0 \\ b_1 & c_1 & d_1 \\ b_2 & c_2 & d_2 \end{vmatrix}$$

とでも書いてみるぐらいか.

行列式は, 19世紀の「高等代数学」だったので, おもしろい練習問題がいっぱいある. たいていは, なにかの理論と関係して出てくるものだが,「行列式の問題」としてとりあげると, 趣味的にはなかなか楽しい. 高校の数Iの「恒等式」は, それらのうちの行列式なしでも書けるものが多い. もっとも, そうしたものは本来は, それぞれの理論で, n 次元の行列式をそのままで, 上手に扱えばよい. 普通の幾何で扱うのは, 4次元までである. 3次元空間なのにおかしいと思うかもしれないが, 線型空間の議論にするために, アファイン空間を射影空間にするので, 4次元になるのである.

行列算と行列式

行列式の方はタテもヨコもかまわなかったが, 行列の方はそうはいかない. それに, 長方行列だと, 行列式は考えられなくて, いくつもの小行列式を成分にする外積を考えねばならなかった.

ここで, 行列算との関係を考えよう. 例によって「3を聞いて n を知る」ことにして, 3次元でやる.

いままでのことは, 行列式や外積といわずに, 一般的なことと考えてよい. すなわち, $\boldsymbol{f}(\boldsymbol{a}, \boldsymbol{b}, \boldsymbol{c})$ が交代複線型の

ときは

$$\boldsymbol{f}(\boldsymbol{a},\boldsymbol{b},\boldsymbol{c})=\boldsymbol{f}(\boldsymbol{e}_1,\boldsymbol{e}_2,\boldsymbol{e}_3)\begin{vmatrix} a_1 & b_1 & c_1 \\ a_2 & b_2 & c_2 \\ a_3 & b_3 & c_3 \end{vmatrix}$$

となり，$\boldsymbol{f}(\boldsymbol{a},\boldsymbol{b})$ が交代複線型のときは

$$\boldsymbol{f}(\boldsymbol{a},\boldsymbol{b})=\boldsymbol{f}(\boldsymbol{e}_2,\boldsymbol{e}_3)\begin{vmatrix} a_2 & b_2 \\ a_3 & b_3 \end{vmatrix}+\boldsymbol{f}(\boldsymbol{e}_3,\boldsymbol{e}_1)\begin{vmatrix} a_3 & b_3 \\ a_1 & b_1 \end{vmatrix}$$
$$+\boldsymbol{f}(\boldsymbol{e}_1,\boldsymbol{e}_2)\begin{vmatrix} a_1 & b_1 \\ a_2 & b_2 \end{vmatrix}$$

になっている．

これをまず

$$\begin{bmatrix} \alpha_1 & \alpha_2 & \alpha_3 \\ \beta_1 & \beta_2 & \beta_3 \\ \gamma_1 & \gamma_2 & \gamma_3 \end{bmatrix}\begin{bmatrix} a_1 & b_1 & c_1 \\ a_2 & b_2 & c_2 \\ a_3 & b_3 & c_3 \end{bmatrix}=\begin{bmatrix} \boldsymbol{\alpha} \\ \boldsymbol{\beta} \\ \boldsymbol{\gamma} \end{bmatrix}[\boldsymbol{a}\quad\boldsymbol{b}\quad\boldsymbol{c}]$$
$$=\begin{bmatrix} \boldsymbol{\alpha a} & \boldsymbol{\alpha b} & \boldsymbol{\alpha c} \\ \boldsymbol{\beta a} & \boldsymbol{\beta b} & \boldsymbol{\beta c} \\ \boldsymbol{\gamma a} & \boldsymbol{\gamma b} & \boldsymbol{\gamma c} \end{bmatrix}$$

について，

$$f(\boldsymbol{a},\boldsymbol{b},\boldsymbol{c})=\begin{vmatrix} \boldsymbol{\alpha a} & \boldsymbol{\alpha b} & \boldsymbol{\alpha c} \\ \boldsymbol{\beta a} & \boldsymbol{\beta b} & \boldsymbol{\beta c} \\ \boldsymbol{\gamma a} & \boldsymbol{\gamma b} & \boldsymbol{\gamma c} \end{vmatrix}$$

として使ってみよう．ここで

$$f(\boldsymbol{e}_1,\boldsymbol{e}_2,\boldsymbol{e}_3)=\begin{vmatrix} \alpha_1 & \alpha_2 & \alpha_3 \\ \beta_1 & \beta_2 & \beta_3 \\ \gamma_1 & \gamma_2 & \gamma_3 \end{vmatrix}$$

となるので

$$\begin{vmatrix} \boldsymbol{\alpha a} & \boldsymbol{\alpha b} & \boldsymbol{\alpha c} \\ \boldsymbol{\beta a} & \boldsymbol{\beta b} & \boldsymbol{\beta c} \\ \boldsymbol{\gamma a} & \boldsymbol{\gamma b} & \boldsymbol{\gamma c} \end{vmatrix} = \begin{vmatrix} \alpha_1 & \alpha_2 & \alpha_3 \\ \beta_1 & \beta_2 & \beta_3 \\ \gamma_1 & \gamma_2 & \gamma_3 \end{vmatrix} \begin{vmatrix} a_1 & b_1 & c_1 \\ a_2 & b_2 & c_2 \\ a_3 & b_3 & c_3 \end{vmatrix}$$

となっている．すなわち，一般に

$$\det(AB) = (\det A)(\det B)$$

という性質がなりたっている．これは，展開式でゴシャゴシャ計算する流儀もあるが，この方がスマートだろう．

このことから，さきの平行4辺形の面積比の議論を，少し一般化できる．

$$X = [\boldsymbol{x}_1 \quad \boldsymbol{x}_2]$$

を考えると

$$AX = [A\boldsymbol{x}_1 \quad A\boldsymbol{x}_2]$$

である．それで

$$\begin{aligned} A\boldsymbol{x}_1 \wedge A\boldsymbol{x}_2 &= (\boldsymbol{e}_1 \wedge \boldsymbol{e}_2)\det(AX) \\ &= (\boldsymbol{e}_1 \wedge \boldsymbol{e}_2)(\det X)(\det A) \\ &= (\boldsymbol{x}_1 \wedge \boldsymbol{x}_2)\det A \end{aligned}$$

になる．これは，任意の平行4辺形を $\det A$ 倍していることを意味している．

つぎに，

$$\begin{bmatrix} \alpha_1 & \alpha_2 & \alpha_3 \\ \beta_1 & \beta_2 & \beta_3 \end{bmatrix} \begin{bmatrix} a_1 & b_1 \\ a_2 & b_2 \\ a_3 & b_3 \end{bmatrix} = \begin{bmatrix} \boldsymbol{\alpha} \\ \boldsymbol{\beta} \end{bmatrix} [\boldsymbol{a} \quad \boldsymbol{b}] = \begin{bmatrix} \boldsymbol{\alpha a} & \boldsymbol{\alpha b} \\ \boldsymbol{\beta a} & \boldsymbol{\beta b} \end{bmatrix}$$

について，

$$f(\boldsymbol{a}, \boldsymbol{b}) = \begin{vmatrix} \boldsymbol{\alpha a} & \boldsymbol{\alpha b} \\ \boldsymbol{\beta a} & \boldsymbol{\beta b} \end{vmatrix}$$

を考えよう．この方は，たとえば

$$\begin{bmatrix} \alpha_1 & \alpha_2 & \alpha_3 \\ \beta_1 & \beta_2 & \beta_3 \end{bmatrix} \begin{bmatrix} 0 & 0 \\ 1 & 0 \\ 0 & 1 \end{bmatrix} = \begin{bmatrix} \alpha_2 & \alpha_3 \\ \beta_2 & \beta_3 \end{bmatrix}$$

から

$$f(\boldsymbol{e}_2, \boldsymbol{e}_3) = \begin{vmatrix} \alpha_2 & \alpha_3 \\ \beta_2 & \beta_3 \end{vmatrix}$$

となるので，

$$\begin{vmatrix} \boldsymbol{\alpha a} & \boldsymbol{\alpha b} \\ \boldsymbol{\beta a} & \boldsymbol{\beta b} \end{vmatrix} = \begin{vmatrix} \alpha_2 & \alpha_3 \\ \beta_2 & \beta_3 \end{vmatrix} \begin{vmatrix} a_2 & b_2 \\ a_3 & b_3 \end{vmatrix} + \begin{vmatrix} \alpha_3 & \alpha_1 \\ \beta_3 & \beta_1 \end{vmatrix} \begin{vmatrix} a_3 & b_3 \\ a_1 & b_1 \end{vmatrix} + \begin{vmatrix} \alpha_1 & \alpha_2 \\ \beta_1 & \beta_2 \end{vmatrix} \begin{vmatrix} a_1 & b_1 \\ a_2 & b_2 \end{vmatrix}$$

となる．この公式は

$$\begin{aligned} &(\alpha_1 a_1 + \alpha_2 a_2 + \alpha_3 a_3)(\beta_1 b_1 + \beta_2 b_2 + \beta_3 b_3) \\ &\quad - (\alpha_1 b_1 + \alpha_2 b_2 + \alpha_3 b_3)(\beta_1 a_1 + \beta_2 a_2 + \beta_3 a_3) \\ &\quad = (\alpha_2 \beta_3 - \alpha_3 \beta_2)(a_2 b_3 - a_3 b_2) \\ &\qquad + (\alpha_3 \beta_1 - \alpha_1 \beta_3)(a_3 b_1 - a_1 b_3) \\ &\qquad + (\alpha_1 \beta_2 - \alpha_2 \beta_1)(a_1 b_2 - a_2 b_1) \end{aligned}$$

であり，とくに

$$\boldsymbol{\alpha} = \boldsymbol{a}^*, \quad \boldsymbol{\beta} = \boldsymbol{b}^*$$

の場合の

$$\begin{aligned} &(a_1{}^2 + a_2{}^2 + a_3{}^2)(b_1{}^2 + b_2{}^2 + b_3{}^2) - (a_1 b_1 + a_2 b_2 + a_3 b_3)^2 \\ &\quad = (a_2 b_3 - a_3 b_2)^2 + (a_3 b_1 - a_1 b_3)^2 + (a_1 b_2 - a_2 b_1)^2 \end{aligned}$$

は，高校の数Iの「恒等式」でやったかもしれない．これはまた，シュバルツの不等式の証明にもなっている．

これらは，

$$\boldsymbol{\alpha}, \boldsymbol{\beta}, \boldsymbol{\gamma} \in \boldsymbol{V}^*, \qquad \boldsymbol{a}, \boldsymbol{b}, \boldsymbol{c} \in \boldsymbol{V}$$

について

$$\boldsymbol{\alpha} \wedge \boldsymbol{\beta} \wedge \boldsymbol{\gamma} \in \boldsymbol{V}^* \wedge \boldsymbol{V}^* \wedge \boldsymbol{V}^* \quad \text{と} \quad \boldsymbol{a} \wedge \boldsymbol{b} \wedge \boldsymbol{c} \in \boldsymbol{V} \wedge \boldsymbol{V} \wedge \boldsymbol{V}$$

$$\boldsymbol{\alpha} \wedge \boldsymbol{\beta} \in \boldsymbol{V}^* \wedge \boldsymbol{V}^* \quad \text{と} \quad \boldsymbol{a} \wedge \boldsymbol{b} \in \boldsymbol{V} \wedge \boldsymbol{V}$$

の間の双対性を与えている公式であって，

$$(\boldsymbol{V} \wedge \boldsymbol{V} \wedge \boldsymbol{V})^* = \boldsymbol{V}^* \wedge \boldsymbol{V}^* \wedge \boldsymbol{V}^*,$$

$$(\boldsymbol{V} \wedge \boldsymbol{V})^* = \boldsymbol{V}^* \wedge \boldsymbol{V}^*$$

と考えてよい．

ま，双対性なんてムズカシゲなことを言わないまでも，これらの公式は，行列式と行列算をつなぐ基本公式である．そのわりに，普通の教科書では，あまり強調してないのは気にくわん．そのくせ，ランクの定義を小行列式でしてあったりする．これは，$\boldsymbol{a}_1, \boldsymbol{a}_2, \cdots, \boldsymbol{a}_k$ が線型独立というのが，「k 次元のフクラミ」を持つこと，つまり

$$\boldsymbol{a}_1 \wedge \boldsymbol{a}_2 \wedge \cdots \wedge \boldsymbol{a}_k \neq \boldsymbol{0}$$

を意味しているので，その成分として小行列式が出てきているのである．小行列式というのは，だいたい外積の成分を意味しているのだ．

座標変換

じつは，いままで，座標空間について論じながら，あたかも線型空間であるかのような顔をしてきた．なにより，行列の

$$\det(AB) = (\det A)(\det B)$$

にしても，

$$\begin{array}{ccccc} \boldsymbol{V} & \xrightarrow{\times\det(AB)} & \boldsymbol{V} & \longrightarrow & \boldsymbol{V} \\ \rotatebox{90}{$\in$} & & \rotatebox{90}{$\in$} & & \\ \boldsymbol{x} & \underset{\times(\det B)}{\longmapsto} & B\boldsymbol{x} & \underset{\times(\det A)}{\longmapsto} & A(B\boldsymbol{x}) \end{array}$$

と考えれば，当然のようなもので，面積比の $\det B$ 倍に $\det A$ 倍をくり返すだけではないか．なんで，こんなアッタリマエのことを証明せんならんのや．

じつはこれは

$$A\boldsymbol{x}_1 \wedge A\boldsymbol{x}_2 = (\boldsymbol{x}_1 \wedge \boldsymbol{x}_2)\det A$$

と同じであって，それは本質的には，座標のとり方に無関係に，〈面積比〉が考えられることを，内容的には意味している．座標のとり方に無関係な普遍的概念，ということが，線型空間の性質ということであってみれば，線型空間 $\boldsymbol{V}$ についての $\boldsymbol{V} \wedge \boldsymbol{V}$ や $\boldsymbol{V} \wedge \boldsymbol{V} \wedge \boldsymbol{V}$ を座標に無関係に定義せねばならない．当節では，座標系を持たないモジュールの場合（$\boldsymbol{Z}$ 係数のような場合）も含めて，カテゴリー論的に定義したりもするのだが，いまは線型空間で十分だろう．

そのために，今までひかえてきた座標変換について，この際ふれておこう．今後，それは重要な意味を持つし，本来なら，線型空間と座標線型空間をつなぐ基本ともいえる．

いま，$\boldsymbol{e}_1, \boldsymbol{e}_2$ という座標系を

$$\boldsymbol{p}_1 = P\boldsymbol{e}_1, \quad \boldsymbol{p}_2 = P\boldsymbol{e}_2$$

と変換したとしよう．もとの $\boldsymbol{e}_1, \boldsymbol{e}_2$ で表現するなら，

$$P = [\boldsymbol{p}_1 \quad \boldsymbol{p}_2]$$

であった.

ところで,

$$\boldsymbol{x} = [\boldsymbol{e}_1 \quad \boldsymbol{e}_2]\begin{bmatrix} x_1 \\ x_2 \end{bmatrix} = [\boldsymbol{p}_1 \quad \boldsymbol{p}_2]\begin{bmatrix} x_1' \\ x_2' \end{bmatrix}$$

という表現については

$$\begin{bmatrix} x_1 \\ x_2 \end{bmatrix} = \begin{bmatrix} p_{11} & p_{12} \\ p_{21} & p_{22} \end{bmatrix}\begin{bmatrix} x_1' \\ x_2' \end{bmatrix}$$

となっている. これは

$$P : \boldsymbol{e}_1 \longmapsto \boldsymbol{p}_1, \quad \boldsymbol{e}_2 \longmapsto \boldsymbol{p}_2$$

とやったのに,

$$P : \boldsymbol{x}' \longmapsto \boldsymbol{x}$$

のようなオモムキがあって, 反対になっている.

これは, よく誤りやすい. 高校のときでも, x 軸を a だけずらして x' 軸にすると

$$x = x' + a \quad \text{すなわち} \quad x' = x - a$$

になるとか, α だけ回転すれば

$$\begin{bmatrix} x \\ y \end{bmatrix} = \begin{bmatrix} \cos\alpha & -\sin\alpha \\ \sin\alpha & \cos\alpha \end{bmatrix}\begin{bmatrix} x' \\ y' \end{bmatrix}$$

すなわち

$$\begin{bmatrix} x' \\ y' \end{bmatrix} = \begin{bmatrix} \cos\alpha & \sin\alpha \\ -\sin\alpha & \cos\alpha \end{bmatrix}\begin{bmatrix} x \\ y \end{bmatrix}$$

になるとか,

$$\boldsymbol{x} = P\boldsymbol{x}' \quad \text{すなわち} \quad \boldsymbol{x}' = P^{-1}\boldsymbol{x}$$

となるところを, 混乱しがちになる.

さらにそれをくりかえすと,

$$Q(P\boldsymbol{e}) = (QP)\boldsymbol{e}$$

となるのに,

$$\boldsymbol{x} = P\boldsymbol{x}' = P(Q\boldsymbol{x}'') = (PQ)\boldsymbol{x}''$$

というように，行列の掛け方も逆になる.

ソ連にゲルファントという，ものすごうエライ，そしてそれゆえ（？）ものすごうズボラな数学者がいて，彼の講義を本にした「回転群の表現」に関する大名著があるが，たぶんそのときどきの気分で，線型変換にしたり，座標変換にしたりするので，章ごとに，行列を右から掛けたり，左から掛けたりしているので，読者はこの章はどっちのつもりやろか，と毎回の判断を強要される.

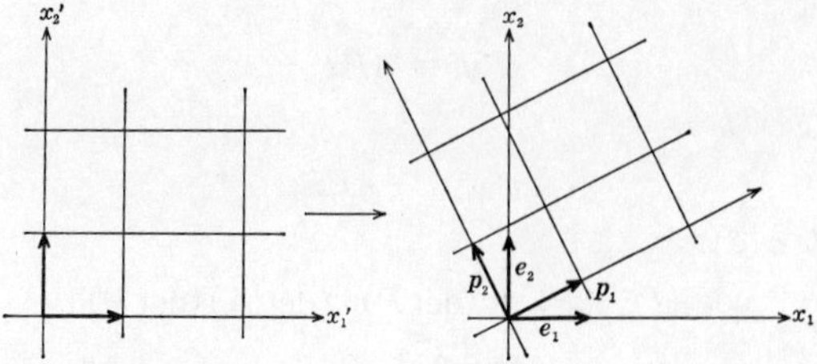

もっと単純なもので，ある長さを $\boldsymbol{e}$ で測って x，$\boldsymbol{p}$ で測って x'，$\boldsymbol{p}$ を $\boldsymbol{e}$ で測って a のとき,

$$ax = x' \quad か \qquad ax' = x \quad か$$

どちらが正しいか，と問われてキミは即座に答えられるか.

ゆっくり考えて，2枚の図を書いてみれば，x_1'-x_2' 座標

平面を x_1-x_2 座標平面にうつしているのは，わかるはずだし，さきのように x_1-x_2 座標平面で式にすればよい．しかし，やっぱりコンガラガル．それが，いままでは，もっぱら線型変換を論じて，座標変換を裏にかくしていた理由である．しかしもう，十分に線型変換に馴れたころだし，座標変換を表に出してよいだろう．

線型空間（座標空間でなく）$\boldsymbol{V}$ の線型変換

$$\boldsymbol{f}: \boldsymbol{V} \longrightarrow \boldsymbol{V}$$

が，ある座標系で

$$\boldsymbol{y} = A\boldsymbol{x}$$

で表わせているとき，座標変換

$$\boldsymbol{x} = P\boldsymbol{x}', \qquad \boldsymbol{y} = P\boldsymbol{y}'$$

では

$$P\boldsymbol{y}' = AP\boldsymbol{x}'$$

すなわち

$$\boldsymbol{y}' = P^{-1}AP\boldsymbol{x}'$$

となっている．ここで

$$\begin{aligned} \det(P^{-1}AP) &= (\det P)^{-1}(\det A)(\det P) \\ &= \det A \end{aligned}$$

になっている．それで，座標に無関係に，面積比

$$\det \boldsymbol{f} = \det A$$

を考えてよいのである．

2次元空間では，$\boldsymbol{V} \wedge \boldsymbol{V}$ については

$$\boldsymbol{x} \wedge \boldsymbol{y} = P\boldsymbol{x}' \wedge P\boldsymbol{y}'$$

は

$$\begin{vmatrix} x_1 & y_1 \\ x_2 & y_2 \end{vmatrix} = (\det P)\begin{vmatrix} x_1' & y_1' \\ x_2' & y_2' \end{vmatrix}$$

でうつるし，3次元になると，

$$\boldsymbol{x} \wedge \boldsymbol{y} = P\boldsymbol{x}' \wedge P\boldsymbol{y}'$$

について，たとえば

$$\begin{vmatrix} x_2 & y_2 \\ x_3 & y_3 \end{vmatrix} = \det\left(\begin{bmatrix} p_{21} & p_{22} & p_{23} \\ p_{31} & p_{32} & p_{33} \end{bmatrix}\begin{bmatrix} x_1' & y_1' \\ x_2' & y_2' \\ x_3' & y_3' \end{bmatrix}\right)$$

のような形で，さきほどの式が出てくる．こうした風にして，座標変換ぐるみで $\boldsymbol{V} \wedge \boldsymbol{V}$ は定義できる．しかし，これをていねいにやるのはウットウシイので，現代風には最初から座標を離れてカテゴリー風にやるのだが，ぼくはここでも若干は保守的で，カテゴリー風のキレイゴトの前に，やはり座標で書いておきたい気持ちが残っている．もちろん，数学ズレした人は，モダーンなやり方でやってくれ．

行列式の計算

行列式 $\det A$ とは，正方行列 A に対して定まる「1つの量」だった．ここで，その計算について考えよう．ただし，とくに注意しておきたいことは，行列式の値はなるべくなら求めずにすますことだ．行列式というのは，行列の形のままで，表の形の情報を残しているところに，値打ちがある．n^2 個もの情報のあるものを，たった1つの数にしてしまうなんて，もったいない話だ．なるべくなら，その交代複線型性に依拠して話を進めた方がよい．ただし，ときには，値を求めたいこともある．それに，いざとなれば，値を計算できるという安心感がないことには，いくら「1つの量」だと言っていても，心細い話だ．

$$\begin{vmatrix} a_1 & b_1 \\ a_2 & b_2 \end{vmatrix} = a_1 b_2 - a_2 b_1$$

$$\begin{vmatrix} a_1 & b_1 & c_1 \\ a_2 & b_2 & c_2 \\ a_3 & b_3 & c_3 \end{vmatrix} = a_1 b_2 c_3 + a_2 b_3 c_1 + a_3 b_1 c_2 - a_3 b_2 c_1 - a_1 b_3 c_2 - a_2 b_1 c_3$$

だった．これをよく，タスキガケという．

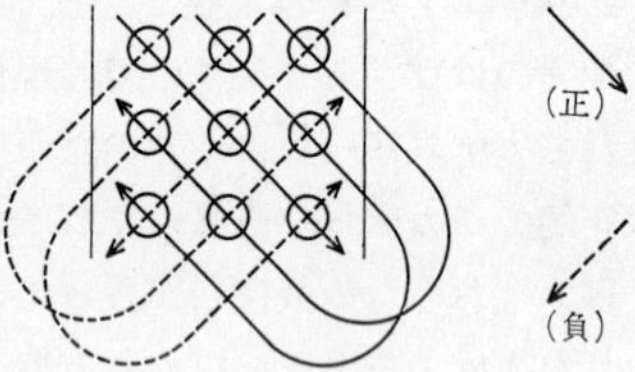

となっているからである．

これは，2次元についても，タスキのような錯覚がある．

だからである．しかし，3次元なみのタスキだと，2×2で4本の

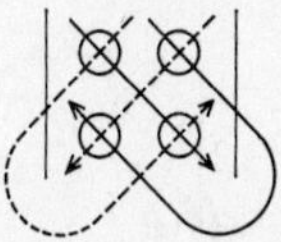

になるはずで，これだと

$$a_1 b_2 + a_2 b_1 - a_1 b_2 - a_2 b_1 = 0$$

になってしまう．タスキといっても，2次元のはホドケタスキなのだ．

2次元だと，項の数は2!で2，3次元だと3!で6になる．3次元のときだけ3×2と一致するのである．4次元については，項の数は4!だから24もあり，タスキの4×2ではとてもたりない．$a_1 b_2 c_4 d_3$のように，モツレタスキが出てくるわけである．それで，タスキガケは世道人心をまどわすもので，教えない方がいい，という説もある．3次元だって，正直に6項計算するのがトクともかぎらない．

それで，計算は基本変形で掃きだしをする方がよい．基本変形については，行列式は

$$\begin{vmatrix} 1 & 0 \\ b & 1 \end{vmatrix} = 1, \qquad \begin{vmatrix} r_1 & 0 \\ 0 & r_2 \end{vmatrix} = r_1 r_2, \qquad \begin{vmatrix} 0 & 1 \\ 1 & 0 \end{vmatrix} = -1$$

のように，ベクトル行列については1，スカラー行列については対角要素の積，互換行列については-1になるので，行列式を掃きだしで変形していけばよい．それに展開を併用して，次元の低い方にくずしていくのである．

例でやってみよう．

$$\begin{vmatrix} 2 & 3 & 2 & -1 \\ 3 & 2 & -2 & -1 \\ 4 & 8 & 8 & -2 \\ 5 & 9 & 7 & -3 \end{vmatrix} \begin{matrix} \\ \times 2 \\ \\ \times 2 \end{matrix}$$

$$= \frac{1}{2\times 2}\begin{vmatrix} 2 & 3 & 2 & -1 \\ 6 & 4 & -4 & -2 \\ 4 & 8 & 8 & -2 \\ 10 & 18 & 14 & -6 \end{vmatrix} \begin{matrix} -3\downarrow & -2\downarrow & -5\downarrow \end{matrix}$$

$$= \frac{1}{2\times 2}\begin{vmatrix} 2 & 3 & 2 & -1 \\ 0 & -5 & -10 & 1 \\ 0 & 2 & 4 & 0 \\ 0 & 3 & 4 & -1 \end{vmatrix} \begin{matrix} \\ \\ \times 5 \\ \times 5 \end{matrix}$$

$$= \frac{2}{2\times 2\times 5\times 5}\begin{vmatrix} -5 & -10 & 1 \\ 10 & 20 & 0 \\ 15 & 20 & -5 \end{vmatrix} \begin{matrix} 2\downarrow & 3\downarrow \end{matrix}$$

$$= \frac{1}{2\times 5\times 5}\begin{vmatrix} -5 & -10 & 1 \\ 0 & 0 & 2 \\ 0 & -10 & -2 \end{vmatrix} \begin{matrix} \\ \curvearrowleft \\ \end{matrix}$$

$$= \frac{(-5)\times(-1)}{2\times 5\times 5}\begin{vmatrix} -10 & -2 \\ 0 & 2 \end{vmatrix}$$

$$= \frac{1}{2\times 5}\times(-10)\times 2$$

$$= -2$$

となる.

べつに正直に第1行から始めずに，互換しておいてから始めてもよいし，途中で転置したり，いいかげんで暗算を入れたり，それは人さまざまにラクをしてよいが，機械的な計算としては，こうした方式でできる．ラクをする方法は，0や1の出方とか，数のかげんとかの判断によるわけで，一般的な計算プログラムとしては，結局は掃きだしがよいだろう．タスキよりホウキ．

10
3次元空間

ベクトル積

3次元空間については，人間がその中にいるために，格別によく使われる．とくに，3次元の物理量を扱う必要というのが，連立1次方程式と並んで，線型代数のもうひとつの源泉であった．そうした効用，さらには，やはり身のまわりを分析しながら日常感覚をゆたかにする必要も含めて，御先祖様に義理をはたそう．

有向ユークリッド空間として考えていこう．さしあたり，内積が考えられることにすれば，

$$\det\left(\begin{bmatrix} \boldsymbol{a}^* \\ \boldsymbol{b}^* \end{bmatrix}[\boldsymbol{a} \quad \boldsymbol{b}]\right) = \begin{vmatrix} \boldsymbol{a}\cdot\boldsymbol{a} & \boldsymbol{a}\cdot\boldsymbol{b} \\ \boldsymbol{b}\cdot\boldsymbol{a} & \boldsymbol{b}\cdot\boldsymbol{b} \end{vmatrix}$$

となっている．これを $G(\boldsymbol{a}, \boldsymbol{b})$ と書いて，グラミアンという．この量はなにかというと，

$$\begin{aligned} G(\boldsymbol{a}, \boldsymbol{b}) &= |\boldsymbol{a}|^2|\boldsymbol{b}|^2-(\boldsymbol{a}\cdot\boldsymbol{b})^2 \\ &= |\boldsymbol{a}|^2|\boldsymbol{b}|^2(1-\cos^2\widehat{\boldsymbol{ab}}) \\ &= |\boldsymbol{a}|^2|\boldsymbol{b}|^2\sin^2\widehat{\boldsymbol{ab}} \end{aligned}$$

となっている（sin というのは奇関数で，「向きのある角」に定義されていて，cos が「$\boldsymbol{a}$ と $\boldsymbol{b}$ との角」でよいのに対し，sin になると「$\boldsymbol{a}$ から $\boldsymbol{b}$ への角」とするのが正式，ただ

しここでは2乗してしまうから，かまわない）．つまり，これは平行4辺形の面積の2乗になっている．2次元ならば

$$G(\boldsymbol{a}, \boldsymbol{b}) = (\det[\boldsymbol{a} \quad \boldsymbol{b}])^2$$

で当然だったし，$\boldsymbol{V}_{\boldsymbol{a},\boldsymbol{b}}$ で考えれば，2次元に帰着できるから，と言ってしまえば，上のように計算してみなくてもよい．ここで，$G(\boldsymbol{a}, \boldsymbol{b})$ のよいところは，$\boldsymbol{V}$ の次元に無関係に使えることだ．一般に $G(\boldsymbol{a}_1, \boldsymbol{a}_2, \cdots, \boldsymbol{a}_k)$ で k 次元体積の2乗がえられるのだ．

してみると，3次元で

$$G(\boldsymbol{a}, \boldsymbol{b}) = \begin{vmatrix} a_2 & b_2 \\ a_3 & b_3 \end{vmatrix}^2 + \begin{vmatrix} a_3 & b_3 \\ a_1 & b_1 \end{vmatrix}^2 + \begin{vmatrix} a_1 & b_1 \\ a_2 & a_2 \end{vmatrix}^2$$

という関係式は，$\boldsymbol{V}$ の平行4辺形の面積の2乗が，各座標平面に射影した平行4辺形の面積の2乗の和になっているという，面積についての〈ピタゴラスの定理〉を意味している．普通のピタゴラスの定理の方は，長さの2乗が座標軸への射影の2乗の和なのだが，人間は平面を見なれているものだから，つい正方形の面積になおしたくなる．しかし，4次元からのインベーダーでない人間にとって，面積の2乗とはなんじゃろか．ともかくこれは，$\boldsymbol{V} \wedge \boldsymbol{V}$ を内積線型空間と考えたことであって，この空間の量が面積量であるからには，「自分に自分をかける」内積では，面積の2乗が出てきてしまうのだ．

ここで，内積があって，すべてがキッチリと直交座標的に標準化されたからには，いわばSI（国際単位系）的に枠づけられた世界，長さの基礎が1mなら面積の基礎は

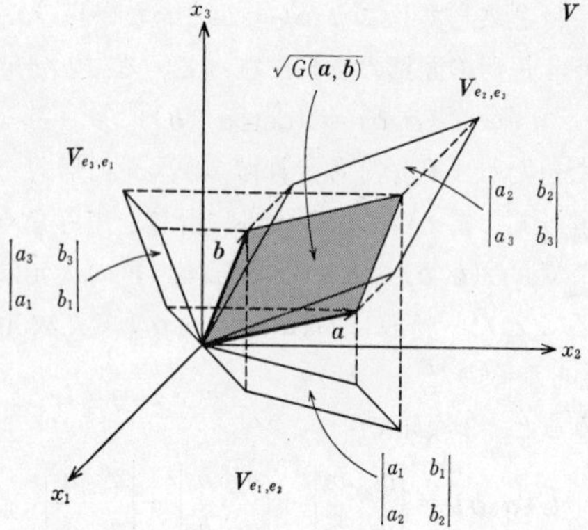

1 m², そこで,

$$e_1 \longleftrightarrow e_2 \wedge e_3, \quad e_2 \longleftrightarrow e_3 \wedge e_1, \quad e_3 \longleftrightarrow e_1 \wedge e_2$$

と,「面に沿うもの」と「面につきささるもの」とを対応させてしまえば,

$$\boldsymbol{a} \times \boldsymbol{b} = \boldsymbol{e}_1 \begin{vmatrix} a_2 & b_2 \\ a_3 & b_3 \end{vmatrix} + \boldsymbol{e}_2 \begin{vmatrix} a_3 & b_3 \\ a_1 & b_1 \end{vmatrix} + \boldsymbol{e}_3 \begin{vmatrix} a_1 & b_1 \\ a_2 & b_2 \end{vmatrix}$$

という, $\boldsymbol{V}$ のベクトルがえられる. これをベクトル積という. これは, $\boldsymbol{V}$ も3次元, $\boldsymbol{V} \wedge \boldsymbol{V}$ も3次元ということで, うまくいっとるのだ. これを外積ということもあるが, ここでは区別しておこう. こちらの方は, $\boldsymbol{V}$ すなわち「長さのベクトル」になる.

ベクトル積と内積を使えば (自己批判:外積とベクトル積, 内積とスカラー積を使いわけるつもりが, ここにいたって詩的対称性に矛盾することになった),

$$\det[\boldsymbol{a}\quad \boldsymbol{b}\quad \boldsymbol{c}] = (\boldsymbol{a}\times\boldsymbol{b})\cdot\boldsymbol{c}$$

であって，ベクトル解析などでは，よく使う．せっかく，対称な（厳密には反対称）$\det[\boldsymbol{a}\quad \boldsymbol{b}\quad \boldsymbol{c}]$ という「3つのベクトルの積」をやめて，もったいない気もするが，人間には「2つの積」を作りたがる習癖があるので，これもまた仕方ない．

ここで，上の関係でわかるように

$$(\boldsymbol{a}\times\boldsymbol{b})\cdot\boldsymbol{a} = 0, \qquad (\boldsymbol{a}\times\boldsymbol{b})\cdot\boldsymbol{b} = 0$$

すなわち

$$\boldsymbol{a}\times\boldsymbol{b}\perp\boldsymbol{a}, \qquad \boldsymbol{a}\times\boldsymbol{b}\perp\boldsymbol{b}$$

である．また大きさの方は

$$|\boldsymbol{a}\times\boldsymbol{b}|^2 = G(\boldsymbol{a}, \boldsymbol{b})$$

だった．つまり，このベクトルは，平行4辺形に直交して「面積に等しい大きさ」を持つ，と特徴づけられる．

ちょっと待った．直交だけでは，どっちを向いているかわからない．$\boldsymbol{V}_{\boldsymbol{a},\boldsymbol{b}}$ は，$\boldsymbol{a}$ から $\boldsymbol{b}$ へとオリエンテーションがあるが，ここで $\boldsymbol{V}$ にオリエンテーションがないと困る．4次元からのインベーダーに引っくりかえされてもよいように，$\boldsymbol{V}$ に向きをつけておこう．行列式で符号を考えるのは，$\boldsymbol{V}$ の向きづけを考えることだったので，

$$\det[\boldsymbol{a}\quad \boldsymbol{b}\quad \boldsymbol{a}\times\boldsymbol{b}] = (\boldsymbol{a}\times\boldsymbol{b})^2 \geqq 0,$$

すなわち，$\boldsymbol{a}\times\boldsymbol{b}$ は正の向きなのだ．

このように，オリエンテーションを決めないと定まらない「ベクトル」を，軸性ベクトルとか擬ベクトルとかいって区別することもある．平行6面体の体積の方も，

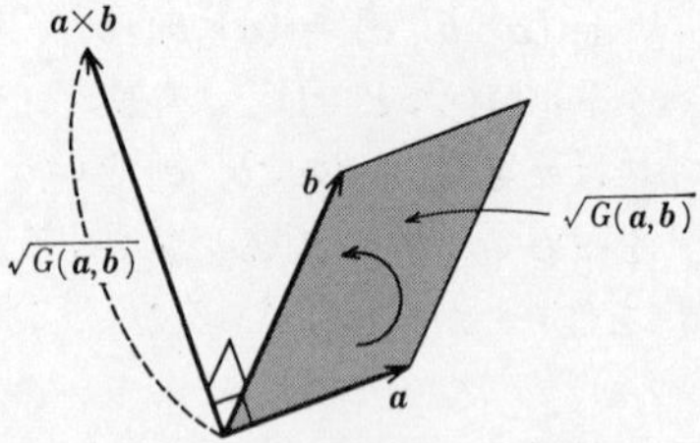

$\det[\boldsymbol{a}\quad\boldsymbol{b}\quad\boldsymbol{c}]$ で，鏡映で符号を変えるので，「スカラー」でなくて，擬スカラーと言われることがある．

回　転

ここで，3次元の回転について論じてみよう．$\mathcal{O}(\boldsymbol{R}^3)$ から，鏡映

$$J=\begin{bmatrix}1&0&0\\0&1&0\\0&0&-1\end{bmatrix}$$

の影響を除いた部分が，$\mathcal{R}(\boldsymbol{R}^3)$ である．

いま，

$$U=\begin{bmatrix}p_1&q_1&r_1\\p_2&q_2&r_2\\p_3&q_3&r_3\end{bmatrix}$$

とすると，$\boldsymbol{p},\boldsymbol{q},\boldsymbol{r}$ も直交座標で

$$\boldsymbol{q}\times\boldsymbol{r}=\boldsymbol{p},\qquad\boldsymbol{r}\times\boldsymbol{p}=\boldsymbol{q},\qquad\boldsymbol{p}\times\boldsymbol{q}=\boldsymbol{r}$$

になっている．

ここで，

$$Ua = a, \qquad a \neq 0$$

となる回転軸 V_a の存在を示そう．それには，

$$(U-1)a = 0, \qquad a \neq 0$$

だから

$$\det(U-1) = 0$$

を言えばよい．これは，あとで詳しく論ずる固有値問題の特別の場合で，

$$\det(U-\lambda) = 0$$

を λ について展開すれば，λ^k の係数を調べて

$$\begin{vmatrix} p_1-\lambda & q_1 & r_1 \\ p_2 & q_2-\lambda & r_2 \\ p_3 & q_3 & r_3-\lambda \end{vmatrix}$$

$$= \begin{vmatrix} p_1 & q_1 & r_1 \\ p_2 & q_2 & r_2 \\ p_3 & q_3 & r_3 \end{vmatrix} - \left(\begin{vmatrix} q_2 & r_2 \\ q_3 & r_3 \end{vmatrix} + \begin{vmatrix} r_3 & p_3 \\ r_1 & p_1 \end{vmatrix} + \begin{vmatrix} p_1 & q_1 \\ p_2 & q_2 \end{vmatrix} \right)\lambda$$

$$+(p_1+q_2+r_3)\lambda^2-\lambda^3$$

となるが，

$$\begin{vmatrix} p_1 & q_1 & r_1 \\ p_2 & q_2 & r_2 \\ p_3 & q_3 & r_3 \end{vmatrix} = 1$$

$$p_1 = \begin{vmatrix} q_2 & r_2 \\ q_3 & r_3 \end{vmatrix}, \qquad q_2 = \begin{vmatrix} r_3 & p_3 \\ r_1 & p_1 \end{vmatrix}, \qquad r_3 = \begin{vmatrix} p_1 & q_1 \\ p_2 & q_2 \end{vmatrix}$$

だから，$\lambda=1$ がこの方程式の根になっている．

そこで，a が座標軸になるように座標変換すると，

$$\begin{bmatrix} y_1' \\ y_2' \\ y_3' \end{bmatrix} = \begin{bmatrix} p_1' & q_1' & 0 \\ p_2' & q_2' & 0 \\ 0 & 0 & 1 \end{bmatrix} \begin{bmatrix} x_1' \\ x_2' \\ x_3' \end{bmatrix}$$

になり，2次の回転行列の形はまえに調べたから

$$U' = \begin{bmatrix} \cos\alpha & -\sin\alpha & 0 \\ \sin\alpha & \cos\alpha & 0 \\ 0 & 0 & 1 \end{bmatrix}$$

の形，つまり回転軸 $\boldsymbol{a}$ のまわりを α だけまわしたのが，3次元の回転になっている．ここで，$\boldsymbol{a}$ の方向を表わすのには2つパラメーターがいり（たとえば射影座標の $a_1 : a_2 : a_3$，あるいは極座標で緯度と経度など），それに α とで，計3つのパラメーターがいる．

こうした $\mathcal{R}(\boldsymbol{R}^3)$ を詳しく調べることは，それ自体としても有用だが，深入りしたらキリがないので，ここでやめる．ただ，等速円運動

$$\begin{bmatrix} y_1' \\ y_2' \\ y_3' \end{bmatrix} = \begin{bmatrix} \cos\omega t & -\sin\omega t & 0 \\ \sin\omega t & \cos\omega t & 0 \\ 0 & 0 & 1 \end{bmatrix} \begin{bmatrix} x_1' \\ x_2' \\ x_3' \end{bmatrix}$$

について，$t=0$ における速度ベクトル $\boldsymbol{v}$ を考えておこう．これは，微分すれば

$$\begin{bmatrix} v_1' \\ v_2' \\ v_3' \end{bmatrix} = \begin{bmatrix} 0 & -\omega & 0 \\ \omega & 0 & 0 \\ 0 & 0 & 0 \end{bmatrix} \begin{bmatrix} x_1' \\ x_2' \\ x_3' \end{bmatrix} = \begin{bmatrix} 0 \\ 0 \\ \omega \end{bmatrix} \times \begin{bmatrix} x_1' \\ x_2' \\ x_3' \end{bmatrix}$$

になっている．

回転軸が座標軸でない場合も，座標変換で計算してもよ

いのだが，いまのことをそのまま書いた方が早い．方向が回転軸で，大きさが ω のベクトル $\boldsymbol{\omega}$ をとると，$\boldsymbol{v}$ は $\boldsymbol{V}_{\omega,x}$ に直交して，大きさは「$\boldsymbol{\omega}$ の大きさ×半径」，すなわち $|\boldsymbol{\omega}\times\boldsymbol{x}|$ の大きさのベクトルだから，

$$\boldsymbol{v}=\boldsymbol{\omega}\times\boldsymbol{x}$$

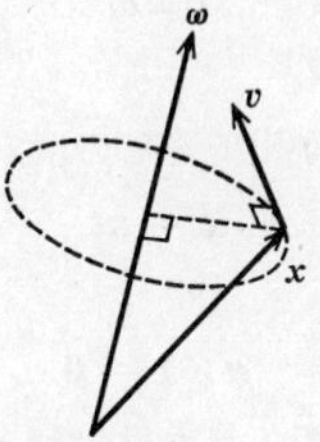

になる．成分で書けば

$$\begin{bmatrix} v_1 \\ v_2 \\ v_3 \end{bmatrix}=\begin{bmatrix} 0 & -\omega_3 & \omega_2 \\ \omega_3 & 0 & -\omega_1 \\ -\omega_2 & \omega_1 & 0 \end{bmatrix}\begin{bmatrix} x_1 \\ x_2 \\ x_3 \end{bmatrix}$$

になる．ここでも，$\boldsymbol{\omega}$ はたしかに3次元だ．この行列は

$$\Omega^*=-\Omega$$

という，交代行列の一般型になっている．この場合は

$$\det\Omega^*=(-1)^3\det\Omega$$

から，

$$\begin{vmatrix} 0 & -\omega_3 & \omega_2 \\ \omega_3 & 0 & -\omega_1 \\ -\omega_2 & \omega_1 & 0 \end{vmatrix}=0$$

になっている．ここでは節を屈してタスキガケしてみて

も，たしかに

$$\omega_1\omega_2\omega_3+(-\omega_1)(-\omega_2)(-\omega_3)=0$$

だ．つまり，$\boldsymbol{\omega}\neq\boldsymbol{0}$ なら

$$\operatorname{rank}\Omega=2$$

なのだが，これはたしかに

$$\boldsymbol{v}\perp\boldsymbol{\omega}$$

で1次元におちている．

このタイプのことが出てくるのは，直線

$$\boldsymbol{x}=\boldsymbol{a}t$$

を，陰表示で

$$\boldsymbol{a}\times\boldsymbol{x}=\boldsymbol{0}$$

と表わす場合も同じで，見かけ上は

$$\begin{aligned} -a_3x_2+a_2x_3&=0\\ a_3x_1\qquad -a_1x_3&=0\\ -a_2x_1+a_1x_2\qquad &=0 \end{aligned}$$

と3つの式があっても，きいているのは2つである．

話が脱線したついでに言えば，陰表示の

$$\boldsymbol{a}\cdot\boldsymbol{x}=0,\qquad \boldsymbol{b}\cdot\boldsymbol{x}=0$$

の方だと，

$$\boldsymbol{x}=(\boldsymbol{a}\times\boldsymbol{b})t$$

になるわけで，ベクトル積を使えば

陰表示 $\longleftrightarrow$ パラメーター表示

の相互転換ができることになる．

4面体

昔は，19世紀の「高等幾何学」としての「解析幾何」をいろいろやったものだが，最近ではあまりやらない．せっかく，面積や体積を考えたのだから，少しやってみよう．これも演習問題はたくさんあって，やりだすと結構おもしろい．

まず，2次元で考える．平行4辺形の面積は，行列式の定義みたいなものだが，3角形だとその半分だから，

$$\frac{1}{2}\begin{vmatrix} a_1 & b_1 \\ a_2 & b_2 \end{vmatrix}$$

になる．これは，アファイン直線について考えると，

$$\frac{1}{2}\begin{vmatrix} 1 & 1 \\ a & b \end{vmatrix} = \frac{1}{2}\times(b-a)$$

で，1次元で線分の長さを考えているのと同じになる．

なお，ここで見掛け上は「高さ」を使うので内積がいるようだが，この「幅」の1に直交性はいらず，アファイン空間で考えてもよい．

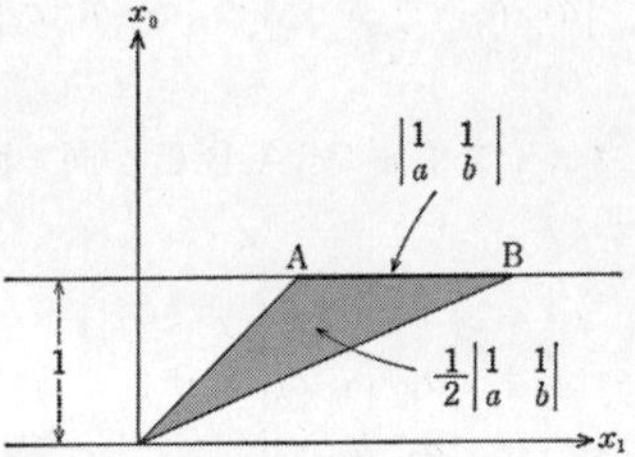

つぎに，3次元にうつる．平行6面体の体積を3!すなわ

ち6等分すると，4面体

$$S=\{\lambda_0+\lambda_1 a+\lambda_2 b+\lambda_3 c \mid \lambda_0+\lambda_1+\lambda_2+\lambda_3=1,\ \lambda_i \geqq 0\}$$

の体積になる．4面体（3角錐）の体積というのは，いろいろ出し方があるが，ここでは直交座標で立方体について，

$$C_0=\{x \mid 0 \leqq x_1, x_2, x_3 \leqq a\}$$

を，座標の大小での整理の仕方が3! すなわち6通りで，

$$S_0=\{x \mid 0 \leqq x_1 \leqq x_2 \leqq x_3 \leqq a\}$$

の体積は6等分になり，一般の平行6面体の場合はそれをアファイン変換したものにすぎない，というので一応すましておく．

してみると，Sの体積は

$$\frac{1}{6}\begin{vmatrix} a_1 & b_1 & c_1 \\ a_2 & b_2 & c_2 \\ a_3 & b_3 & c_3 \end{vmatrix}$$

になり，アファイン平面上の3角形だと，

$$\frac{1}{6}\begin{vmatrix} 1 & 1 & 1 \\ a_1 & b_1 & c_1 \\ a_2 & b_2 & c_2 \end{vmatrix}=\frac{1}{3}\times\frac{1}{2}\begin{vmatrix} 1 & 1 & 1 \\ a_1 & b_1 & c_1 \\ a_2 & b_2 & c_2 \end{vmatrix}$$

で求まる．

これは，アファイン平面で，A, B, Cが同一直線上にある条件が

$$\begin{vmatrix} 1 & 1 & 1 \\ a_1 & b_1 & c_1 \\ a_2 & b_2 & c_2 \end{vmatrix}=0$$

であることを意味する．もっとも，これだけなら，射影平

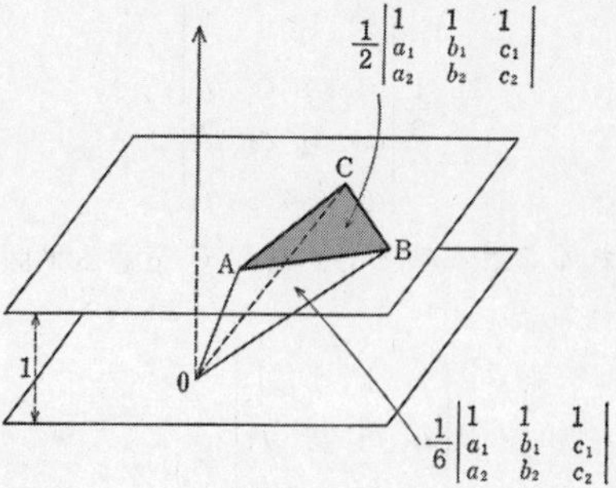

面と考えれば，この3つのベクトルが線型従属という，射影座標の

$$\begin{vmatrix} a_0 & b_0 & c_0 \\ a_1 & b_1 & c_1 \\ a_2 & b_2 & c_2 \end{vmatrix} = 0$$

を言っただけの話である．それでも，

$$\begin{vmatrix} 1 & 1 & 1 \\ a_1 & b_1 & x_1 \\ a_2 & b_2 & x_2 \end{vmatrix} = 0$$

は，そのままAとBを通る直線の陰表示を与えている．

3次元アファイン空間を考えるには，4次元からのインベーダーに登場してもらうことにすると，同じく4面体の体積は

$$\frac{1}{6}\begin{vmatrix} 1 & 1 & 1 & 1 \\ a_1 & b_1 & c_1 & d_1 \\ a_2 & b_2 & c_2 & d_2 \\ a_3 & b_3 & c_3 & d_3 \end{vmatrix}$$

で与えられることになるし，A, B, C を通る平面の陰表示なら

$$\begin{vmatrix} 1 & 1 & 1 & 1 \\ a_1 & b_1 & c_1 & x_1 \\ a_2 & b_2 & c_2 & x_2 \\ a_3 & b_3 & c_3 & x_3 \end{vmatrix} = 0$$

になる．イコールゼロというのだから，「フクラミ」としての行列式が本質的に利いているのではないのだが，なかなか表現形式としては，よい眺めである．

3次元空間の直線

3次元空間で，原点を通る直線は，方向の2次元で決まり，2次元射影空間つまり射影平面になった．こんどは一般の位置の直線を考えてみよう．これは，たとえば1つの平面上の点からロケットを発射することにすれば，発射地点を指示するのに2次元いるので，合計で4次元になるはずである．射影空間でいえば，射影平面上の各点に射影平面が1枚ずつクッツイタ形になっている．

これを表現するのに，平行などを気にするのはメンドクサイから，射影座標で表現することにして，

$$x_0 : x_1 : x_2 : x_3 \quad と \quad y_0 : y_1 : y_2 : y_3$$

の 2 点を通る直線を考えよう．これでは，まだ 6 次元分で，自由度が多すぎる．それで，

$$\boldsymbol{x} \wedge \boldsymbol{y}$$

を考えると，これで直線が表わされるわけで，この成分は 4 から 2 をとる組合わせで 6 通り，つまり

$$p_{01} = \begin{vmatrix} x_0 & y_0 \\ x_1 & y_1 \end{vmatrix}, \quad p_{02} = \begin{vmatrix} x_0 & y_0 \\ x_2 & y_2 \end{vmatrix}, \quad p_{03} = \begin{vmatrix} x_0 & y_0 \\ x_3 & y_3 \end{vmatrix},$$

$$p_{23} = \begin{vmatrix} x_2 & y_2 \\ x_3 & y_3 \end{vmatrix}, \quad p_{31} = \begin{vmatrix} x_3 & y_3 \\ x_1 & y_1 \end{vmatrix}, \quad p_{12} = \begin{vmatrix} x_1 & y_1 \\ x_2 & y_2 \end{vmatrix}$$

についての

$$p_{01} : p_{02} : p_{03} : p_{23} : p_{31} : p_{12}$$

が出る．これは，5 次元射影空間の点で，まだ次元が 1 つ多いが，さしあたりこれを，この直線のプリュッカー座標という．

ここで，$\boldsymbol{x}$ と $\boldsymbol{y}$ のとり方に無関係なことをいわんならん．たとえば

$$\boldsymbol{z} = \boldsymbol{x}\lambda + \boldsymbol{y}\mu$$
$$\boldsymbol{z}' = \boldsymbol{x}\lambda' + \boldsymbol{y}\mu'$$

とすると（射影座標だから，$\lambda+\mu=1$ にしなくてもよい），$\boldsymbol{z}$ と $\boldsymbol{z}'$ について考えると，たとえば

$$\begin{vmatrix} x_0\lambda + y_0\mu & x_0\lambda' + y_0\mu' \\ x_1\lambda + y_1\mu & x_1\lambda' + y_1\mu' \end{vmatrix} = \begin{vmatrix} x_0 & y_0 \\ x_1 & y_1 \end{vmatrix} \begin{vmatrix} \lambda & \lambda' \\ \mu & \mu' \end{vmatrix}$$

のように，同じ因子がかかるだけで，比は変わらない．

ここで，直線 L と直線 L' が交わるための条件を求めてみよう．それは，4 次元の蛙から見て重なっていることで，

L と L' を含む平面が存在すること,

$$\begin{vmatrix} x_0 & y_0 & x_0' & y_0' \\ x_1 & y_1 & x_1' & y_1' \\ x_2 & y_2 & x_2' & y_2' \\ x_3 & y_3 & x_3' & y_3' \end{vmatrix} = 0$$

が条件になる（アファインでいえば, 4面体がペシャンコ）. これは

$$(\boldsymbol{x} \wedge \boldsymbol{y}) \wedge (\boldsymbol{x}' \wedge \boldsymbol{y}') = \boldsymbol{0}$$

ということで, ラプラス展開してプリュッカー座標に書くと,

$$p_{01}p_{23}' + p_{01}'p_{23} + p_{02}p_{31}' + p_{02}'p_{31} + p_{03}p_{12}' + p_{03}'p_{12} = 0$$

という, 一種の（正値でない）内積がゼロという条件になる.

とくに, L と L 自身とは一致するのだから, 当然に

$$p_{01}p_{23} + p_{02}p_{31} + p_{03}p_{12} = 0$$

という, 2次の関係式をみたす. この条件で1次元おちた. つまり, 3次元空間の直線の全体というのは, 5次元空間のなかの2次の（4次元）「曲面」のヨウナモノである. それがどんな感じか, といわれても, 超超宇宙人あたりでないと, さっぱりわからない（『聊斎志異』によると, 人が死ぬと鬼（ユーレイ）になり, 鬼が死ぬと聻（ユーレイのユーレイ）になるという）. もっとも, こうしたことの専門家は, 少しはそれが「見える」のかもしれない. ぼくは, 全然ダメだ.

ここのあたり, ちょっとムリをしている. 普通の「線型

代数の教科書」では，まずプリュッカー座標なんて出てくるまい．それでも，せっかく行列式でラプラス展開までやっておいて，少しも使わないのはアホラシイ話であって，定理ばっかり並べていても，それを使って遊ばせないのは，「大学の教科書」の悪い癖だ，などと日頃大言壮語しとったものだから，ついこんなことになってしまった．もっと代数的な話題で楽しむ手もあるのかもしれないが，ぼくにはこうした幾何的な話題の方が楽しい．なによりも，5次元空間なんてナニヤラワカランところに夢が持てて，ええではないか．

もうひとつ，行列式アソビをやってみよう．直線

$$L : \boldsymbol{\alpha x} = 0,\ \boldsymbol{\beta x} = 0$$

があって，これを点 $\boldsymbol{p}$ から眺めると平面ができる．直線 L を通る平面は，一般に

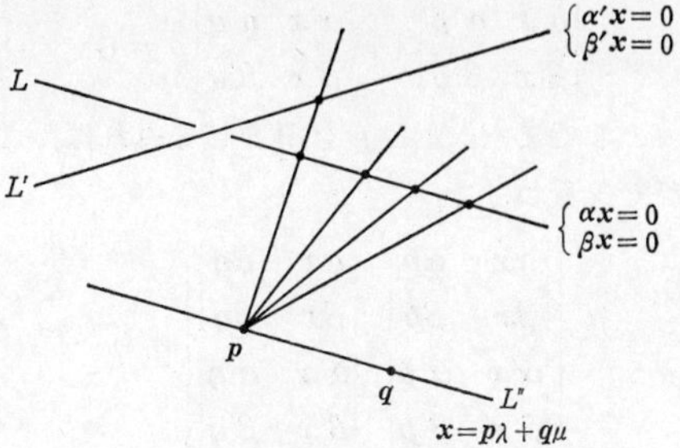

$$(\boldsymbol{\alpha}\lambda + \boldsymbol{\beta}\mu)\boldsymbol{x} = 0$$

になる（アファインで書きたければ，$\lambda+\mu=1$ をつけておけばよい）．それが $\boldsymbol{p}$ を通る条件とで

$$(\boldsymbol{\alpha x})\lambda+(\boldsymbol{\beta x})\mu=0, \qquad (\boldsymbol{\alpha p})\lambda+(\boldsymbol{\beta p})\mu=0$$

になり，λ, μ を消去すると

$$\begin{vmatrix} \boldsymbol{\alpha x} & \boldsymbol{\alpha p} \\ \boldsymbol{\beta x} & \boldsymbol{\beta p} \end{vmatrix}=0$$

になる．同じように L' があると

$$\begin{vmatrix} \boldsymbol{\alpha' x} & \boldsymbol{\alpha' p} \\ \boldsymbol{\beta' x} & \boldsymbol{\beta' p} \end{vmatrix}=0$$

で，これを連立させると，この2平面の交線になり，これは $\boldsymbol{p}$ から眺めたとき，L と L' が重なって見える，その視線になる．

こんどは，$\boldsymbol{p}$ を直線 L'' 上を動かせよう．もう1点 $\boldsymbol{q}$ とで，$\boldsymbol{p}\lambda+\boldsymbol{q}\mu$ とすると，直線は

$$\begin{vmatrix} \boldsymbol{\alpha x} & \boldsymbol{\alpha p} \\ \boldsymbol{\beta x} & \boldsymbol{\beta p} \end{vmatrix}\lambda+\begin{vmatrix} \boldsymbol{\alpha x} & \boldsymbol{\alpha q} \\ \boldsymbol{\beta x} & \boldsymbol{\beta q} \end{vmatrix}\mu=0,$$

$$\begin{vmatrix} \boldsymbol{\alpha' x} & \boldsymbol{\alpha' p} \\ \boldsymbol{\beta' x} & \boldsymbol{\beta' p} \end{vmatrix}\lambda+\begin{vmatrix} \boldsymbol{\alpha' x} & \boldsymbol{\alpha' q} \\ \boldsymbol{\beta' x} & \boldsymbol{\beta' q} \end{vmatrix}\mu=0$$

になる．ここでまた，λ と μ を消去してみれば，この直線の軌跡ができるわけで，

$$\begin{vmatrix} \begin{vmatrix} \boldsymbol{\alpha x} & \boldsymbol{\alpha p} \\ \boldsymbol{\beta x} & \boldsymbol{\beta p} \end{vmatrix} & \begin{vmatrix} \boldsymbol{\alpha x} & \boldsymbol{\alpha q} \\ \boldsymbol{\beta x} & \boldsymbol{\beta q} \end{vmatrix} \\ \begin{vmatrix} \boldsymbol{\alpha' x} & \boldsymbol{\alpha' p} \\ \boldsymbol{\beta' x} & \boldsymbol{\beta' p} \end{vmatrix} & \begin{vmatrix} \boldsymbol{\alpha' x} & \boldsymbol{\alpha' q} \\ \boldsymbol{\beta' x} & \boldsymbol{\beta' q} \end{vmatrix} \end{vmatrix}=0$$

になる．2重に行列式になっとるところ，なんともイキな眺めだ．

これは，$\boldsymbol{x}$ について2次式になっていて，ツヅミ形なの

である．つまり，3本の直線 L, L', L'' に同時に交わる直線の軌跡は，一般には（特別のときは，形が少し変わるが）ツヅミ形になるわけだ．ぼくは，これもまた，計算しながらも，いまだに信じられない．一度，部屋に糸を張りめぐらして実験してみたい，と思ってはいるが，モノグサなので，まだ果たしていない．その点，ぼくは蜘蛛に及ばない．

11
複素数

複比例

複比例なんて，小学校か中学校でやったこと，みたいだが，じつはそのあたりで正式に扱っていないだろうし，それに忘れてしまっているだろうから，そこから始める．

たとえば，x^{t} の荷物を y^{km} 運ぶ輸送料を $z^{円}$ と考える，といった2変数関数

$$z = f(x, y)$$

について考える．この場合，重さ x^{t} の方が一定のときは，$z^{円}$ は y^{km} に比例し，距離 y^{km} の方が一定のときは x^{t} に比例する，これが複比例である．つまり

$$x \longmapsto f(x, y) \qquad (y:一定)$$
$$y \longmapsto f(x, y) \qquad (x:一定)$$

の双方が正比例になる．これが複比例の定義だ．

ここで，ふつうは，一度に考えないので，x を固定しておいて

$$z^{円} = u(x)^{円/\mathrm{km}} \times y^{\mathrm{km}}$$

という，

$$z = u(x)y, \quad u(x) = f(x, 1)$$

を作り，さらにここで y を1に固定して x を動かしてみる

と，1^{km} あたりの輸送料 $u(x)^{円/\mathrm{km}}$ は x^{t} に比例するので

$$u(1) = f(1,1) = a$$

によって

$$u(x)^{円/\mathrm{km}} = a^{円/\mathrm{t\cdot km}} \times x^{\mathrm{t}}$$

として，

$$z = (a^{円/\mathrm{t\cdot km}} \times x^{\mathrm{t}}) \times y^{\mathrm{km}}$$

すなわち

$$z = (ax)y$$

を考え，そこで（ときには y から固定しはじめる過程や，z を一定とする「反比例」の過程の認識を経て），

$$x^{\mathrm{t}} \times y^{\mathrm{km}} = (xy)^{\mathrm{t\cdot km}}$$

という〈積〉を概念化し，

$$z^{円} = a^{円/\mathrm{t\cdot km}} \times (xy)^{\mathrm{t\cdot km}}$$

という積への正比例に還元するようになる．

正比例の多次元線型空間への一般化が，線型写像であってみれば，この複比例の一般化は複線型写像になる．もっとも，バカとメサバのような形では，なかなかうまい形が思いつかない．ぼくの試みた例としては，「後進国（差別語）」で，宗主国人と日本人と「現地人（差別語）」との３種類の人が，昼の労働と夜の労働と２種類の労働時間を持って，ドルとタバコとウィスキーの３種類の賃金をもらう，というのをやったことがあるが，説明がメンドクサイし，途中でイヤーな気になってきてやめた．

ともかく，$\boldsymbol{x} \in \boldsymbol{U}, \boldsymbol{y} \in \boldsymbol{V}, \boldsymbol{z} \in \boldsymbol{W}$ について

$$\boldsymbol{z} = \boldsymbol{f}(\boldsymbol{x}, \boldsymbol{y})$$

を考えて，$\boldsymbol{f}$ を複線型とするのだ．こうした，複線型写像の全体は $\mathcal{L}(\boldsymbol{U}, \boldsymbol{V} ; \boldsymbol{W})$ と書くことにする．ここで $\boldsymbol{x}$ を固定しているときは，

$$\boldsymbol{u}(\boldsymbol{x}) : \boldsymbol{y} \longmapsto \boldsymbol{f}(\boldsymbol{x}, \boldsymbol{y})$$

という，$\boldsymbol{u}(\boldsymbol{x}) \in \mathcal{L}(\boldsymbol{V} ; \boldsymbol{W})$ が定まり，

$$\boldsymbol{x} \longmapsto \boldsymbol{u}(\boldsymbol{x})$$

も線型写像になって

$$\mathcal{L}(\boldsymbol{U}, \boldsymbol{V} ; \boldsymbol{W}) = \mathcal{L}(\boldsymbol{U}, \mathcal{L}(\boldsymbol{V} ; \boldsymbol{W}))$$

と考えることができる．

つぎは，

$$\mathcal{L}(\boldsymbol{U}, \boldsymbol{V} ; \boldsymbol{W}) = \mathcal{L}(\boldsymbol{U} \otimes \boldsymbol{V} ; \boldsymbol{W})$$

となる，$\boldsymbol{U} \otimes \boldsymbol{V}$ を考えよう，ということになる．これを $\boldsymbol{U}$ と $\boldsymbol{V}$ のテンソル積という．座標を使うと，$\boldsymbol{U}$ の座標系を $\boldsymbol{e}_1, \boldsymbol{e}_2, \cdots, \boldsymbol{e}_n$，$\boldsymbol{V}$ の座標系を $\boldsymbol{f}_1, \boldsymbol{f}_2, \cdots, \boldsymbol{f}_m$ とするとき，

$$\boldsymbol{e}_i \otimes \boldsymbol{f}_j$$

を座標系に持つ線型空間を作っておけばよい．

ここで

$$\boldsymbol{x} = \sum_i \boldsymbol{e}_i x_i, \qquad \boldsymbol{y} = \sum_j \boldsymbol{f}_j y_j$$

について，

$$\boldsymbol{x} \otimes \boldsymbol{y} = \sum_{i,j} (\boldsymbol{e}_i \otimes \boldsymbol{f}_j) x_i y_j$$

が考えられる．しかし，これだけではまだ，1つの $\boldsymbol{x}$ と1つの $\boldsymbol{y}$ で作った形だから，線型結合で

$$\boldsymbol{z} = \sum_k \boldsymbol{x}_k \otimes \boldsymbol{y}_k$$

のような形のものまで作ると，これは nm 次元の線型空間 $\boldsymbol{U} \otimes \boldsymbol{V}$ になって，

$$(\boldsymbol{x}, \boldsymbol{y}) \longmapsto \boldsymbol{x} \otimes \boldsymbol{y}$$

が，$\boldsymbol{U} \otimes \boldsymbol{V}$ への複線型写像になり，さきの例だと，

$$\boldsymbol{z} = \sum_{i,j} (\boldsymbol{e}_i \otimes \boldsymbol{f}_j) z_{ij}$$

という，人種別労働人口と昼夜別労働時間の表がえられることになる．$\mathcal{L}(\boldsymbol{U}, \boldsymbol{V}\,;\, \boldsymbol{W})$ は，この $\boldsymbol{U} \otimes \boldsymbol{V}$ の上で線型写像 $\mathcal{L}(\boldsymbol{U} \otimes \boldsymbol{V}\,;\, \boldsymbol{W})$ と考えられるわけである．

これは，表であることでは一種の「行列」である．しかし，いままでの線型写像の場合と違って，$\boldsymbol{U}$ と $\boldsymbol{V}$ とが対等に定義域の方（いわば，双方ともタテ）に来ている．むしろ，$\mathcal{L}(\boldsymbol{U}\,;\, \boldsymbol{V})$ の場合だと，$\boldsymbol{\xi} \in \boldsymbol{U}^*, \boldsymbol{y} \in \boldsymbol{V}$ を作って

$$\boldsymbol{y} \otimes \boldsymbol{\xi} : \boldsymbol{x} \longmapsto \boldsymbol{y}\boldsymbol{\xi}(\boldsymbol{x})$$

を考えることにすると

$$A = \sum_{i,j} (\boldsymbol{f}_i \otimes \boldsymbol{\varepsilon}_j) a_{ij}$$

の形で，線型写像の行列が表わされるので，行列というのは $\boldsymbol{V} \otimes \boldsymbol{U}^*$ と考えた方がよい．

無限次元で関数空間

$$\boldsymbol{U} = \mathcal{F}(X), \qquad \boldsymbol{V} = \mathcal{F}(Y)$$

の場合でいうと，$\boldsymbol{U} \oplus \boldsymbol{V}$ はベースをつぎたすのだから

$$\boldsymbol{U} \oplus \boldsymbol{V} = \mathcal{F}(X + Y)$$

になっていた．これに対して，$\mathcal{F}(X\times Y)$ は

$$f\otimes g:(x,y)\longmapsto f(x)g(y)$$

から

$$\boldsymbol{y}=\sum_k f_k\otimes g_k$$

すなわち

$$h(x,y)=\sum_k f_k(x)g_k(y)$$

の形の2変数関数が作れる．これが $\mathcal{F}(X)\otimes\mathcal{F}(Y)$ になるわけだが，関数空間の場合には，代数的な有限和だけでなく，無限和で極限を考えねばならず，それを $\mathcal{F}(X)\overline{\otimes}\mathcal{F}(Y)$ と書くことにすれば，

$$\boldsymbol{U}\overline{\otimes}\boldsymbol{V}=\mathcal{F}(X\times Y)$$

になっているのである．実際は，極限のさせ方の議論が必要になってくる．たとえば，有界閉区間（コンパクト）I,J について，一様収束を考えていれば，

$$\mathcal{C}(I\times J)=\mathcal{C}(I;\mathcal{C}(J))=\mathcal{C}(I)\overline{\otimes}\mathcal{C}(J)$$

というのが，2変数連続関数の基礎になる．

テンソル

いま，

$$\boldsymbol{U}\longrightarrow\boldsymbol{U}:\boldsymbol{x}\longmapsto A\boldsymbol{x}$$
$$\boldsymbol{V}\longrightarrow\boldsymbol{V}:\boldsymbol{y}\longmapsto B\boldsymbol{y}$$

があったとして（$\boldsymbol{U}\longrightarrow\boldsymbol{U}'$ のような場合でもよいが，メンドクサイので $\boldsymbol{U}=\boldsymbol{U}'$ としておく），

$$\boldsymbol{U}\otimes\boldsymbol{V}\longrightarrow\boldsymbol{U}\otimes\boldsymbol{V}:\boldsymbol{z}\longmapsto(A\otimes B)\boldsymbol{z}$$

を作ることを考えてみよう．たとえば，$\boldsymbol{U}$ を2次元，$\boldsymbol{V}$ を3次元とでもしておく．この場合，$\boldsymbol{U}\otimes\boldsymbol{V}$ を表わすのに，すでに2次元的な表が必要になってしまうのだが，強引に並べて

$$\boldsymbol{e}_1\otimes\boldsymbol{f}_1,\quad \boldsymbol{e}_1\otimes\boldsymbol{f}_2,\quad \boldsymbol{e}_1\otimes\boldsymbol{f}_3,\quad \boldsymbol{e}_2\otimes\boldsymbol{f}_1,$$
$$\boldsymbol{e}_2\otimes\boldsymbol{f}_2,\quad \boldsymbol{e}_2\otimes\boldsymbol{f}_3$$

とでもする．このとき

$$A=\begin{bmatrix}a_{11}&a_{12}\\a_{21}&a_{22}\end{bmatrix},\qquad B=\begin{bmatrix}b_{11}&b_{12}&b_{13}\\b_{21}&b_{22}&b_{23}\\b_{31}&b_{32}&b_{33}\end{bmatrix}$$

について

$$\begin{bmatrix}a_{11}B&a_{12}B\\a_{21}B&a_{22}B\end{bmatrix}=\begin{bmatrix}a_{11}b_{11}&a_{11}b_{12}&a_{11}b_{13}&a_{12}b_{11}&a_{12}b_{12}&a_{12}b_{13}\\a_{11}b_{21}&a_{11}b_{22}&a_{11}b_{23}&a_{12}b_{21}&a_{12}b_{22}&a_{12}b_{23}\\a_{11}b_{31}&a_{11}b_{32}&a_{11}b_{33}&a_{12}b_{31}&a_{12}b_{32}&a_{12}b_{33}\\a_{21}b_{11}&a_{21}b_{12}&a_{21}b_{13}&a_{22}b_{11}&a_{22}b_{12}&a_{22}b_{13}\\a_{21}b_{21}&a_{21}b_{22}&a_{21}b_{23}&a_{22}b_{21}&a_{22}b_{22}&a_{22}b_{23}\\a_{21}b_{31}&a_{21}b_{32}&a_{21}b_{33}&a_{22}b_{31}&a_{22}b_{32}&a_{22}b_{33}\end{bmatrix}$$

という行列が，A と B のテンソル積 $A\otimes B$ になる．

さきに，座標を指定して書いたが，座標変換で

$$\boldsymbol{x}=P\boldsymbol{x}',\qquad \boldsymbol{y}=Q\boldsymbol{y}'$$

とすると，テンソル積については

$$\boldsymbol{z}=(P\otimes Q)\boldsymbol{z}'$$

になっている．しかし，もはやこのようなとき，行列算というのはあまり適切でなくなっている（タテ×タテにヨコ

×ヨコでは本当は4次元の表がいる）．それでたいてい，

$$x_i = \sum_k p_{ik} x_k', \qquad y_j = \sum_h q_{jh} y_h'$$

について

$$z_{ij} = \sum_{k,h} p_{ik} q_{jh} z_{kh}'$$

のように書く方が多い．こうした乱視製造に役にたつのがテンソルである．ここではやらなかったが，タテのインデックスは上ツキ，ヨコのインデックスは下ツキ，として区別しないとやり切れない．それでもまだ，目がチラチラする．

それで当節は，座標のないモジュールの場合も含めて，

$$\mathcal{L}(\boldsymbol{U}, \boldsymbol{V}\,;\,\boldsymbol{W}) = \mathcal{L}(\boldsymbol{U}\otimes\boldsymbol{V}\,;\,\boldsymbol{W})$$

となるような $\boldsymbol{U}\otimes\boldsymbol{V}$，というようにやってしまうのが，カテゴリアン・スタイルである．本当に，そんなもんがウマイコトあるんやろか，と気にする人のためには，一般的にカテゴリー論を展開しておくわけだ．

しかし，それでは，「数学」でやるテンソルと，「物理」でやるテンソルと，あれ同じもんなんですか，などと言う学生が出てくる．それに，$\boldsymbol{U}\oplus\boldsymbol{V}$ はベースの直和，$\boldsymbol{U}\otimes\boldsymbol{V}$ はベースの直積，といった感じだって悪くないと思う．

もっとも，「物理で使うテンソル」といっても，本格的なものより，$\boldsymbol{V}\otimes\boldsymbol{V}^*$ つまり行列のことを「テンソル」と言っているだけのことが多い．本格的なのは

$$\mathcal{L}(\boldsymbol{U}, \boldsymbol{V}\,;\,\boldsymbol{W}) = \boldsymbol{W}\otimes\boldsymbol{U}^*\otimes\boldsymbol{V}^*$$

のように，3つ出てからである．たいていは，

$$\boldsymbol{V}\otimes\boldsymbol{V}\otimes\cdots\otimes\boldsymbol{V}\otimes\boldsymbol{V}^*\otimes\cdots\otimes\boldsymbol{V}^*$$

のように，$\boldsymbol{V}$ と $\boldsymbol{V}^*$ から作られるもので，それも

$$\mathcal{L}(\boldsymbol{V}, \boldsymbol{V}\,;K) = \boldsymbol{V}^*\otimes\boldsymbol{V}^*$$

あたりだと，自己双対性で $\boldsymbol{V}\otimes\boldsymbol{V}^*$ に直して行列でごまかすことが多いので，本格的なのは3つのテンソル積になってからである．

で，まあここでは，「テンソル」というのを気にする人のためにちょっと言ってみたぐらいのことだ．将来，「テンソル」と言われて，おびえないために．

でも，いままでにも使って来たように，複線型性というのは重要な概念だし，

$$\mathcal{L}(\boldsymbol{U}, \boldsymbol{V}\,;\boldsymbol{W}) = \mathcal{L}(\boldsymbol{U}\,;\mathcal{L}(\boldsymbol{V}\,;\boldsymbol{W})) = \mathcal{L}(\boldsymbol{U}\otimes\boldsymbol{V}\,;\boldsymbol{W})$$

は〈線型代数〉の基礎構造であり，$\boldsymbol{U}\oplus\boldsymbol{V}$ が $(n+m)$ 次元にベースをつぎたすのに対し，nm 次元にベースをかけ合わせて作られる $\boldsymbol{U}\otimes\boldsymbol{V}$，なんてのも「線型空間論」の眺望としては悪くないだろう．そして，

$$\mathcal{L}(\boldsymbol{U}\,;\boldsymbol{V}) = \boldsymbol{V}\otimes\boldsymbol{U}^*$$

というのも，双対性の認識として，行列のタテとヨコについての意義が再認識できるだろう．

ぼくはいつも，授業でテンソルの話をしかけると，話をどこまでやろうかと不安になって，やりかけてやめることが多い．ここでも，ちょっと言ってみただけ，でヒヨッてやめる．

複素数

ヒヨッタあとは，こっちもシラケて，何を話したらよいか，わからなくなる．そうしたときは，来し方行く末などを考えて，ちょっと何かをやっておく．さしあたり，これから以後は，$K=\boldsymbol{R}$（実係数）でなくて，$K=\boldsymbol{C}$（複素係数）で議論を展開することになるので，複比例とはまったく関係ないけれど，「複」の頭韻をふんで，複素数について少しふりかえっておこう．

昔の高校のカリキュラムには，複素数のガウス平面というのがあったが，今はない．それで，大学へ入ってからどこかで扱わねばならない．しかし，ごまかしながら進めているうち，1年近くもたつと，あらためて教えなくとも，どこか（たとえば三角関数の微積分）で学生は知っていたりするから便利だ．でも，ごく簡単に触れておこう．

本当は，高校でガウス平面がなくなったといっても，そのかわりに行列が入ったので，本質的に同じことをやっている．いま

$$I=\begin{bmatrix}0 & -1\\ 1 & 0\end{bmatrix}$$

とすると，

$$I^2=-1$$

になっている．それで

$$a+Ib=\begin{bmatrix}a & -b\\ b & a\end{bmatrix}$$

が複素数と同じ働きをしている．

この行列表示は，a と b が 2 度ずつ出てきてムダがあって，

$$\begin{bmatrix} a & -b \\ b & a \end{bmatrix}\begin{bmatrix} 1 \\ 0 \end{bmatrix} = \begin{bmatrix} a \\ b \end{bmatrix}$$

だけで間に合う．つまり，

$$\begin{bmatrix} a \\ b \end{bmatrix} \longleftrightarrow a+ib \qquad (i^2=-1)$$

と考えて，$\boldsymbol{C}$ は実 2 次元空間と考えてよい．これがガウス平面である．

ここで

$$\begin{bmatrix} r\cos\theta \\ r\sin\theta \end{bmatrix} \longleftrightarrow r(\cos\theta+i\sin\theta)$$

と極表示をすると，

$$\begin{bmatrix} \cos\theta & -\sin\theta \\ \sin\theta & \cos\theta \end{bmatrix} = \cos\theta+I\sin\theta$$

で，これが回転になっている．

まえに，角速度 ω の速度ベクトルが $I\omega$ だったから，とくに角速度 1 については，

$$\frac{d}{dt}\begin{bmatrix} \cos t & -\sin t \\ \sin t & \cos t \end{bmatrix} = \begin{bmatrix} 0 & -1 \\ 1 & 0 \end{bmatrix}\begin{bmatrix} \cos t & -\sin t \\ \sin t & \cos t \end{bmatrix}$$

すなわち

$$\frac{d}{dt}(\cos t+i\sin t) = i(\cos t+i\sin t)$$

になっている．

一般に，k が実数のとき，

$$\frac{dx}{dt} = kx, \quad x(0) = 1$$

の解が

$$x = e^{kt}$$

だった．そこで，i についても

$$e^{it} = \cos t + i \sin t$$

と書くことにしてしまおう．

すると，

$$e^{i(t+s)} = e^{it}e^{is}, \quad (e^{its}) = (e^{it})^s, \quad \frac{d}{dt}e^{it} = ie^{it}$$

といった，指数関数と同じ公式で，三角関数の公式はまにあう．

ここで，実線型空間 $\boldsymbol{V}$ があったとき，これが n 次元だとすると，座標系 $\boldsymbol{e}_1, \boldsymbol{e}_2, \cdots, \boldsymbol{e}_n$ に対し，

$$\boldsymbol{e}_1, \ \boldsymbol{e}_1 i, \ \boldsymbol{e}_2, \ \boldsymbol{e}_2 i, \ \cdots, \ \boldsymbol{e}_n, \ \boldsymbol{e}_n i$$

を座標系とする，実 $2n$ 次元空間

$$\boldsymbol{V}_{\boldsymbol{C}} = \boldsymbol{C} \otimes \boldsymbol{V}$$

を作ろう（ヤ，ここでテンソル積が役に立った．それにしても，これだけのことなら，テンソル積だなんて，オオゲサすぎるよね）．これは，座標に出てくる数を形式的に複素数にしただけのことで，

$$\boldsymbol{V}_{\boldsymbol{C}} = \boldsymbol{V} \oplus \boldsymbol{V}i$$

とでも書いてもよいのだが，テンソル積には違いない．ここで，複素数倍

$$(a + Ib) \otimes 1$$

がスカラーとしてかかるので，これは複素線型空間と考えられて，$\boldsymbol{e}_1, \boldsymbol{e}_2, \cdots, \boldsymbol{e}_n$ は複素係数での座標系と思ってもよい．複素 n 次元空間としての $\boldsymbol{V}_C$ を $\boldsymbol{V}$ の複素化といっている．

なぜ，こんなところで，複素係数を考えるかというと，いままで「線型代数」で1次式の議論ばかりだったが（ときたま2次式が出てきた），これからは高次式が関係してくる話もしたいからである．その場合は，方程式の根を考えるのに，実数の範囲だけではうまくいかない．〈複素数の世界〉こそ，整式にふさわしい．

それでも，いろいろやったあとだから，今までのことと複素数が関連することが見える．たとえば，複素数については，共役

$$\overline{a+ib} = a-ib$$

をとることが基本的だが，これは鏡映 J で

$$\begin{bmatrix} 1 & 0 \\ 0 & -1 \end{bmatrix}\begin{bmatrix} a \\ b \end{bmatrix} = \begin{bmatrix} a \\ -b \end{bmatrix}$$

となっている．行列表示だと

$$\begin{bmatrix} a & b \\ -b & a \end{bmatrix} = \begin{bmatrix} a & -b \\ b & a \end{bmatrix}^*$$

だから

$$a-Ib = (a+Ib)^*$$

の形になっている．これは

$$I^* = -I$$

から来ている．どうやら，複素行列について，転置と共役

をからめさせたい下心の，下地ができてきているのだが，ここでは軽く触れておくだけ．

ガウス平面

複素1次元空間は実2次元空間であるわけで，これを実2次元だから「複素平面」と言ったものだが，最近では複素1次元だから「複素直線」と言う人も出てきた．そこで，偉大なるガウスに敬意を払った，ガウス平面の用語を使うことにしよう．

ここで，直角座標の加法的分解

$$z = x + iy$$

と，極座標の乗法的分解

$$z = re^{i\theta}$$

とがあるわけだが，

直角座標……加法……平行移動

極座標………乗法……回転と r 倍拡大

というように相性がよい．ユークリッド平面の基礎が，移動と回転であってみれば，加減乗除しているうちに，自然にこれができることになる．「解析幾何」で，回転は直角座標と相性が悪く，移動は極座標と相性が悪かったことからすると，これは双方を兼ねそなえている．それに，拡大のほかに，鏡映としての共役まで考えれば，ユークリッド平面を考えるのには，絶好である．

「平面幾何」は当節のカリキュラムではあまりやらないが，趣味としてはなかなか楽しい．そこで，ガウス平面の上で少し遊んでみよう．

ノルムについては

$$|z|^2 = z\overline{z}$$

でよかったのだが，内積（の２倍）にあたるのは

$$|z_1+z_2|^2-|z_1|^2-|z_2|^2 = z_1\overline{z}_2+\overline{z}_1 z_2$$

になることを注意しておこう．

これで，直線の方程式が作れる．原点からの垂線の足を z_1 とすると，直交条件から

$$\overline{z}_1(z-z_1)+z_1(\overline{z}-\overline{z}_1) = 0$$

すなわち

$$\overline{z}_1 z+z_1\overline{z} = 2|z_1|^2$$

になる．

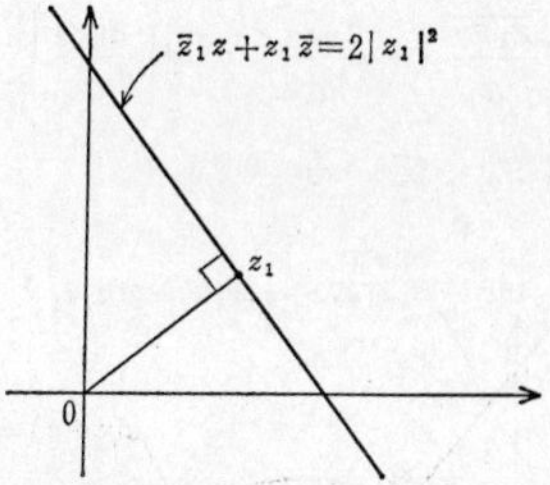

つぎに，原点を通る直径 a の円を考えよう．こちらは z と $z-a$ が直交で

$$z(\overline{z}-a)+\overline{z}(z-a) = 0$$

すなわち

$$a(z+\overline{z}) = 2|z|^2$$

になる．ここではあとのために，正数 a でやったが，直径

の他端を一般の a にすると，さきと同じことをやっていたわけで，

$$\bar{a}z+a\bar{z} = 2|z|^2$$

になる（つまり直角３角形を作っただけのこと）．ここまでは，ベクトルと内積でやるのと同じ．

この円上に点 z_1, z_2 をとって，直線

$$a(\overline{z_1 z_2}z+z_1 z_2 \bar{z}) = 2|z_1 z_2|^2$$

を考えてみる．ここで，たとえば z に z_2 を代入してみると

$$a(\bar{z}_1|z_2|^2+z_1|z_2|^2) = 2|z_1|^2|z_2|^2$$

で，たしかに成立している．つまり，これは z_1 と z_2 を通る直線で，0からの垂線の足は，

$$\frac{\overline{z_1 z_2}}{a}z+\frac{z_1 z_2}{a}\bar{z} = 2\left|\frac{z_1 z_2}{a}\right|^2$$

だから，$\dfrac{z_1 z_2}{a}$ になっている．

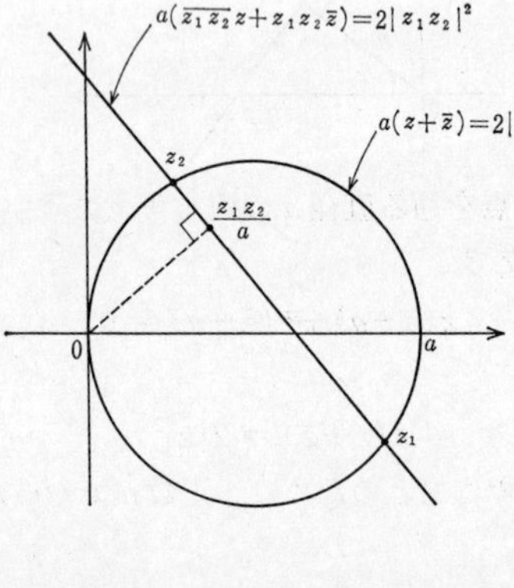

ここまでは，どうということもない．ただ，式を作ってみただけ．こんどは，円上に3点 z_1, z_2, z_3 をとる．このとき，それを頂点とする3角形の各辺に原点から垂線をおろす．ここで，直線

$$a^2(\overline{z_1 z_2 z_3}z + z_1 z_2 z_3 \overline{z}) = 2|z_1 z_2 z_3|^2$$

を考える．ここで，たとえば z に $\dfrac{z_2 z_3}{a}$ を代入すると，

$$a(\overline{z}_1 |z_2 z_3|^2 + z_1 |z_2 z_3|^2) = 2|z_1|^2 |z_2 z_3|^2$$

となる．つまり，$\dfrac{z_1 z_2}{a}, \dfrac{z_1 z_3}{a}, \dfrac{z_2 z_3}{a}$ は，すべてこの1直線上にあるわけだ．そして，

$$\frac{\overline{z_1 z_2 z_3}}{a^2}z + \frac{z_1 z_2 z_3}{a^2}\overline{z} = 2\left|\frac{z_1 z_2 z_3}{a^2}\right|^2$$

だから，この直線への垂線の足は $\dfrac{z_1 z_2 z_3}{a^2}$ になる．

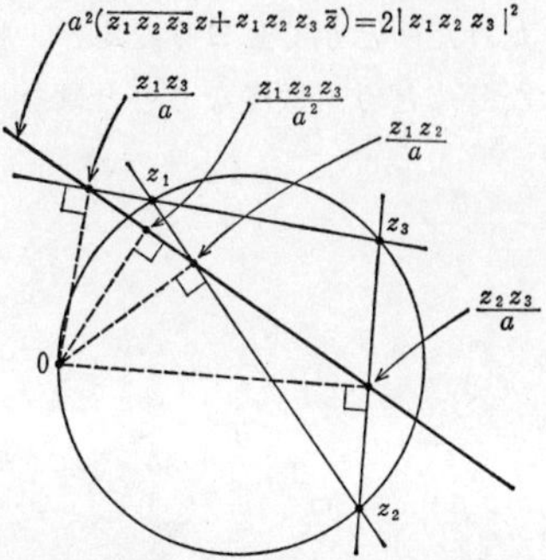

これは，シムソン線といわれる．その昔，「初等幾何」はなやかなりしころは，円周角定理を使う名所旧蹟だった(中学校のときの円周角定理について，腕に覚えのある人は，「初等幾何」で証明してみよ)．

この議論は，いくらでも進める．こんどは4点 z_1, z_2, z_3, z_4 があったとすると，そのうち3点ずつへの4本のシムソン線が引けて，それに原点からおろした垂線の足，この4点は1直線（超シムソン線とでも言うべきか）

$$a^3(\overline{z_1 z_2 z_3 z_4}z + z_1 z_2 z_3 z_4 \overline{z}) = 2|z_1 z_2 z_3 z_4|^2$$

の上にあり，そこへの垂線の足は $\dfrac{z_1 z_2 z_3 z_4}{a^3}$ になる．もうここまで来ると，かなり大きな紙に図を書かないとだめだし，「初等幾何」で証明するのはウンザリするだろう．

こうしたことは，まこと〈幾何のフシギ〉であって，なんの役にもたたないが，ちょっと奇観ではある．もともと，こうした議論は，線型代数とは関係ないし，観光地を見物してみただけだ．とかくヒヨリだすと，脱線して散策することにはなり，どうも散漫なこととはなった．

12
線型微分方程式

線型方程式

ここで，定数係数の線型微分方程式，たとえば

$$\frac{d}{dt}\begin{bmatrix} x \\ y \end{bmatrix} = \begin{bmatrix} \alpha & \gamma \\ \beta & \delta \end{bmatrix}\begin{bmatrix} x \\ y \end{bmatrix}$$

を考えることにしよう．一般には，n 次元で

$$\frac{d\boldsymbol{x}}{dt} = A\boldsymbol{x}$$

で，A は定数からなる行列とする（一般には，t の関数になるのもあるが）．

これは，差分方程式の場合の

$$S\boldsymbol{x} = A\boldsymbol{x}$$

や

$$\Delta\boldsymbol{x} = A\boldsymbol{x}$$

でも同じことだが，それらについては，適宜補足するにとどめる．

ここで，変数変換

$$\boldsymbol{x} = P\boldsymbol{x}'$$

をすると，

$$P\frac{d\boldsymbol{x}'}{dt} = AP\boldsymbol{x}'$$

だから，

$$\frac{d\boldsymbol{x}'}{dt} = P^{-1}AP\boldsymbol{x}'$$

となり，行列 A は

$$A' = P^{-1}AP$$

に変わる．ここで，適当な変数変換をしながら，この方程式を考えていこう，というのである．

線型微分方程式というと，もうひとつのタイプ，たとえば

$$\frac{d^2x}{dt^2} - p\frac{dx}{dt} + qx = 0$$

といった場合もある．これは

$$(D^2 - pD + q)x = 0$$

のように書いたりもする．これは

$$z = \frac{dx}{dt}$$

を変数と考えると

$$\frac{dz}{dt} = -qx + p\frac{dx}{dt} = -qx + pz$$

だから

$$\frac{d}{dt}\begin{bmatrix} x \\ z \end{bmatrix} = \begin{bmatrix} 0 & 1 \\ -q & p \end{bmatrix}\begin{bmatrix} x \\ z \end{bmatrix}$$

と同じになる．

逆に，最初の方程式を，この形にすることもできる．それは，

$$\begin{bmatrix} x \\ z \end{bmatrix} = \begin{bmatrix} 1 & 0 \\ \alpha & \gamma \end{bmatrix} \begin{bmatrix} x \\ y \end{bmatrix}$$

と考えると

$$\frac{d}{dt}\begin{bmatrix} x \\ z \end{bmatrix} = \begin{bmatrix} 1 & 0 \\ \alpha & \gamma \end{bmatrix} \begin{bmatrix} \alpha & \gamma \\ \beta & \delta \end{bmatrix} \begin{bmatrix} x \\ y \end{bmatrix}$$

$$= \begin{bmatrix} \alpha & \gamma \\ \alpha^2+\beta\gamma & (\alpha+\delta)\gamma \end{bmatrix} \begin{bmatrix} x \\ y \end{bmatrix}$$

となっている．ここで

$$z = \alpha x + \gamma y$$

を解いた

$$y = -\gamma^{-1}\alpha x + \gamma^{-1} z,$$

つまり前にもやった

$$\begin{bmatrix} 1 & 0 \\ \alpha & \gamma \end{bmatrix}^{-1} = \begin{bmatrix} 1 & 0 \\ -\gamma^{-1}\alpha & \gamma^{-1} \end{bmatrix}$$

から

$$\frac{d}{dt}\begin{bmatrix} x \\ z \end{bmatrix} = \begin{bmatrix} \alpha & \gamma \\ \alpha^2+\beta\gamma & (\alpha+\delta)\gamma \end{bmatrix} \begin{bmatrix} 1 & 0 \\ -\gamma^{-1}\alpha & \gamma^{-1} \end{bmatrix} \begin{bmatrix} x \\ z \end{bmatrix}$$

$$= \begin{bmatrix} 0 & 1 \\ -(\alpha\delta-\beta\gamma) & \alpha+\delta \end{bmatrix} \begin{bmatrix} x \\ z \end{bmatrix}$$

となる．

つまり

$$p = \alpha+\delta, \quad q = \begin{vmatrix} \alpha & \gamma \\ \beta & \delta \end{vmatrix}$$

となっている.

じつは, これは計算をしなくてもわかる.

$$\det A' = \det(P^{-1}AP) = \det A$$

で, 行列式は変換で不変になる. 今の場合

$$\begin{vmatrix} 0 & 1 \\ -q & p \end{vmatrix} = q$$

だから, q の値は $\det A$ なのである.

$\alpha+\delta$ の方はトレースと言われる量で, 一般には

$$\operatorname{tr} A = \sum_i a_{ii}$$

をいう. これは1次式だから, 当然

$$A \longmapsto \operatorname{tr} A$$

は $\mathcal{L}(K^n)$ 上で線型なのだが, とくに

$$\operatorname{tr}(AB) = \operatorname{tr}(BA)$$

という性質がある. それは

$$\begin{aligned} \operatorname{tr}(AB) &= \sum_j a_{1j} b_{j1} + \sum_j a_{2j} b_{j2} + \cdots + \sum_j a_{nj} b_{jn} \\ &= \sum_{i,j} a_{ij} b_{ji} \end{aligned}$$

になっているからである. そこで

$$\operatorname{tr} A' = \operatorname{tr}(P^{-1}AP) = \operatorname{tr} A$$

になって, これも変換に対しての不変量になっている.

このトレースという量の意味は,

$$\boldsymbol{x} \longmapsto \boldsymbol{x} + \varepsilon A\boldsymbol{x}$$

という変形をしたとき, その体積比は

$$\det(1+\varepsilon A) = 1+\varepsilon\sum_i a_{ii}+\varepsilon^2\sum_{i,j}\begin{vmatrix} a_{ii} & a_{ji} \\ a_{ij} & a_{jj} \end{vmatrix}+\cdots$$

のようになるわけで，ε の係数つまり〈膨張係数〉にあたる．ついでに ε^2 の係数は

$$\mathrm{tr}(A\wedge A) = \sum_{i,j}\begin{vmatrix} a_{ii} & a_{ji} \\ a_{ij} & a_{jj} \end{vmatrix}$$

にあたるわけだが，行列の外積は前にちょっと密輸入しただけなので，ここでも深入りしない．

固有値

こんどは，うまいこと変換して

$$\frac{d}{dt}\begin{bmatrix} x' \\ y' \end{bmatrix} = \begin{bmatrix} \mu & 0 \\ 0 & \nu \end{bmatrix}\begin{bmatrix} x' \\ y' \end{bmatrix}$$

とできたとしよう．この場合は，この連立系は

$$\frac{dx'}{dt} = \mu x', \qquad \frac{dy'}{dt} = \nu y'$$

となっているのだから，

$$x' = ae^{\mu t}, \qquad y' = be^{\nu t}$$

にすぎない（微分のところで x' などという記号をナリユキで使ってしまってマギラワシイが，これはもとより，タダの変数記号である）．

$$\begin{bmatrix} x \\ y \end{bmatrix} = P\begin{bmatrix} x' \\ y' \end{bmatrix} = [\boldsymbol{p} \quad \boldsymbol{q}]\begin{bmatrix} x' \\ y' \end{bmatrix}$$

と表わしておくと，これは

$$\boldsymbol{x} = \boldsymbol{p}ae^{\mu t}+\boldsymbol{q}be^{\nu t}$$

ということである．

どうしたらこうなるかと考えてみると，

$$A' = \begin{bmatrix} \mu & 0 \\ 0 & \nu \end{bmatrix}$$

とするのだから，

$$\begin{bmatrix} \mu & 0 \\ 0 & \nu \end{bmatrix}\begin{bmatrix} 1 \\ 0 \end{bmatrix} = \begin{bmatrix} 1 \\ 0 \end{bmatrix}\mu$$

すなわち

$$P^{-1}AP\boldsymbol{e} = \boldsymbol{e}\mu$$

の形で

$$A\boldsymbol{p} = \boldsymbol{p}\mu$$

となる $\boldsymbol{p} \neq \boldsymbol{0}$ をとっていることになる．

これは

$$(\lambda - A)\boldsymbol{p} = \boldsymbol{0}, \qquad \boldsymbol{p} \neq \boldsymbol{0}$$

を解くことになる．このような $\boldsymbol{p} \neq \boldsymbol{0}$ があるための条件はというと，この1次方程式が $\boldsymbol{0}$ 以外の解をもつことだから

$$\det(\lambda - A) = 0$$

となる．いまの場合は2次元だから，これは2次方程式

$$\lambda^2 - p\lambda + q = 0$$

の形をしていて，根は2つ μ, ν とある．いま，$\mu \neq \nu$ の場合を考えることにすると

$$\det(\lambda - A) = (\lambda - \mu)(\lambda - \nu)$$

で，λ が μ か ν のときは

$$A\boldsymbol{p} = \boldsymbol{p}\mu, \qquad A\boldsymbol{q} = \boldsymbol{q}\nu$$

という $\boldsymbol{p}, \boldsymbol{q} \neq \boldsymbol{0}$ がとれる．ここで，$\mu \neq \nu$ から $\boldsymbol{p}$ と $\boldsymbol{q}$ は線

型独立になる．あとで一般的に言わねばならないが，さしあたり

$$\boldsymbol{q} = \boldsymbol{p}c$$

なら

$$\boldsymbol{q}\nu = A\boldsymbol{q} = A\boldsymbol{p}c = \boldsymbol{p}\mu c = \boldsymbol{q}\mu$$

となって，$\boldsymbol{q} \neq \boldsymbol{0}$ に矛盾，とでも言っておけばよい．そこで $\boldsymbol{p}$ と $\boldsymbol{q}$ は線型独立なので

$$P = [\boldsymbol{p} \quad \boldsymbol{q}]$$

で変換してやればよいわけになる．

この

$$\det(\lambda - A) = 0$$

は固有方程式，その根の μ や ν を固有値，それに対する $\boldsymbol{p}$ や $\boldsymbol{q}$ を固有ベクトルという．これは，

$$\det(\lambda - A') = \det(P^{-1}(\lambda - A)P) = \det(\lambda - A)$$

だから，座標変換に関係しない．この固有方程式や固有値を調べることで，この問題を一般的に議論しよう，というのが固有値問題である．

いまの場合，2次元で

$$\det(\lambda - A) = \lambda^2 - \operatorname{tr} A\,\lambda + \det A$$

になっている．じつはこれは，さきの議論と同じことになる．

$$(D - A)\boldsymbol{x} = \boldsymbol{0}$$

を変換したのだが，

$$\det\left(\lambda - \begin{bmatrix} 0 & 1 \\ -q & p \end{bmatrix}\right) = \begin{vmatrix} \lambda & -1 \\ q & \lambda - p \end{vmatrix} = \lambda^2 - p\lambda + q$$

を出していたわけである．一般に

$$A' = \begin{bmatrix} 0 & 1 & 0 & \cdots & 0 \\ 0 & 0 & 1 & \cdots & 0 \\ \vdots & & \ddots & \ddots & \vdots \\ \vdots & & & \ddots & 1 \\ (-1)^{n+1}p_n & & \cdots & -p_2 & p_1 \end{bmatrix}$$

の形になったとき，

$$\det(\lambda - A') = \lambda^n - p_1\lambda^{n-1} + p_2\lambda^{n-2} - \cdots (-1)^n p_n$$

となる．それは，たとえば3次元なら

$$\begin{vmatrix} \lambda & -1 & 0 \\ 0 & \lambda & -1 \\ -r & q & \lambda - p \end{vmatrix} = \lambda \begin{vmatrix} \lambda & -1 \\ q & \lambda - p \end{vmatrix} - r \begin{vmatrix} -1 & 0 \\ \lambda & -1 \end{vmatrix}$$

$$= \lambda(\lambda^2 - p\lambda + q) - r$$

であり，一般には帰納法を使えばよい．

ここで

$$p_1 = \operatorname{tr} A, \quad p_2 = \operatorname{tr}(A \wedge A), \quad \cdots, \quad p_n = \det A$$

のようになるのだが，こうして計算する気になるのは，せいぜい3次元までぐらいだろう．

つまり，さきの議論は

$$(D - A)\boldsymbol{x} = \boldsymbol{0}$$

を，Dをλのような記号と考えると

$$\det(D - A)x = 0$$

に直していたのである．ここで

$$\det(D - A) = (D - \mu)(D - \nu)$$

になっている（じつは，こうした議論のためには，複素数

の範囲で議論した方がよい．2次方程式には複素数，ナノダ）．

$$(D-\mu)(D-\nu)x=0$$

については，

$$(D-\mu)x=0, \quad (D-\nu)x=0$$

は解になり，これは

$$x=e^{\mu t}, \quad x=e^{\nu t}$$

なので，この解（2次元！）は一般に

$$x=ae^{\mu t}+be^{\nu t}$$

になる．ついでに，差分方程式

$$(\Delta-\mu)(\Delta-\nu)x=0$$

の場合でも同じで，

$$x=a(1+\mu)^k+b(1+\nu)^k$$

になる（なんとこれは高校では「数IIの数列」でやるのだ）．

重根の場合

ここで，$\mu=\nu$ の場合

$$(D-\mu)^2x=0$$

を考えよう．この場合は，$x=e^{\mu t}$ だけでは仕方がない．

いま，$\mu\neq\nu$ の場合の解を

$$x=a'e^{\mu t}+b'\frac{e^{\mu t}-e^{\nu t}}{\mu-\nu}$$

のように書きかえておいて，$\nu\to\mu$ と極限させると

$$\lim_{\nu\to\mu}\frac{e^{\mu t}-e^{\nu t}}{\mu-\nu}=te^{\mu t}$$

となる（μ に関する微分！）．つまり，$\mu=\nu$ となった極限として

$$x=a'e^{\mu t}+b'te^{\mu t}$$

が考えられる．

そこで，一般に $t^n e^{\mu t}$ を考えてみよう．

$$(D-\mu)(t^n e^{\mu t})=nt^{n-1}e^{\mu t}+\mu t^n e^{\mu t}-\mu t^n e^{\mu t}=nt^{n-1}e^{\mu t}$$

になる．これはくりかえせて，

$$(D-\mu)^2(t^n e^{\mu t})=n(n-1)t^{n-2}e^{\mu t}$$
$$(D-\mu)^3(t^n e^{\mu t})=n(n-1)(n-2)t^{n-3}e^{\mu t}$$

などとなる．これは，$\mu=0$ のときの

$$D(t^n)=nt^{n-1}$$
$$D^2(t^n)=n(n-1)t^{n-2}$$
$$\cdots$$

の一般化になっている．

差分のときは，少しだけ変わって

$$k^{[1]}=k,\qquad k^{[2]}=k(k-1),\qquad k^{[3]}=k(k-1)(k-2)$$

のような記号を使うと，

$$(\varDelta-\mu)(k^{[n]}(1+\mu)^{k-1})=nk^{[n-1]}(1+\mu)^k,$$
$$(\varDelta-\mu)^2(k^{[n]}(1+\mu)^{k-2})=n(n-1)k^{[n-2]}(1+\mu)^k$$

のようになる（$1+\mu\neq0$ といった注意をしなければならないけれど）．

少し，一般化しすぎたけれど，さしあたり

$$(D-\mu)(e^{\mu t})=0,\qquad (D-\mu)(te^{\mu t})=e^{\mu t}$$

となって，たしかにさきのが解になっている．

これは，連立で書くと

$$(D-\mu)x=y, \quad (D-\mu)y=0$$

すなわち

$$D\begin{bmatrix} x \\ y \end{bmatrix}=\begin{bmatrix} \mu & 1 \\ 0 & \mu \end{bmatrix}\begin{bmatrix} x \\ y \end{bmatrix}$$

の形になっている．重根の場合には，このように$D-\mu$ではなしに，$(D-\mu)^2$ではじめて$\mathbf{0}$になる場合，固有値と固有ベクトルでいえば

$$(A-\mu)\boldsymbol{p}\neq\mathbf{0}, \quad (A-\mu)^2\boldsymbol{p}=\mathbf{0}$$

となる$\boldsymbol{p}\neq\mathbf{0}$が必要になってくるわけである．

この様子を，行列でもう少し見ておこう．

$$\begin{bmatrix} \mu & 1 \\ 0 & \mu \end{bmatrix}=\begin{bmatrix} \mu & 0 \\ 0 & \mu \end{bmatrix}+\begin{bmatrix} 0 & 1 \\ 0 & 0 \end{bmatrix}$$

である．この

$$N=\begin{bmatrix} 0 & 1 \\ 0 & 0 \end{bmatrix}$$

というのは，ズラシの行列で，オーバーフローするので

$$N^2=0$$

だった．3次元だと

$$N=\begin{bmatrix} 0 & 1 & 0 \\ 0 & 0 & 1 \\ 0 & 0 & 0 \end{bmatrix}, \quad N^2=\begin{bmatrix} 0 & 0 & 1 \\ 0 & 0 & 0 \\ 0 & 0 & 0 \end{bmatrix}, \quad N^3=\begin{bmatrix} 0 & 0 & 0 \\ 0 & 0 & 0 \\ 0 & 0 & 0 \end{bmatrix}$$

だった．いまの場合は

$$N=A-\mu$$

で，Nをくりかえして0にしようとしていることになる．

この

$$A = \mu + N$$

のようなとき，μの方を単純（一般には，こうしたのが重なるので半単純），Nの方をベキ零（ベキという字は難しうてよう書かん）という．

いまのところ，n次元へのスケベ心はありながら，いちおうは2次元でやっとるのだが，固有値問題の基本的な枠組みは，だいたい揃った．2次元の，とくに線型微分方程式との関係を見ておくと，固有値問題の外観がだいたい見える，とぼくは考えていて，まず「線型空間論」としてやって，それから「微分方程式への応用」を考えるという通常のやり方を，あえて逆転したのである．

どうもぼくには，n次元に敵意があって，2次元や3次元が好きだ．しかし，よく考えてみると，その理由はというと，iとかjとかコンマイ活字が見にくくて眼に悪いかららしい．その証拠に，いっそ無限次元になったら，それほどいやでない．

固有方程式

ここでは，さしあたり，固有方程式の計算の仕方を書いておこう．さきに言ったように，行列式やトレースを計算するのでは，3次元が限度である．むしろ，直接的に掃きだしをしながら，係数を求めた方がよい（もっとも，その方程式を解くのは，また別の問題だが）．

じつは，今回の最初にやっているのも，一種の掃きだしである．

$$\begin{bmatrix}1 & 0\\ \alpha & \gamma\end{bmatrix}=\begin{bmatrix}1 & 0\\ \alpha & 1\end{bmatrix}\begin{bmatrix}1 & 0\\ 0 & \gamma\end{bmatrix}$$

と分解してみると

$$\begin{bmatrix}1 & 0\\ \alpha & 1\end{bmatrix}\begin{bmatrix}1 & 0\\ 0 & \gamma\end{bmatrix}\begin{bmatrix}\alpha & \gamma\\ \beta & \delta\end{bmatrix}\begin{bmatrix}1 & 0\\ 0 & \gamma^{-1}\end{bmatrix}\begin{bmatrix}1 & 0\\ -\alpha & 1\end{bmatrix}$$

を計算すればよい．さきほどは，さきに左をやって，あとから右をやったのだが，これはあまりよい方法ではない．むしろ，真中から

$$\begin{bmatrix}1 & 0\\ 0 & \gamma\end{bmatrix}\begin{bmatrix}\alpha & \gamma\\ \beta & \delta\end{bmatrix}\begin{bmatrix}1 & 0\\ 0 & \gamma^{-1}\end{bmatrix}=\begin{bmatrix}\alpha & 1\\ \beta\gamma & \delta\end{bmatrix}$$

というようにやった方がよい．これは，基本変形を両側からやってるわけで

$$\begin{matrix} & \times\gamma^{-1} \\ \times\gamma\!\!\! & \end{matrix}\begin{bmatrix}\alpha & \gamma\\ \beta & \delta\end{bmatrix}\longrightarrow\begin{bmatrix}\alpha & 1\\ \beta\gamma & \delta\end{bmatrix}$$

をしたわけだ．つぎに

$$\begin{bmatrix}1 & 0\\ \alpha & 1\end{bmatrix}\begin{bmatrix}\alpha & 1\\ \beta\gamma & \delta\end{bmatrix}\begin{bmatrix}1 & 0\\ -\alpha & 1\end{bmatrix}=\begin{bmatrix}0 & 1\\ \beta\gamma-\alpha\delta & \alpha+\delta\end{bmatrix}$$

となる．これは

$$\overset{\alpha}{\downarrow}\begin{bmatrix}\alpha & \overset{\leftarrow -\alpha}{1}\\ \beta\gamma & \delta\end{bmatrix}\longrightarrow\begin{bmatrix}0 & 1\\ \beta\gamma-\alpha\delta & \alpha+\delta\end{bmatrix}$$

をしたことになる．

つまり，i 行目の γ 倍と i 列目 γ^{-1} 倍，i 行の α 倍を j 行にたすのと j 列の $(-\alpha)$ 倍を i 行にたすのと，こうした変形をくりかえしていけばよい．

いまは，$\gamma\neq 0$ としてやっているが，$\gamma=0$ のときはトリカエをやって

$$\begin{bmatrix}0 & 1\\1 & 0\end{bmatrix}\begin{bmatrix}\alpha & \gamma\\\beta & \delta\end{bmatrix}\begin{bmatrix}0 & 1\\1 & 0\end{bmatrix}=\begin{bmatrix}\delta & \beta\\\gamma & \alpha\end{bmatrix}$$

のようにやらねばならない．つまり

$$\begin{bmatrix}\alpha & \gamma\\\beta & \delta\end{bmatrix}\longrightarrow\begin{bmatrix}\delta & \beta\\\gamma & \alpha\end{bmatrix}$$

とやって，i 行と j 行のイレカエと i 列と j 列のイレカエをやる．

β も γ も 0 のときはというと，これは最初から

$$\begin{bmatrix}\alpha & 0\\0 & \delta\end{bmatrix}$$

と分解している場合で，いまさら固有方程式を計算する必要がない．もし，あえて計算しろというのなら，それぞれに

$$\lambda-\alpha=0,\quad \lambda-\delta=0$$

を考えて（1 次元の固有方程式），それをかけた

$$(\lambda-\alpha)(\lambda-\delta)=0$$

を考えればよい．

なお，いまは文字計算だから，さきに 1 を作ったが，さきに 0 を作ったってよい．右の方の分解

$$\begin{bmatrix} 1 & 0 \\ -\gamma^{-1}\alpha & \gamma^{-1} \end{bmatrix} = \begin{bmatrix} 1 & 0 \\ -\gamma^{-1}\alpha & 1 \end{bmatrix} \begin{bmatrix} 1 & 0 \\ 0 & \gamma^{-1} \end{bmatrix}$$

を考える

$$\begin{bmatrix} 1 & 0 \\ 0 & \gamma \end{bmatrix} \begin{bmatrix} 1 & 0 \\ \gamma^{-1}\alpha & 1 \end{bmatrix} \begin{bmatrix} \alpha & \gamma \\ \beta & \delta \end{bmatrix} \begin{bmatrix} 1 & 0 \\ -\gamma^{-1}\alpha & 1 \end{bmatrix} \begin{bmatrix} 1 & 0 \\ 0 & \gamma^{-1} \end{bmatrix}$$

とやる．これは

$$\overset{\leftarrow -\gamma^{-1}\alpha}{\underset{\gamma^{-1}\alpha \downarrow}{}\begin{bmatrix} \alpha & \gamma \\ \beta & \delta \end{bmatrix}} \longrightarrow \begin{bmatrix} 0 & \gamma \\ \beta - \gamma^{-1}\alpha\delta & \alpha+\delta \end{bmatrix}$$

すなわち

$$\begin{bmatrix} 1 & 0 \\ \gamma^{-1}\alpha & 1 \end{bmatrix} \begin{bmatrix} \alpha & \gamma \\ \beta & \delta \end{bmatrix} \begin{bmatrix} 1 & 0 \\ -\gamma^{-1}\alpha & 1 \end{bmatrix} = \begin{bmatrix} 0 & \gamma \\ \gamma^{-1}(\beta\gamma - \alpha\delta) & \alpha+\delta \end{bmatrix}$$

をさきにやって，そのつぎに

$$\times\gamma \begin{bmatrix} 0 & \overset{\times\gamma^{-1}}{\gamma} \\ \gamma^{-1}(\beta\gamma - \alpha\delta) & \alpha+\delta \end{bmatrix} \longrightarrow \begin{bmatrix} 0 & 1 \\ \beta\gamma - \alpha\delta & \alpha+\delta \end{bmatrix}$$

すなわち

$$\begin{bmatrix} 1 & 0 \\ 0 & \gamma \end{bmatrix} \begin{bmatrix} 0 & \gamma \\ \gamma^{-1}(\beta\gamma - \alpha\delta) & \alpha+\delta \end{bmatrix} \begin{bmatrix} 1 & 0 \\ 0 & \gamma^{-1} \end{bmatrix} = \begin{bmatrix} 0 & 1 \\ \beta\gamma - \alpha\delta & \alpha+\delta \end{bmatrix}$$

を出してもよい．こっちの方が，まえにやった掃きだしの流儀に近い．まあ，掃除も小笠原流とかなんとかあるだろう．まえの流儀は，1を作ってから0を作ろうとしたわけで，逆行列なんかのときは，1を作るところで割り算をして分数が出るのがイヤで，さきに0を作ってから1にした．しかし，今度はγ倍するとγ^{-1}倍しなくてはならないので，よほど数字のぐあいがよいときでないと，割り算をするのも仕方のないことだ．でも，そうした流儀は，数字のぐあいを見てきめてもよいだろう．

実際は，ここでせめて 4 次元の数値例を出すべきで，2 次元でやるなんてのは，われながら欺瞞的だとは思う．それでも，まえの逆行列などで箒の使い方の訓練はすんだことにして，ここでは 2 次元主義にとどまろう．

しかし，ここで 2 次元の掃きだしをやったおかげで，さきほどエエカゲンにすましたことに，注意することはできた．2 変数の連立 1 階の線型方程式

$$D\begin{bmatrix} x \\ y \end{bmatrix} = \begin{bmatrix} \alpha & \gamma \\ \beta & \delta \end{bmatrix}\begin{bmatrix} x \\ y \end{bmatrix}$$

と，1 変数の 2 階の線型方程式

$$(D^2 - pD + q)x = 0$$

とは，

$$\det(\lambda - A) = \lambda^2 - p\lambda + q$$

となって，同値のようなことを言ってはきたが，連立方程式が，最初から

$$D\begin{bmatrix} x \\ y \end{bmatrix} = \begin{bmatrix} \mu & 0 \\ 0 & \nu \end{bmatrix}\begin{bmatrix} x \\ y \end{bmatrix}$$

と分解されていたら，これはそのまま

$$(D-\mu)x = 0, \qquad (D-\nu)y = 0$$

で，x を y とからめて 2 階の方程式を作る意味はない．

重根の場合にしても

$$D\begin{bmatrix} x \\ y \end{bmatrix} = \begin{bmatrix} \mu & 0 \\ 0 & \mu \end{bmatrix}\begin{bmatrix} x \\ y \end{bmatrix}$$

とベキ零部分のないときは，そのまま分解された

$$(D-\mu)x = 0, \qquad (D-\mu)y = 0$$

という，同じ方程式を2つ並べただけのことである．これに対して，ベキ零部分のある

$$D\begin{bmatrix} x \\ y \end{bmatrix} = \begin{bmatrix} \mu & 1 \\ 0 & \mu \end{bmatrix}\begin{bmatrix} x \\ y \end{bmatrix}$$

は，どんなに変数変換したところで，もはやこれ以上の分解はできない，ということを意味している．

ここで浮かびあがっているのは，〈分解〉の思想である．これこそ，固有値問題の基本理念なのだ．

13
固有値

固有ベクトル

ここではいっそ，複素係数の n 次元線型空間 $\boldsymbol{V}$（座標空間ではなしに）から始めよう．

$\boldsymbol{V}$ について，スカラーが作用している．これだけの構造についてなら，$\boldsymbol{V}$ は1次元空間の直和として分解できて，座標がとれた．ただし，この座標系の選び方，つまり直和分解の仕方については，ずいぶんと自由性があった．

ここで，

$$\boldsymbol{f} \in \mathcal{L}(\boldsymbol{V})$$

を特定して，$\boldsymbol{f}$ という作用を持った線型空間の構造を考えよう．もっとも，今の数学では，こうしたときは，$\boldsymbol{f}$ から生成した作用素環を考える方が普通である．つまり，整式

$$\varphi(X) = a_0 + a_1 X + a_2 X^2 + \cdots + a_m X^m$$

に対して，

$$\varphi(\boldsymbol{f}) = a_0 + a_1 \boldsymbol{f} + a_2 \boldsymbol{f}^2 + \cdots + a_m \boldsymbol{f}^m$$

を考えて，$\varphi(\boldsymbol{f})$ の全体

$$P_f \subseteqq \mathcal{L}(\boldsymbol{V})$$

が $\boldsymbol{V}$ に作用していると考えるのである．この場合，P_f は可換で，作用素環 P_f を持った $\boldsymbol{V}$ の構造を考えよう，とい

うように問題をたてるのだ.

ここで, $\boldsymbol{V}$ の部分空間 $\boldsymbol{U}_1$ について,

$$\boldsymbol{f}(\boldsymbol{U}_1) \subseteqq \boldsymbol{U}_1$$

のときは, $\boldsymbol{f}$ は (したがって P_f は) $\boldsymbol{U}_1$ に作用していると考えられ, $\boldsymbol{U}_1$ 自身がこの (作用素 $\boldsymbol{f}$ つきの) 構造を持っていると考えられる. このようなとき, $\boldsymbol{U}_1$ は $\boldsymbol{f}$ で不変という. いま

$$\boldsymbol{V} = \boldsymbol{U}_1 \oplus \boldsymbol{U}_2$$

と直和分解すると, $\boldsymbol{f}$ は行列表現では

$$\begin{bmatrix} \boldsymbol{y}_1 \\ \boldsymbol{y}_2 \end{bmatrix} = \begin{bmatrix} \boldsymbol{f}_{11} & \boldsymbol{f}_{12} \\ \boldsymbol{0} & \boldsymbol{f}_{22} \end{bmatrix} \begin{bmatrix} \boldsymbol{x}_1 \\ \boldsymbol{x}_2 \end{bmatrix}$$

という形で,

$$\boldsymbol{f}\left(\begin{bmatrix} \boldsymbol{x}_1 \\ \boldsymbol{0} \end{bmatrix}\right) = \begin{bmatrix} \boldsymbol{f}_{11}(\boldsymbol{x}_1) \\ \boldsymbol{0} \end{bmatrix}$$

となる. この場合, $\boldsymbol{U}_2$ の方は $\boldsymbol{f}$ で不変と限らない (直和分解というのは, スカラーの作用しか考えていない) ので, 一般には, $\boldsymbol{f}_{12}$ の部分が出てくる.

ところが, $\boldsymbol{U}_2$ の方も $\boldsymbol{f}$ で不変にできれば, これは

$$\begin{bmatrix} \boldsymbol{y}_1 \\ \boldsymbol{y}_2 \end{bmatrix} = \begin{bmatrix} \boldsymbol{f}_{11} & \boldsymbol{0} \\ \boldsymbol{0} & \boldsymbol{f}_{22} \end{bmatrix} \begin{bmatrix} \boldsymbol{x}_1 \\ \boldsymbol{x}_2 \end{bmatrix}$$

とできるわけで, これは $\boldsymbol{U}_1 \oplus \boldsymbol{U}_2$ という P_f の作用を持つという構造での直和分解をしたことになり,

$$\boldsymbol{y}_1 = \boldsymbol{f}_{11}(\boldsymbol{x}_1), \qquad \boldsymbol{y}_2 = \boldsymbol{f}_{22}(\boldsymbol{x}_2)$$

という, $\boldsymbol{f}_{11} \in \mathscr{L}(\boldsymbol{U}_1)$ と $\boldsymbol{f}_{22} \in \mathscr{L}(\boldsymbol{U}_2)$ を考えればよいことになる.

線型代数というと，〈まとめる〉ことのようだったが，当然のことに，まとめたものを，うまく〈ばらす〉ことが問題になるのである．つまり，P_f つき構造での分解，これが現在の主題となる．

ここで，固有値と固有ベクトルを考えてみよう．これは，1次元空間 $\boldsymbol{Y_p}$ が $\boldsymbol{f}$ で不変であること，つまり

$$\boldsymbol{f}(\boldsymbol{p}) = \boldsymbol{p}\lambda, \qquad \boldsymbol{p} \neq \boldsymbol{0}$$

を意味する．これは

$$(\lambda - \boldsymbol{f})(\boldsymbol{p}) = \boldsymbol{0}, \qquad \boldsymbol{p} \neq \boldsymbol{0}$$

だから，固有方程式

$$\det(\lambda - \boldsymbol{f}) = 0$$

で λ が制限される．この

$$\varphi_f(\lambda) = \det(\lambda - \boldsymbol{f})$$

が，分解に関して，基本的な意味を持つわけだ．なお，

$$\varphi_f(\lambda) = \lambda^n - \mathrm{tr}\,\boldsymbol{f}\lambda^{n-1} + \cdots$$

として，$\mathrm{tr}\,\boldsymbol{f}$ は一般的に定義できる．

ここで，複素数の範囲だと

$$\varphi_f(\lambda) = (\lambda - \lambda_1)(\lambda - \lambda_2)\cdots(\lambda - \lambda_n)$$

と因数分解できるのだが（これがガウス定理だが，ここでは証明はサボル），異なる λ_i については

$$\boldsymbol{f}(\boldsymbol{p}_i) = \boldsymbol{p}_i\lambda_i, \qquad \boldsymbol{p}_i \neq \boldsymbol{0}$$

とするとき，$\boldsymbol{p}_1, \boldsymbol{p}_2, \cdots$ は線型独立になる．

これは前には，2つだけについてやったが，一般には同じ考えを帰納法でやればよい．$\boldsymbol{p}_1, \boldsymbol{p}_2, \cdots, \boldsymbol{p}_k$ までが線型独立で，

$$\boldsymbol{p}_{k+1} = \boldsymbol{p}_1 c_1 + \cdots + \boldsymbol{p}_k c_k$$

とすると，

$$\boldsymbol{f}(\boldsymbol{p}_{k+1}) = \boldsymbol{p}_{k+1}\lambda_{k+1} = \boldsymbol{p}_1 c_1 \lambda_{k+1} + \cdots + \boldsymbol{p}_k c_k \lambda_{k+1}$$

というのと

$$\boldsymbol{f}(\boldsymbol{p}_1 c_1 + \cdots + \boldsymbol{p}_k c_k) = \boldsymbol{p}_1 \lambda_1 c_1 + \cdots + \boldsymbol{p}_k \lambda_k c_k$$

というのを比較すると，

$$\lambda_1, \cdots, \lambda_k \neq \lambda_{k+1}$$

としたことと，$\boldsymbol{p}_1, \cdots, \boldsymbol{p}_k$ の線型独立性と矛盾が生じる．

それで，φ_f に重根のない場合については

$$\boldsymbol{V} = \boldsymbol{V}_{\boldsymbol{p}_1} \oplus \cdots \oplus \boldsymbol{V}_{\boldsymbol{p}_n}$$

というように直和分解ができて，本質的には１次元の

$$\boldsymbol{f}(\boldsymbol{p}_i) = \boldsymbol{p}_i \lambda_i$$

にすぎなくなる．

ここまでは，たいていは授業でやるのだが，重根のある場合はこれほど簡単でなくなるので，ときには授業のときはヒヨルこともあるかもしれない．

スペクトル分解

ここではヒヨルことなく，重根のある場合を考えよう．たとえば μ が φ_f の重根だとする．このとき，

$$\boldsymbol{g}_\mu = \boldsymbol{f} - \mu$$

について，それのクリカエシの効果を考えていこうというのだ．

一般に

$$\boldsymbol{g} \in \mathcal{L}(\boldsymbol{V})$$

について,

$$\boldsymbol{g}^k(\boldsymbol{V}) = \boldsymbol{W}_k, \quad (\boldsymbol{g}^k)^{-1}(\boldsymbol{0}) = \boldsymbol{U}_k$$

とする．ただし

$$\boldsymbol{W}_0 = \boldsymbol{V}, \quad \boldsymbol{U}_0 = \{\boldsymbol{0}\}$$

としておく．当然

$$\boldsymbol{W}_0 \supseteqq \boldsymbol{W}_1 \supseteqq \boldsymbol{W}_2 \supseteqq \cdots, \quad \boldsymbol{U}_0 \subseteqq \boldsymbol{U}_1 \subseteqq \boldsymbol{U}_2 \subseteqq \cdots$$

となる．

ここで,

$$\boldsymbol{U}_k = \boldsymbol{U}_{k+1}$$

というのは,

$$\boldsymbol{g}^{k+1}(\boldsymbol{x}) = \boldsymbol{0} \quad \text{なら} \quad \boldsymbol{g}^k(\boldsymbol{x}) = \boldsymbol{0}$$

すなわち,

$$\boldsymbol{g} : \boldsymbol{W}_k \longrightarrow \boldsymbol{W}_k$$

を考えたとき，これが単射であることを意味している．一方,

$$\boldsymbol{W}_k = \boldsymbol{W}_{k+1}$$

の方は，もちろん

$$\boldsymbol{g} : \boldsymbol{W}_k \longrightarrow \boldsymbol{W}_k$$

が上射（全射）であることを意味している．

有限次元空間の線型変換に関しては，単射であることと上射であることとは同値だったから,

$$\boldsymbol{W}_k = \boldsymbol{W}_{k+1} \ \text{と} \ \boldsymbol{U}_k = \boldsymbol{U}_{k+1} \ \text{とは同値}$$

になる．そこで,

$$\boldsymbol{W}_0 \supsetneqq \boldsymbol{W}_1 \supsetneqq \cdots \supsetneqq \boldsymbol{W}_k = \boldsymbol{W}_{k+1} = \cdots$$
$$\boldsymbol{U}_0 \subsetneqq \boldsymbol{U}_1 \subsetneqq \cdots \subsetneqq \boldsymbol{U}_k = \boldsymbol{U}_{k+1} = \cdots$$

のようになっている．この $\boldsymbol{U}_k$ と $\boldsymbol{W}_k$ をそれぞれ，$\boldsymbol{U}, \boldsymbol{W}$ と書くことにしておこう．そのとき

$$\boldsymbol{U} \cap \boldsymbol{W} = \{\boldsymbol{0}\}$$

となる．なぜなら，ここに入る $\boldsymbol{x}$ は

$$\boldsymbol{g}^k(\boldsymbol{x}) = \boldsymbol{0}, \qquad \boldsymbol{x} = \boldsymbol{g}^k(\boldsymbol{y})$$

となっているので，

$$\boldsymbol{g}^{2k}(\boldsymbol{y}) = \boldsymbol{0}$$

から

$$\boldsymbol{g}^k(\boldsymbol{y}) = \boldsymbol{0}$$

となって（$\boldsymbol{U}_k = \boldsymbol{U}_{2k}$）

$$\boldsymbol{x} = \boldsymbol{0}$$

となってしまう．

これは，

$$\boldsymbol{g}^k(\boldsymbol{y}) \in \boldsymbol{U} \quad \text{なら} \quad \boldsymbol{y} \in \boldsymbol{U}$$

ということで，$\boldsymbol{g}$ で不変な $\boldsymbol{U}$ による

$$\tilde{\boldsymbol{g}}^k : \boldsymbol{V}/\boldsymbol{U} \longrightarrow \boldsymbol{V}/\boldsymbol{U}$$

は単射でしたがって双射でもあり，

$$\boldsymbol{g}^k(\boldsymbol{V}) \oplus \boldsymbol{U} = \boldsymbol{V}$$

すなわち

$$\boldsymbol{V} = \boldsymbol{U} \oplus \boldsymbol{W}$$

となっている（商空間を考えるのがイヤなら，

$$\dim \boldsymbol{U} + \dim \boldsymbol{W} = \dim \boldsymbol{V}$$

で次元合わせをしてもよい）．

これは，$\boldsymbol{g}$ に関して，正則な部分 $\boldsymbol{W}$ とベキ零の部分 $\boldsymbol{U}$ とに直和分解されたことを意味している．

これを，$\boldsymbol{g}_\mu$ による

$$\boldsymbol{V} = \boldsymbol{U}_\mu \oplus \boldsymbol{W}_\mu,$$

$\boldsymbol{g}_\nu$ による

$$\boldsymbol{V} = \boldsymbol{U}_\nu \oplus \boldsymbol{W}_\nu$$

とで考えてみると，

$$\mu \neq \nu$$

のとき，

$$\boldsymbol{U}_\nu \subseteqq \boldsymbol{W}_\mu$$

となっている．それは，

$$\boldsymbol{x} \in \boldsymbol{U}_\nu$$

について，

$$\boldsymbol{g}_\nu{}^{p-1}(\boldsymbol{x}) \neq \boldsymbol{0}, \qquad \boldsymbol{g}_\nu{}^{p}(\boldsymbol{x}) = \boldsymbol{0}$$

すなわち

$$\boldsymbol{x} \notin \boldsymbol{U}_{\nu, p-1}, \qquad \boldsymbol{x} \in \boldsymbol{U}_{\nu, p}$$

とすると，

$$\boldsymbol{g}_\nu{}^{p-1}(\boldsymbol{x}),\ \cdots,\ \boldsymbol{g}_\nu(\boldsymbol{x}),\ \boldsymbol{x}$$

を座標系（線型独立になっている）とする部分空間は $\boldsymbol{f}$ で不変で，行列表現では p/p 行列として

$$\begin{bmatrix} \nu & 1 & & 0 \\ & \nu & 1 & \\ & & \ddots & 1 \\ 0 & & & \nu \end{bmatrix}$$

の形をしている（ここまで言わなくてもよいが，あとの伏線のつもり）．それで，$\boldsymbol{f}$ の固有値は ν だけで，$\boldsymbol{g}_\mu$ は正則になる．したがって，

$$(\boldsymbol{g}_\mu{}^{-1})^m(\boldsymbol{x}) = \boldsymbol{y}$$

とすると,

$$\boldsymbol{x} = \boldsymbol{g}_\mu{}^m(\boldsymbol{y})$$

となる.

このことから, φ_f の異なる根を

$$\lambda_1, \cdots, \lambda_s$$

とすると

$$\boldsymbol{V} = \boldsymbol{U}_{\lambda_1} \oplus \boldsymbol{U}_{\lambda_2} \oplus \cdots \oplus \boldsymbol{U}_{\lambda_s}$$

と分解できることになる. これは

$$\varphi_f(\lambda) = (\lambda - \lambda_1)^{r_1}(\lambda - \lambda_2)^{r_2} \cdots (\lambda - \lambda_s)^{r_s}$$

という因数分解に対応するわけで,

$$r_i = \dim \boldsymbol{U}_{\lambda_i}$$

が λ_i の重複度である.

ここらあたりは, もう少し野暮ったくやる方が普通であり, それがめんどくさいのでヒヨルことにもなるのだが, ここでは少し「数学っぽく」やってしまった. じつはぼくは,「数学っぽく」やることに〈知の権力〉を感じてしまって, むしろときに野暮をこそヨシとしているのだが, まあヒヨルよりまし, とかんべんしてほしい.

ジョルダンの標準形

ここで, 行列表現に戻ると, そのためには座標系を全部作るのだが, その本質的な部分はもうすんでいる. $\boldsymbol{U}_\mu$ について考えればよいが, それはもう少し分解できる可能性がある. 単純な μ (重複度 r) を除いて, ベキ零部分だけで

考えよう.

さきに，$\boldsymbol{f}$ で不変な空間の座標系

$$\boldsymbol{g}^{p-1}(\boldsymbol{x}) \in \boldsymbol{U}_1,\ \ \boldsymbol{g}^{p-2}(\boldsymbol{x}) \in \boldsymbol{U}_2,\ \ \cdots,\ \ \boldsymbol{g}(\boldsymbol{x}) \in \boldsymbol{U}_{p-1},\ \ \boldsymbol{x} \in \boldsymbol{U}_p$$

をとって，行列表現をした．しかしこの系列は，

$$\boldsymbol{x} = \boldsymbol{g}(\boldsymbol{y})$$

という $\boldsymbol{y}$ から出発すれば，もっと長くなるかもしれない．それで，一番長いところで

$$\boldsymbol{U} = \boldsymbol{U}_{k-1} \oplus \boldsymbol{U}_{x_1} \oplus \cdots \oplus \boldsymbol{U}_{x_r}$$

のようにして，$\boldsymbol{x}_i$ から出発すれば，長さ k の系列が作れる．

つぎには，$\boldsymbol{U}_{k-1}/\boldsymbol{U}_{k-2}$ で考えるわけで，$\boldsymbol{U}_{k-1}$ ではすでに $\boldsymbol{g}(\boldsymbol{x}_1), \cdots, \boldsymbol{g}(\boldsymbol{x}_r)$ があるが，さらに線型独立に，$\boldsymbol{y}_1, \boldsymbol{y}_2, \cdots, \boldsymbol{y}_s$ がとれるかもしれない．そのときには，この $\boldsymbol{y}_i$ から出発すると，長さ $k-1$ の系列が作れる．このようにしていけば，全部がつくせることになる（この手順を間違うと，なかなか座標系が作れない）．

つまり，重複度 p のスカラー行列と長さ p のズラシのベキ零行列の和，

$$\begin{bmatrix} \mu & & 0 \\ & \ddots & \\ 0 & & \mu \end{bmatrix} + \begin{bmatrix} 0 & 1 & & 0 \\ & & \ddots & \\ & & \ddots & 1 \\ 0 & & & 0 \end{bmatrix} = \begin{bmatrix} \mu & 1 & & 0 \\ & & \ddots & \\ & & \ddots & 1 \\ 0 & & & \mu \end{bmatrix}$$

という形にまで，直和分解できることになる．このベキ零部分の方は，N_p とでも書いておこう．

全体としては，これが重なるわけだから，スカラーを重

ねた対角行列Sと，ベキ零を重ねたNとの和になっている．一般の座標で表現されているときは

$$P^{-1}AP = S+N$$

すなわち

$$A = PSP^{-1}+PNP^{-1}$$

の形になっているわけだが，これをそれぞれ，Aの半単純部分（スカラーである単純の直和）とベキ零部分という．

この標準形はジョルダンの標準形といわれて，固有方程式の計算のように，基本変形で計算していくこともできるのだが，むしろ，直和分解して

$$\mu+N_p$$

の形にすべて帰着できること，それ自体が$\boldsymbol{f}$の構造を与えていることの方を，強調しておこう．

たとえば，有名なハミルトン-ケイリーの定理

$$\varphi_f(\boldsymbol{f}) = \mathbf{0}$$

は，分解したところの

$$\varphi_f(\lambda) = (\lambda-\mu)^p$$

については

$$(\boldsymbol{f}-\mu)^p = N^p = 0$$

で自明である．もっとも，通常は少しだけ苦労して，この定理の方をさきに証明して，それを分解の証明に利用するやり方が多い．

この

$$\varphi(\boldsymbol{f}) = \mathbf{0}$$

という性質は，固有整式φ_fでなくてもありうる．たとえ

ば

$$A = \begin{bmatrix} \mu & 1 & 0 & 0 & 0 \\ 0 & \mu & 1 & 0 & 0 \\ 0 & 0 & \mu & 0 & 0 \\ 0 & 0 & 0 & \mu & 1 \\ 0 & 0 & 0 & 0 & \mu \end{bmatrix}$$

のように，3次元の$\mu+N_3$と2次元の$\mu+N_2$に分解できていたりすると，固有整式の方は

$$\varphi_A(\lambda) = (\lambda-\mu)^5$$

だが，

$$(A-\mu)^3 = 0$$

だけでよい．つまり，さきの記号でいえば

$$\tilde{\varphi}_f(\lambda) = (\lambda-\lambda_1)^{k_1}(\lambda-\lambda_2)^{k_2}\cdots(\lambda-\lambda_s)^{k_s}$$

で間に合う．こちらの方は$\boldsymbol{f}$の最小整式という（じつは，「多項式」よりは「整式」を用語として選択したのだが，「固有多項式」と言わずに「固有整式」と言ったあたりで背中がムズムズしはじめ，「最小多項式」を「最小整式」と言うとなにやら居心地が悪いのだが，これは過去の学習体験に呪縛されているからだろうと自己批判し，なおもヤセガマンをする）．普通によくやる方法は，こうした「整式環の構造」の方から，直和分解を考えていく流儀が多い．ぼくは，代数屋さんのように整式環への親近感がないので，少しヒガンでいる．まあ，ぼくとしては，P_f構造での〈直和分解〉，それだけがはっきりしたらええやんか，といった気持ちが強い．

もっとも，この定理（もしくは最小整式の存在）のおかげで，P_f は一見は整式全体のようで無限次元であるかに見えて（じつは $\mathcal{L}(\boldsymbol{V})$ から来たので n^2 次元はこえないが），実際は

$$\varphi(\lambda) = \varphi_1(\lambda) + \tilde{\varphi}_f(\lambda)\varphi_2(\lambda), \quad \deg\varphi_1 < \deg\tilde{\varphi}_f$$

の形になっていて，φ_f を使うなら n 次元以下，$\tilde{\varphi}_f$ の次数

$$k = k_1 + \cdots + k_s$$

を考えると，

$$\dim P_f = k$$

である．

これは，無限級数

$$\varphi(\boldsymbol{f}) = \sum_i a_i \boldsymbol{f}^i$$

を考えるときも同様で，無限級数だと収束の問題があるが，収束する範囲で考えることにしておくと，これも k 次より低い整式になっている．だから，P_f は k 次元でありながら，こうしたもの，たとえば

$$e^f = \sum_i \frac{\boldsymbol{f}^i}{i!}$$

のようなものまで，実質的には含んでいる．

行列の指数関数

これで，線型微分方程式から出発して考えた，固有値問題のおおよその枠組みはいちおう全部すんだ．ただ，ここで指数関数が出てきたので，それとの関係を見ておこう．

1変数の場合

$$Dx = \mu x, \qquad x(0) = c$$

については,

$$x = e^{\mu t}c$$

になっていたので, 連立の場合

$$D\boldsymbol{x} = A\boldsymbol{x}, \qquad \boldsymbol{x}(0) = \boldsymbol{c}$$

についても,

$$\boldsymbol{x} = e^{At}\boldsymbol{c}$$

の形になるはずだからである. ここで,

$$e^{At} = 1 + At + A^2\frac{t^2}{2!} + \cdots$$

となる. この場合,

$$D(e^{At}) = A + A^2t + \cdots = Ae^{At}$$

となって, ちょうどよいわけである.

このとき,

$$AB = BA$$

なら,

$$e^{At}e^{Bt} = e^{Bt}e^{At}$$

となり, 微分すると

$$\begin{aligned} D(e^{At}e^{Bt}) &= Ae^{At}e^{Bt} + e^{At}Be^{Bt} \\ &= (A+B)e^{At}e^{Bt} \end{aligned}$$

となるので,

$$e^{At}e^{Bt} = e^{(A+B)t}$$

となっている. これは, 可換でないと, たとえば

$$A=\begin{bmatrix}0 & 1\\ 0 & 0\end{bmatrix},\quad B=\begin{bmatrix}0 & 0\\ 1 & 0\end{bmatrix}$$

についてだと,

$$e^{At}=\begin{bmatrix}1 & t\\ 0 & 1\end{bmatrix},\quad e^{Bt}=\begin{bmatrix}1 & 0\\ t & 1\end{bmatrix}$$

$$e^{At}e^{Bt}=\begin{bmatrix}1+t^2 & t\\ t & 1\end{bmatrix},\quad e^{Bt}e^{At}=\begin{bmatrix}1 & t\\ t & 1+t^2\end{bmatrix}$$

となるが,

$$A+B=\begin{bmatrix}0 & 1\\ 1 & 0\end{bmatrix}=J'$$

について

$$\begin{aligned}e^{(A+B)t}&=\left(1+\frac{t^2}{2!}+\frac{t^4}{4!}+\cdots\right)+J'\left(t+\frac{t^2}{3!}+\frac{t^5}{5!}+\cdots\right)\\&=\cosh t+J'\sinh t\\&=\begin{bmatrix}\cosh t & \sinh t\\ \sinh t & \cosh t\end{bmatrix}\end{aligned}$$

で，全然べつのものになることに注意.

ここで，e^{At} を計算しなければならないのだが,

$$P^{-1}e^{At}P=e^{P^{-1}APt}$$

で，分解したところでやればよい．ここで

$$e^{(\mu+N_p)t}=e^{\mu t}\left(1+N_pt+N_p{}^2\frac{t^2}{2!}+\cdots+N_p{}^{p-1}\frac{t^{p-1}}{(p-1)!}\right)$$

になっている．重根があって，ベキ零部分があるときに,
$te^{\mu t}$ のようなのが出てきたユエンである.

一般の A では

$$A = S+N$$

と半単純な S とベキ零の N に分ければ,

$$SN = NS$$

であり（各 $\boldsymbol{U}_{\lambda_i}$ でスカラー λ_i はベキ零部分と可換),

$$e^{At} = e^{St}e^{Nt}$$

で,

$$e^{Nt} = 1+Nt+N^2\frac{t^2}{2!}+\cdots+N^{k-1}\frac{t^{k-1}}{(k-1)!}$$

となっている．ここで，対角化した

$$S = \begin{bmatrix} \lambda_1 & & 0 \\ & \ddots & \\ 0 & & \lambda_n \end{bmatrix}$$

については

$$e^{St} = \begin{bmatrix} c^{\lambda_1 t} & & 0 \\ & \ddots & \\ 0 & & e^{\lambda_n t} \end{bmatrix}$$

になるわけだが，e^{Nt} の部分だけうるさい．

それに，スペクトル分解そのものを計算しなければならないわけだが，そこまでいくと「線型微分方程式論」をやることだしやめる．ハミルトン－ケイリー（むしろ最小整式）で e^{At} を整式表現したりする方法もある．笠原晧司『新微分方程式対話』（現代数学社）が，おもしろい本だ．

ただここで，複素数の範囲でやっているので

$$a+Ib = \begin{bmatrix} a & -b \\ b & a \end{bmatrix}$$

について注意しておこう．この場合

$$\det(\lambda-(a+Ib)) = (\lambda-a)^2+b^2$$

で，対角化すると

$$\begin{bmatrix} e^{ib} & 0 \\ 0 & e^{-ib} \end{bmatrix} e^a$$

の形になっている．ここでは

$$\begin{aligned} e^{It} &= \left(1-\frac{t^2}{2!}+\frac{t^4}{4!}-\cdots\right)+I\left(t-\frac{t^3}{3!}+\frac{t^5}{5!}-\cdots\right) \\ &= \cos t+I\sin t \\ &= \begin{bmatrix} \cos t & -\sin t \\ \sin t & \cos t \end{bmatrix} \end{aligned}$$

のままの方が見やすいだろう．これは

$$\det(\lambda-e^{Ibt}) = \lambda^2-2\cos bt\lambda+1$$

で，固有値が

$$e^{\pm ibt} = \cos bt \pm i\sin bt$$

と対応しているのである．

固有値問題というと，やりだすと，とかくコッテリとなって閉口するので，できるだけアッサリと枠組みだけ，とは思ったのだが，やはりときどき，書きながらうっとうしくなった．ヒヨリたくなるはず．ともかく，P_f についての〈分解の思想〉だけ強調しておこう．これは，行列環（あるいは群の行列表現）の分解のような，非可換の場合まで通ずる，〈数学〉の基本思想のひとつであるから．

14
2次曲面

2次関数

中学や高校で，2次関数をやったはずだから，その

$$f(x) = c+2bx+ax^2$$

から始めよう．高校と違って，昇ベキで書いてあるが，これは

$$f(x) = [1 \quad x]\begin{bmatrix} c & b \\ b & a \end{bmatrix}\begin{bmatrix} 1 \\ x \end{bmatrix}$$

に合わせるためである．同次形なら

$$f(x_0, x_1) = [x_0 \quad x_1]\begin{bmatrix} c & b \\ b & a \end{bmatrix}\begin{bmatrix} x_0 \\ x_1 \end{bmatrix}$$

になる．ここで，

$$\begin{bmatrix} 1 \\ x \end{bmatrix} = \begin{bmatrix} 1 & 0 \\ p & 1 \end{bmatrix}\begin{bmatrix} 1 \\ y \end{bmatrix}$$

という変換，すなわち

$$x = p+y$$

を考えると，

$$f(x) = f(p)+f'(p)y+ay^2$$

になっている．ここで

$$f'(x) = 2(b+ax)$$
$$= 2[b \quad a]\begin{bmatrix} 1 \\ x \end{bmatrix}$$

だが，これはべつに「微分」を使わなくともよい．

一般に

$$\boldsymbol{x} = P\boldsymbol{y}$$

について

$$\boldsymbol{x}^*A\boldsymbol{x} = \boldsymbol{y}^*(P^*AP)\boldsymbol{y}$$

となるから，

$$\begin{bmatrix} f(p) & \dfrac{f'(p)}{2} \\ \dfrac{f'(p)}{2} & a \end{bmatrix} = \begin{bmatrix} 1 & p \\ 0 & 1 \end{bmatrix}\begin{bmatrix} c & b \\ b & a \end{bmatrix}\begin{bmatrix} 1 & 0 \\ p & 1 \end{bmatrix}$$

という変換をしているだけだ．もっとも，こうしたyに変換すること自体が〈微分〉なのだ，と考えてもよい．よく，2次関数のところでゴシャゴシャやっていたのが，微分をやったらいらなくなった，なんて言う学生がいるものだが，2次関数でやっていたことが，〈微分〉そのものなのだ．もちろん，「極限」なんて言う必要はない．ここで，

$$f'(p) = 0$$

すなわち1次の項をなくすようにするのが，「平方完成」である．それは，yについて偶関数（0次と2次だけだから）で対称にしたと言ってもよいし，微分が0でこの関数の定常値（放物線のテッペン）を求めたと言ってもよい．これは

$$b+ap=0$$

だから，

$$a\neq 0$$

のときなら（「2次関数」というからには，これは仮定されているはずだが，あとの一般化のためにことわっておく），

$$p=-a^{-1}b$$

になっている．このときの $f(p)$ の値は，直接にでも出るが，いまは行列式を知っているから，

$$\begin{vmatrix} f(p) & 0 \\ 0 & a \end{vmatrix}=\begin{vmatrix} 1 & p \\ 0 & 1 \end{vmatrix}\begin{vmatrix} c & b \\ b & a \end{vmatrix}\begin{vmatrix} 1 & 0 \\ p & 1 \end{vmatrix}=\begin{vmatrix} c & b \\ b & a \end{vmatrix}$$

でよい．すなわち

$$f(p)=a^{-1}\begin{vmatrix} c & b \\ b & a \end{vmatrix}=\frac{ac-b^2}{a}$$

になる．これがわかれば，2次方程式の根の公式だの，2次関数のいろいろのことがわかる．同次2次関数についても

$$[x_0 \quad x_1]\begin{bmatrix} c & b \\ b & a \end{bmatrix}\begin{bmatrix} x_0 \\ x_1 \end{bmatrix}=[y_0 \quad y_1]\begin{bmatrix} f(p) & 0 \\ 0 & a \end{bmatrix}\begin{bmatrix} y_0 \\ y_1 \end{bmatrix}$$

といった変換のできることは，同じである．

この議論で，変数を増やしてみよう．たとえば

$$f(\boldsymbol{x})=c+2\boldsymbol{b}\cdot\boldsymbol{x}+A\boldsymbol{x}\cdot\boldsymbol{x}, \qquad A^*=A$$

$$=[1 \quad x_1 \quad x_2]\begin{bmatrix} c & b_1 & b_2 \\ b_1 & a_{11} & a_{12} \\ b_2 & a_{21} & a_{22} \end{bmatrix}\begin{bmatrix} 1 \\ x_1 \\ x_2 \end{bmatrix}, \qquad a_{12}=a_{21}$$

を考える．本当は，ここでは「内積線型空間」で考える必要はなくて，$\boldsymbol{b}^*\boldsymbol{x}$ や $\boldsymbol{x}^*A\boldsymbol{x}$ を使った方がよいのだが，1変

数のときの bx や ax^2 と似た形の方が見やすいので，内積の記号を使う．気になる人は $\boldsymbol{x}^*A\boldsymbol{x}$ などでやってくれ．

この場合も，微分は

$$f'(\boldsymbol{x}) = 2(\boldsymbol{b}+A\boldsymbol{x})$$

$$= 2\begin{bmatrix} b_1 & a_{11} & a_{12} \\ b_2 & a_{21} & a_{22} \end{bmatrix}\begin{bmatrix} 1 \\ x_1 \\ x_2 \end{bmatrix}$$

で，1次の項を消すには

$$\boldsymbol{b}+A\boldsymbol{p} = \boldsymbol{0}$$

が解ければよい．とくに

$$\det A \neq 0$$

のときは

$$\boldsymbol{p} = -A^{-1}\boldsymbol{b}$$

になって，そのときの $f(\boldsymbol{p})$ は，

$$\widetilde{A} = \begin{bmatrix} c & b_1 & b_2 \\ b_1 & a_{11} & a_{12} \\ b_2 & a_{21} & a_{22} \end{bmatrix}$$

とでも書くことにすると

$$f(\boldsymbol{p})\det A = \det \widetilde{A}$$

で，

$$f(\boldsymbol{p}) = (\det A)^{-1}\det \widetilde{A}$$

となる．つまり

$$c+2\boldsymbol{b}\cdot\boldsymbol{x}+A\boldsymbol{x}\cdot\boldsymbol{x} = f(\boldsymbol{p})+A\boldsymbol{y}\cdot\boldsymbol{y}$$

のような変形がえられるわけだ．同次3変数だと，

$$cx_0{}^2+2\boldsymbol{b}\cdot x_0\boldsymbol{x}+A\boldsymbol{x}\cdot\boldsymbol{x} = f(\boldsymbol{p})x_0{}^2+A\boldsymbol{y}\cdot\boldsymbol{y}$$

のような形になる．さらに $A\boldsymbol{y}\cdot\boldsymbol{y}$ について同じような議論ができれば，$A\boldsymbol{y}\cdot\boldsymbol{y}$ をふたたび2乗の和に直せることになる．

2次関数のグラフ

この方式は，たとえば

$$2x_1x_2 = [x_1 \quad x_2]\begin{bmatrix}0 & 1\\1 & 0\end{bmatrix}\begin{bmatrix}x_1\\x_2\end{bmatrix}$$

のような場合だと，そのままでは使えない．しかし，このときなら

$$2x_1x_2 = \frac{1}{2}(x_1+x_2)^2 - \frac{1}{2}(x_1-x_2)^2$$

となっていて，だいじょうぶ．まあさしあたりは，

$$A\boldsymbol{x}\cdot\boldsymbol{x} = \lambda_1 {y_1}^2 + \lambda_2 {y_2}^2 + \cdots + \lambda_n {y_n}^2$$

のような変形ができるとしよう．これは，x_ix_j のような項をなくしていくのだから，固有値問題と関連が深い．それは「内積線型空間」の固有値問題で，内積なしでも，上のような議論ですませるが，たいていは内積を使うから，「さしあたり」程度にしてゴマカス．

ここで，1変数の2次関数というのは，「平方完成」をして，1次の項を消してしまえば，0次の項はオマケみたいなものだから，本質的には

$$q(x) = \lambda x^2,$$

実質的には，

$$q(x) = x^2$$

を考えるだけでよかった．放物線である（図1）．

2変数になると，これは

$$q(x_1, x_2) = \lambda_1 x_1{}^2 + \lambda_2 x_2{}^2$$

の形になる．これは，λ_1 と λ_2 の符号の関係によって，かなり違う．

ここで，λ_1 が0になった

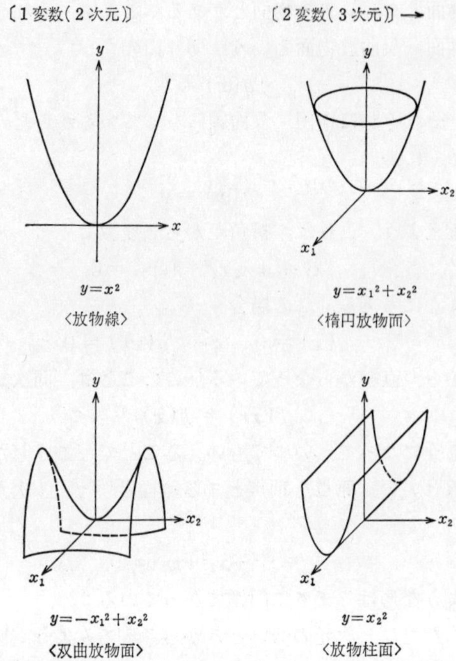

図 1

$$q(x_1, x_2) = \lambda_2 x_2{}^2$$

は，実質的には1変数の場合と変わらない．この場合は，1変数の放物線をズラシタ形で，これは柱面，この場合なら放物柱面になる．こうしたとき，変数の実質的にキイテくるのが減っているわけで，退化が生じているという．

退化のない場合のグラフは放物面であるが，フクランダ放物面とクビレタ放物面とがある．これを，それぞれ楕円放物面，双曲放物面という．切り口の

$$q(\boldsymbol{x}) = k$$

が，それぞれに楕円，双曲線になっているからだ．

とくに，

$$q(\boldsymbol{x}) = 0$$

を考えよう．これは，折角だから3変数で

$$\lambda_1 x_1{}^2 + \lambda_2 x_2{}^2 + \lambda_3 x_3{}^2 = 0$$

のように考える．この場合，

$$q(\boldsymbol{x}) = 0 \quad \text{なら} \quad q(\boldsymbol{x}r) = 0$$

だから，直線からなっている．このことは，同次式なら

$$f(\boldsymbol{x}r) = f(\boldsymbol{x})r^k$$

のようになって，いつでもいえることで，こうした直線を母線といい，原点を頂点とする錐面という．3次元でいえば

$$-x_1{}^2 + x_2{}^2 + x_3{}^2 = 0$$

のような形は，まさに円錐になっている．

ふたたび，次元の低いときから考えてみよう（図2）．

1変数のとき

$$x^2 = 0$$

は，これは「2次方程式の重根」にすぎない．これを，「2重の点」と考える．

2変数になると，符号によって様子が変わる．

$$x_1{}^2 + x_2{}^2 = 0$$

は，原点のところしかないのだが，複素数まで考えると，

$$x_1{}^2 + x_2{}^2 = (x_1 + ix_2)(x_1 - ix_2)$$

なので，虚の直線が2本交わって，原点のところだけ実の「2重点」が見えている，というように考えられる．幽霊が交点にだけ出現する，といった感じだ．虚の部分を実平面上に図示するのはナンセンスだが，気は心で書いておく．

退化した場合は，「2重点」をズラシタものだから，「2重直線」になっている．

3変数になると，退化しない場合は，3つとも同符号の場合の虚錐面と，1つの符号の違うふつうの2次の錐面の2つの場合がある．この虚錐面というのも，頂点のところだ

〔1次元〕

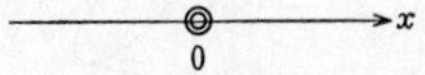

$x^2=0$

〈2重点〉

図 2（その1）

〔2次元〕→

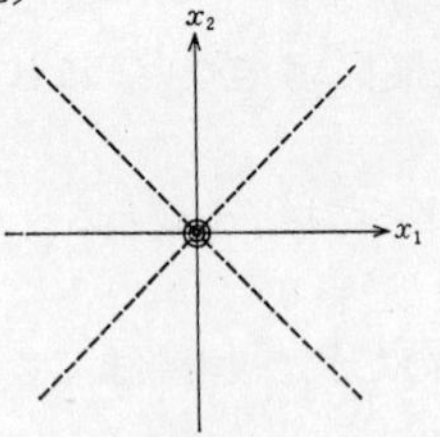

$x_1^2+x_2^2=0$

〈虚2直線〉

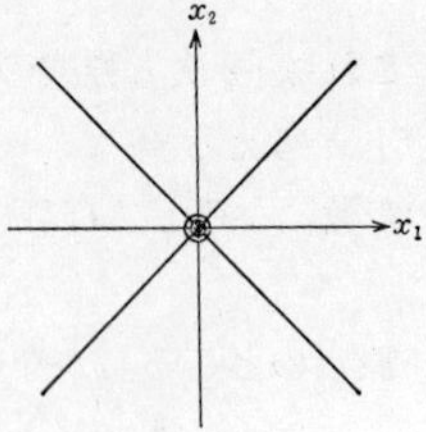

$-x_1^2+x_2^2=0$

〈2直線〉

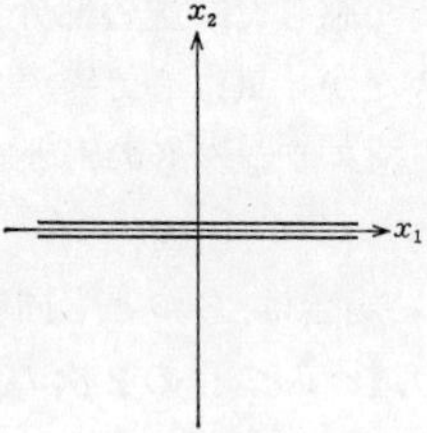

$x_2^2=0$

〈2重直線〉

〔3次元〕→

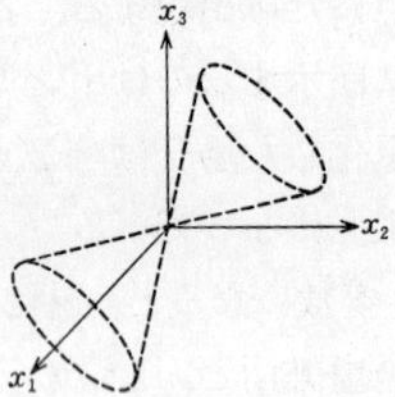

$x_1^2+x_2^2+x_3^2=0$

〈虚錐面〉

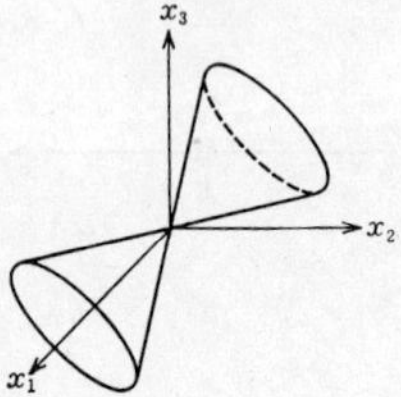

$-x_1^2+x_2^2+x_3^2=0$

〈錐面〉

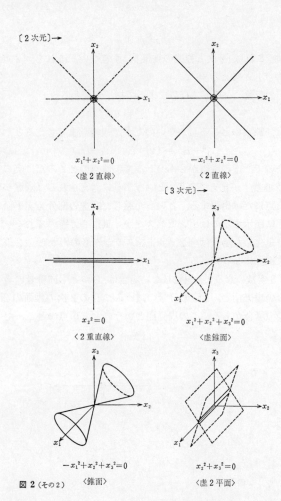

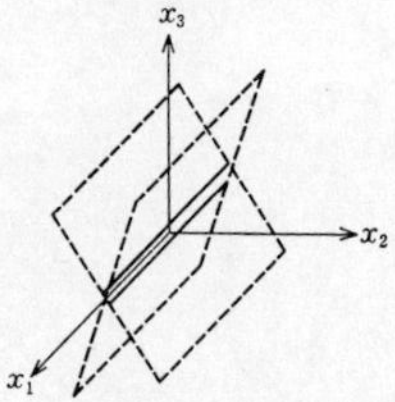

$x_2^2+x_3^2=0$

〈虚2平面〉

図 2 (その2)

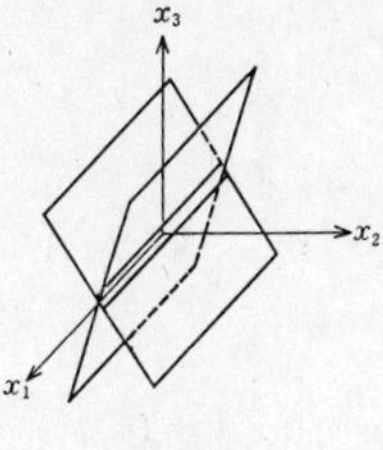

$-x_2{}^2+x_3{}^2=0$

〈2平面〉

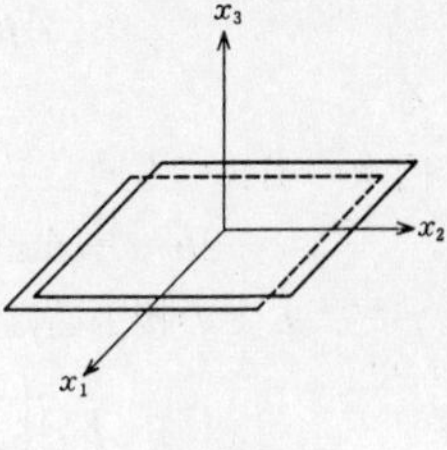

$x_3{}^2=0$

〈2重平面〉

図 2（その3）

け，ヴァルプルギスの夜みたいに，虚な母線が一堂に会して実となる．

退化した場合は，2平面になるか，虚2平面で交線だけが2重直線か，もしくは退化の度合が進んで「2重平面」になるかである．

接平面

同次2次関数

$$q(\boldsymbol{x}) = A\boldsymbol{x}\cdot\boldsymbol{x}, \qquad A^* = A$$

について，

$$q'(\boldsymbol{x}) = 2A\boldsymbol{x}$$

だったので，

$$A\boldsymbol{p}\cdot\boldsymbol{p} = 0$$

となる点での接平面は

$$A\boldsymbol{p}\cdot(\boldsymbol{x}-\boldsymbol{p}) = 0$$

で，したがって

$$A\boldsymbol{p}\cdot\boldsymbol{x}=0$$

になる．

非同次の場合でも同じで，たとえば

$$c+2\boldsymbol{b}\cdot\boldsymbol{x}+A\boldsymbol{x}\cdot\boldsymbol{x}=0, \qquad A^*=A$$

について，$\boldsymbol{p}$ での接平面は

$$[1 \quad \boldsymbol{p}^*]\begin{bmatrix} c & \boldsymbol{b}^* \\ \boldsymbol{b} & A \end{bmatrix}\begin{bmatrix} 1 \\ \boldsymbol{x} \end{bmatrix}=0$$

すなわち

$$c+\boldsymbol{b}\cdot(\boldsymbol{x}+\boldsymbol{p})+A\boldsymbol{p}\cdot\boldsymbol{x}=0$$

になる．これは，高校の「解析幾何」で，楕円や双曲線の接線を求めたのと同じである．

ところで，接平面というからには，

$$A\boldsymbol{x}\cdot\boldsymbol{x}=0$$

のときなら，

$$A\boldsymbol{p}\neq\boldsymbol{0}$$

でないと困る．そうでなくて

$$A\boldsymbol{p}=\boldsymbol{0}$$

なら，接平面が定まらない．このような点を特異点というが，錐面では頂点が特異点だったのである．特異点の全体は部分線型空間で，退化して2平面なら交線，さらに退化して2重平面なら平面が特異点の部分空間になっている．非同次の場合だと，部分アファイン空間の

$$\boldsymbol{b}+A\boldsymbol{p}=\boldsymbol{0}$$

になる．これらは，〈2重〉になっている点である．

ところで，放物面

$$y = A\boldsymbol{x}\cdot\boldsymbol{x}$$

では，原点での接平面は，当然に（もともとが2次から始まって1次の項がないから），

$$y = 0$$

になっている．そして，この交線は

$$A\boldsymbol{x}\cdot\boldsymbol{x} = 0$$

になる．

このことは一般にも成立して，2次曲面と平面の交わりは，2次曲線になるわけで，とくに接平面との交わりにしても2次曲線になるはずだ．ちょっと考えると，曲面と接平面の交わりが2次曲線なんて，ヘンなようだが，接平面と曲面との接点というのは〈2重〉になっているのだから，この2次曲線というのは接点を特異点にしている．2次元の場合でいえば，これは接点で交わる2直線ということになる．

たしかに，クビレタ放物面の

$$y = -{x_1}^2 + {x_2}^2$$

の場合だと，接平面との交わりは

$$(-x_1 + x_2)(x_1 + x_2) = 0$$

だし，退化した放物柱面の

$$y = {x_2}^2$$

だと，2重直線の

$${x_2}^2 = 0$$

になる．ヘンな感じのするのは，フクランダ放物面

$$y = {x_1}^2 + {x_2}^2$$

の場合だが，これだって

$$(x_1+ix_2)(x_1-ix_2)=0$$

だから，虚2直線が交わって，原点だけが実に現われて2重点として見えているわけだ．

こんどは，特異点のない場合を考える．これは，射影座標だと，もう1次元あがって

$$\lambda_0 x_0{}^2+\lambda_1 x_1{}^2+\lambda_2 x_2{}^2+\lambda_3 x_3{}^2=0$$

になるので，符号では，退化がなければ，全部同じか，3と1か，2と2かに分かれる．全部同じというのは，虚楕円面

$$1+x_1{}^2+x_2{}^2+x_3{}^2=0$$

で，2と2になるのは

$$1+x_1{}^2-x_2{}^2-x_3{}^2=0$$

になる．これは，クビレタ双曲面で，1葉双曲面という．この場合，

$$1-x_2{}^2=x_3{}^2-x_1{}^2$$

だから，直線群（αはパラメーター）

$$\alpha(1-x_2)=(x_3-x_1), \qquad (1+x_2)=\alpha(x_3+x_1)$$

は，この双曲面の上にある．これは双曲面がツヅミの形をしていて，こうした直線がツヅミの緒になる．それと交叉する方の緒は

$$\beta(1-x_2)=(x_3+x_1), \qquad (1+x_2)=\beta(x_3-x_1)$$

になっている．

これに対して，

$$1-x_1{}^2-x_2{}^2-x_3{}^2=0$$

は楕円面でフクランデいる．この場合にしても，複素直線

の

$$\alpha(1-x_2) = (x_3 - ix_1), \qquad (1+x_2) = \alpha(x_3 + ix_1)$$

がのっているのだが，αは複素パラメーターで，1つのαについて実の現われるのは1点だけなので，αを複素数全体，つまり実2次元だけ動かさないと，曲面が出てこない．このことが，ちょっと奇妙な感じを与えている．

フクランダ双曲面の方は，

$$1-{x_1}^2+{x_2}^2+{x_3}^2 = 0$$

といった2葉双曲面である．ぼくは，クビレタ方をウエスト型．フクランダ方をバスト型と呼んでいたら，ボインとボインが向き合っているではないかと抗議されたので，苦しまぎれにレズビアン・ハイパボロイドと命名したことがある．

例によって，順に図をかいておこう（図3）．

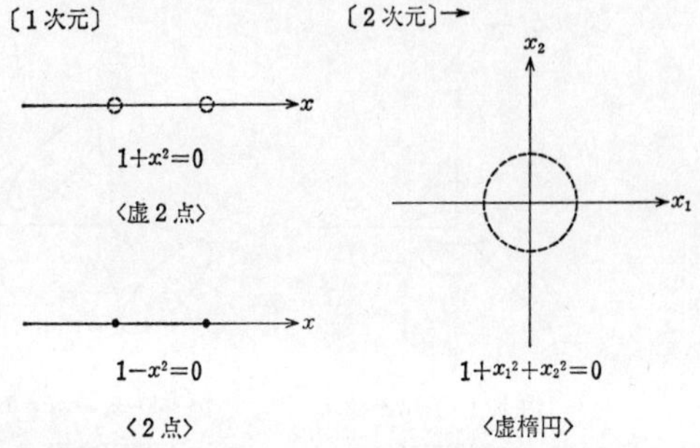

図3（その1）

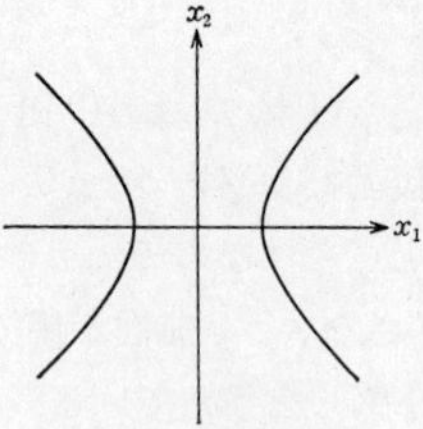

$1-x_1^2+x_2^2=0$

〈双曲線〉

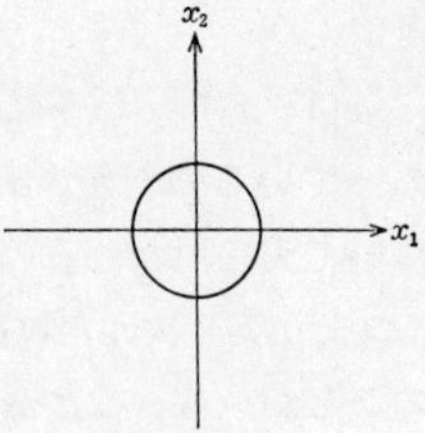

$1-x_1^2-x_2^2=0$

〈楕円〉

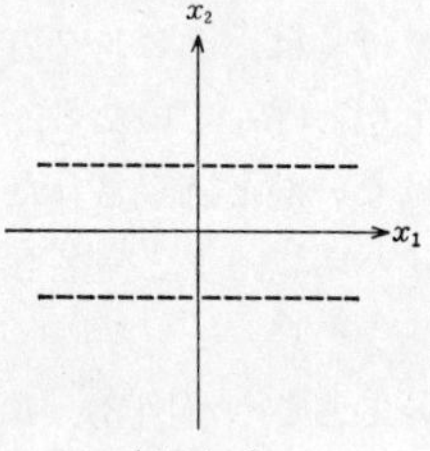

$1+x_2^2=0$

〈虚平行2直線〉

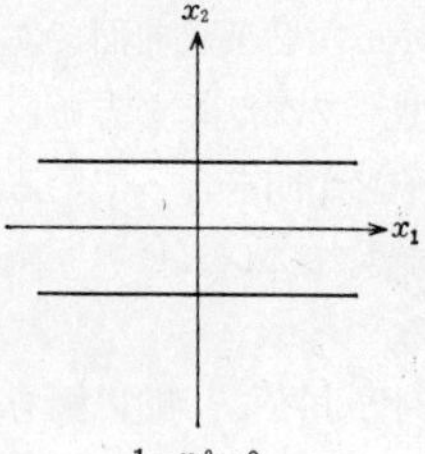

$1-x_2^2=0$

〈平行2直線〉

〔3次元〕→

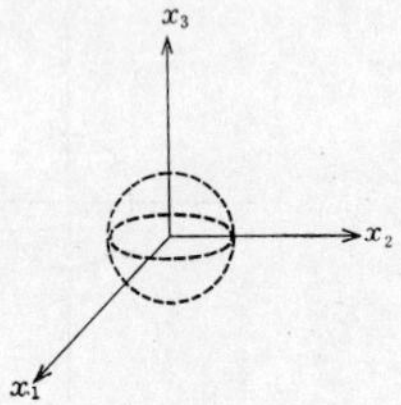

$1+x_1^2+x_2^2+x_3^2=0$

〈虚楕円面〉

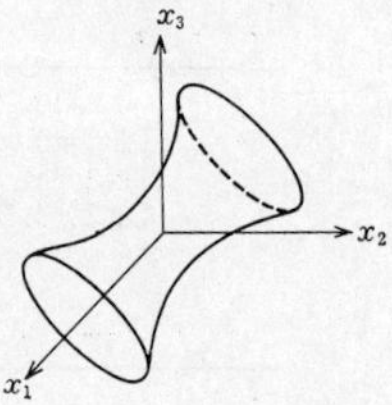

$1+x_1^2-x_2^2-x_3^2=0$

〈1葉双曲面〉

図 3（その2）

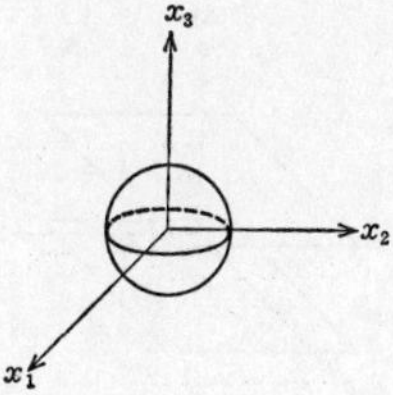

$1-x_1^2-x_2^2-x_3^2=0$

〈楕円面〉

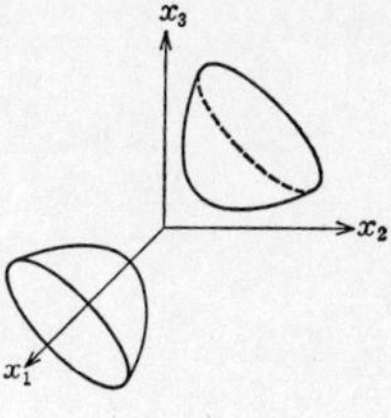

$1-x_1^2+x_2^2+x_3^2=0$

〈2 葉双曲面〉

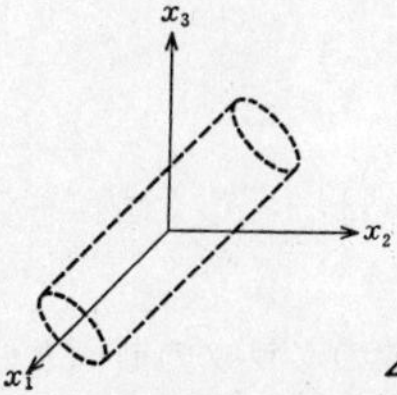

$1+x_2^2+x_3^2=0$

〈虚楕円柱面〉

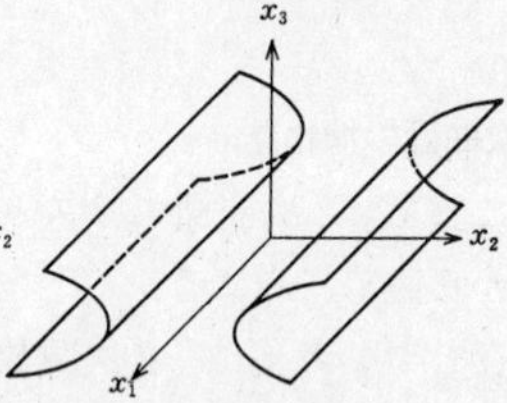

$1-x_2^2+x_3^2=0$

〈双曲柱面〉

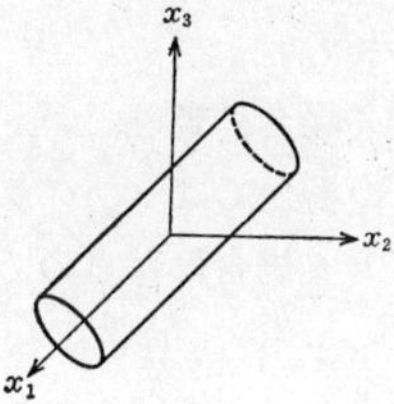

$1-x_1^2-x_2^2=0$

〈楕円柱面〉

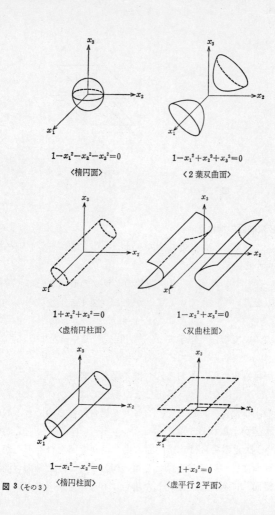

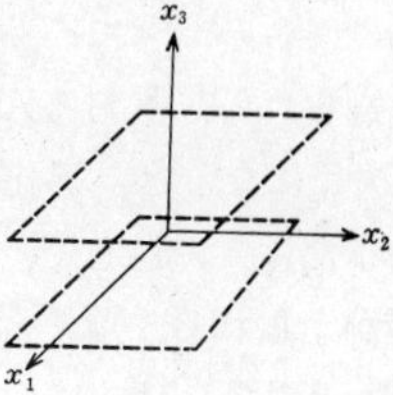

$1+x_3^2=0$

〈虚平行 2 平面〉

図 3（その3）

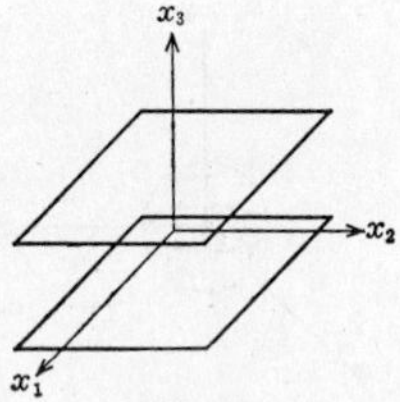

$1-x_3{}^2=0$

〈平行2平面〉

図 3（その4）

2次曲面の博物誌

これで，2次曲面のリストは揃った．これを少し別の観点から眺めてみよう．

ひとつの考えは，2次関数のグラフの断面として，等高線を書いて考えていくことがある（図4）．1変数の

$$q(x) = x^2$$

についてなら，中学で「2次方程式」でやったように，

$$x^2 = k$$

が目盛られる．もちろん，虚の場合は書けない．

2次元になると，退化しない場合では，フクランダ場合の山または穴に対して，クビレタ場合は鞍点のできる峠の地図がえられる．

3次元の場合は，楕円面の場合はゆで卵をむく形だが，双曲面については1葉と2葉の境目がちょうど錐面（漸近錐面）にあたる．退化した場合はもうエをかくのがメンド

クサイ．省略．

ここで，放物線や放物面が出てこない．これは，非同次から1次の項を消そうとするとき，A に退化があるとき，その退化部分の1次は消しようがないので，

$$y = 2x_1 + x_2{}^2$$

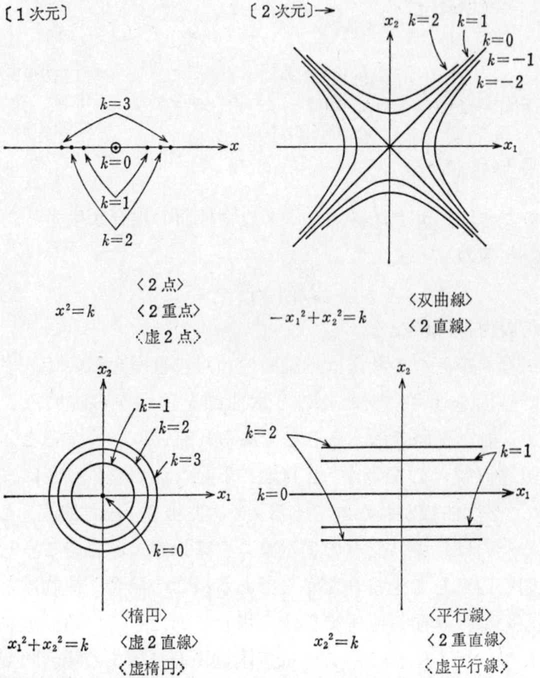

図 4（その1）

〔3次元〕→

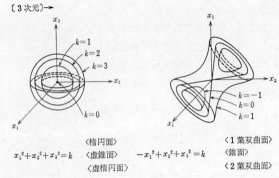

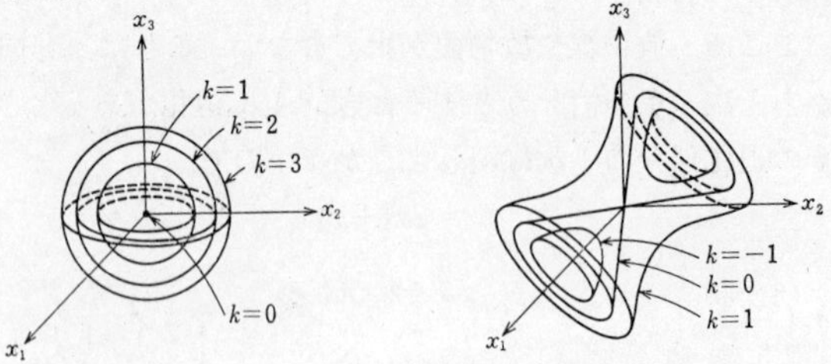

$x_1{}^2+x_2{}^2+x_3{}^2=k$　〈楕円面〉〈虚錐面〉〈虚楕円面〉

$-x_1{}^2+x_2{}^2+x_3{}^2=k$　〈1葉双曲面〉〈錐面〉〈2葉双曲面〉

図 4（その2）

のように，ナナメにカシイダ放物柱面の場合が生ずる．このときの

$$2x_1+x_2{}^2=k$$

が放物線群になる．

もうひとつの考えは，錐面の頂点に目玉をおいて，平面で錐面を切り，交わりの2次曲線を頂点から眺めることで，射影平面で考えることである（図5）．こうすると，無限遠直線との交点が，2点か，2重点か，虚2点かによって，2次曲線がわかれてくる．2次曲線を「円錐曲線」と言ったのは，ギリシャのアポロニウス以来，円錐のこうした切り口として生まれたからである．この場合，放物線というのは，無限遠直線に接する場合にあたっている．放物面についても同様で，これは無限遠平面に接する場合だが，接平面との交わりが2直線になるのがクビレタとき，虚2

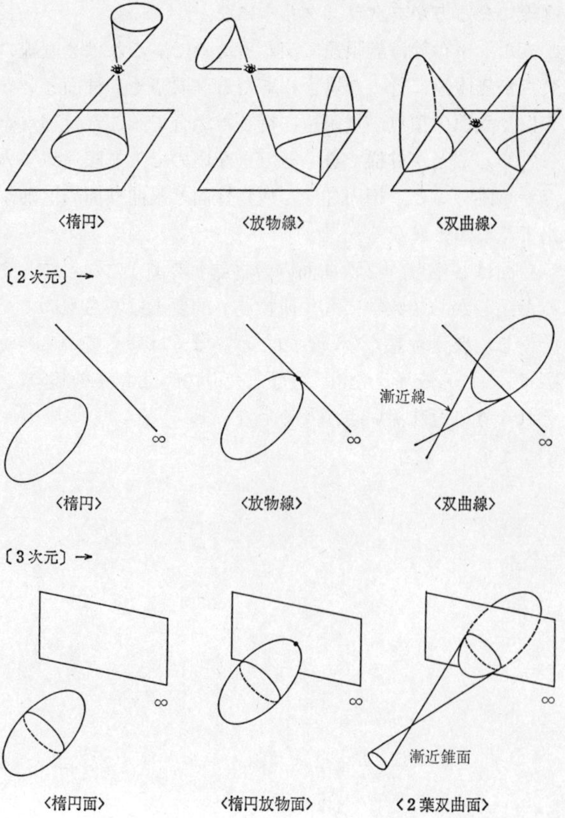
〈楕円〉
〈放物線〉
〈双曲線〉
〔2次元〕→
漸近線
∞
∞
∞
〈楕円〉
〈放物線〉
〈双曲線〉
〔3次元〕→
∞
∞
∞
漸近錐面
〈楕円面〉
〈楕円放物面〉
〈2葉双曲面〉

図 5

直線になる方がフクランダときになる．

また，平行線は無限遠で交わったので，これは2直線の交点が無限遠に行った場合にあたる．同じく，柱面というのは，錐面の頂点が無限遠に行った場合で，これは頂点から眺めることが神様でないとできないので，無限遠以外の点から眺めると，楕円柱面と放物柱面と双曲柱面の区別が出てくることになる．

今回はどうも，「2次曲面の博物誌」のようになってしまった．しかし，数学にも「博物誌」的要素はあるもので，そうした要素も悪くないものだと，ぼくは考えている．実際に，これらを考えたり，分類したりのさまざまの観点は，それなりに意味深い点がなくもない．

15
極　値

複素内積

実2次式と固有値問題の関係として，実対称行列の固有値を問題にしよう．実は，この場合は固有値は全部実数になる．しかし，実数になるという証明は，複素数で考えておいて，それが実数になると言った方が便利だ．それで，複素係数での問題とした方がよい．

そのために，複素内積空間を考えよう．この場合

$$\sum {x_i}^2$$

では正どころか，実数にすらならない．それで

$$|\boldsymbol{x}|^2 = \sum |x_i|^2$$

の方がよい．そのためには

$$\boldsymbol{x} \cdot \boldsymbol{y} = \sum x_i \overline{y}_i$$

にしておかねばならない．

一般化もしたいわけだが，今の場合，$\boldsymbol{y}$ を固定すると $\boldsymbol{x}$ について線型になる．ところが $\boldsymbol{x}$ を固定したときは，加法性の方はよいのだが，r 倍については

$$\boldsymbol{x} \cdot (\boldsymbol{y} r) = (\boldsymbol{x} \cdot \boldsymbol{y}) \overline{r}$$

となってしまって，共役の

$$r \longmapsto \overline{r}$$

という，複素数の自己同型が入ってしまう．こうしたのを半線型という習慣があって，それで $\boldsymbol{x}$ については線型，$\boldsymbol{y}$ については半線型ということになる．ブルバキ派は，$\boldsymbol{x}$ についても $\boldsymbol{y}$ についても線型が bilinear（双線型）なので，sesquilinear といっている．sesqui というのは「1つ半」という接頭語なのだそうだが，日本語にはそんなうまい接頭語がない．ただし，$\boldsymbol{x}$ と $\boldsymbol{y}$ のどちらを「半」にするかは，趣味の問題で，「数学」では $\boldsymbol{y}$，「量子力学」では $\boldsymbol{x}$ が普通のようだ．

この場合には，たいていのことは実係数と同じで，対称性のところを，エルミート性

$$\boldsymbol{y}\cdot\boldsymbol{x} = \overline{\boldsymbol{x}\cdot\boldsymbol{y}}$$

におきかえればすむ．ここで困るのは，シュバルツの不等式

$$|\boldsymbol{x}\cdot\boldsymbol{y}| \leqq |\boldsymbol{x}||\boldsymbol{y}|$$

で，

$$|\boldsymbol{x}\lambda+\boldsymbol{y}\mu|^2 = |\boldsymbol{x}|^2|\lambda|^2+\boldsymbol{x}\cdot\boldsymbol{y}\lambda\overline{\mu}+\overline{\boldsymbol{x}\cdot\boldsymbol{y}}\overline{\lambda}\mu+|\boldsymbol{y}|^2|\mu|^2$$

のようになってきて，一工夫いるようになる．$\boldsymbol{x}\cdot\boldsymbol{y}$ の偏角が消えるように μ をとる流儀とか，2次方程式の判別式に持ちこまないで，この内積の形で「平方完成」する流儀とか，線型代数の教科書の著者たちが「エレガントさ」競争をしている．ぼくはそうした趣味がないので，競争からおりる．本質的には同じことだ．

この場合は，

$$A\boldsymbol{x}\cdot\boldsymbol{y} = \boldsymbol{x}\cdot A^*\boldsymbol{y}$$

にするためには,

$$\boldsymbol{x}\cdot\boldsymbol{y} = \boldsymbol{y}^*\boldsymbol{x}$$

になるようにしておかないとツジツマがあわないので,

$$a_{ij}{}^* = \bar{a}_{ji}$$

としておかねばならない. この意味での

$$A = A^*$$

すなわち

$$a_{ji} = \bar{a}_{ij}$$

となる行列はエルミート行列という. 同じように

$$U^{-1} = U^*$$

は, ユニタリー行列という. これは, 複素内積を変えないという条件になる.

要するに, 複素係数で扱うときは, 共役の影響があちこちに出てくるのだが, その特別の場合として実係数を扱うと, そうした心配はいらない, というだけ.

ここで, エルミート行列は (したがって実対称行列は) 固有値が実数になる. なぜなら

$$A\boldsymbol{a} = \lambda\boldsymbol{a}, \quad \boldsymbol{a} \neq \boldsymbol{0}$$

なら

$$\lambda|\boldsymbol{a}|^2 = \lambda\boldsymbol{a}\cdot\boldsymbol{a} = A\boldsymbol{a}\cdot\boldsymbol{a} = \boldsymbol{a}\cdot A\boldsymbol{a} = \boldsymbol{a}\cdot\lambda\boldsymbol{a} = \bar{\lambda}|\boldsymbol{a}|^2$$

から

$$\lambda = \bar{\lambda}$$

となるからである.

さらに, ここで

$$\boldsymbol{a}\cdot\boldsymbol{x} = 0$$

とすると，

$$\boldsymbol{a}\cdot A\boldsymbol{x} = A\boldsymbol{a}\cdot\boldsymbol{x} = \lambda\boldsymbol{a}\cdot\boldsymbol{x} = 0$$

になってしまう．つまり

$$\{\boldsymbol{x} \mid \boldsymbol{a}\cdot\boldsymbol{x} = 0\}$$

も A で不変になる．

そうすると，つぎつぎと分解できてしまうので，エルミート行列は，直交座標で分解することができることになる．普通はここのところは，

$$A\boldsymbol{a} = \lambda\boldsymbol{a},\ \boldsymbol{a} \neq \boldsymbol{0}, \qquad A\boldsymbol{b} = \mu\boldsymbol{b},\ \boldsymbol{b} \neq \boldsymbol{0} \qquad \lambda \neq \mu$$

のとき，

$$\lambda(\boldsymbol{a}\cdot\boldsymbol{b}) = A\boldsymbol{a}\cdot\boldsymbol{b} = \boldsymbol{a}\cdot A\boldsymbol{b} = \mu(\boldsymbol{a}\cdot\boldsymbol{b})$$

として，

$$\boldsymbol{a}\cdot\boldsymbol{b} = 0$$

をいうのだが，重根があっても，ベキ零部分は出ずにどんどん分解できることはどうせ必要である．

このことは，実数 λ_i で

$$U^{-1}AU = \begin{bmatrix} \lambda_1 & & 0 \\ & \ddots & \\ 0 & & \lambda_n \end{bmatrix}$$

となっているのだが，U はユニタリー行列（実係数の場合なら，直交行列）で

$$U^{-1} = U^*$$

になっている．これで，線型変換の座標変換の式

$$A' = U^{-1}AU$$

と，実 2 次式の座標変換の式

$$A' = U^*AU$$

を使いわける必要がない.

まえに，2次曲面を調べるのに，係数を0, ±1ぐらいに限定したが，本当は実数λ_iで，あと座標のスケールを変えれば，±1でだいたいの形状がわかるからである.

このあと，複素内積空間でのスペクトル分解を体系的に展開できるのだが，ここでは禁欲して，実2次関数に話題を限定して話を進めよう.

2次の極値

1変数関数$f(x)$について

$$f(x) = f(a)+f'(a)(x-a)+\frac{1}{2}f''(a)(x-a)^2+o(|x-a|^2)$$

と近似できる．そこで，まず1次の部分

$$dy = f'dx$$

を考えて，この係数が0

$$f' = 0$$

で，fが定常であるところを求めた．次に，このときの2次の部分を考えると，

$$d^2y = f''dx^2$$

となるわけで，

$$f'' \gtreqless 0$$

で，極小か極大かがわかった.

これが2変数関数になっても

$$f(\boldsymbol{x}) = f(\boldsymbol{a})+f'(\boldsymbol{a})(\boldsymbol{x}-\boldsymbol{a}) + \frac{1}{2}f''(\boldsymbol{a})(\boldsymbol{x}-\boldsymbol{a})\cdot(\boldsymbol{x}-\boldsymbol{a})+o(|\boldsymbol{x}-\boldsymbol{a}|^2)$$

は同じである．ただし，

$$f'd\boldsymbol{x} = \begin{bmatrix} \dfrac{\partial f}{\partial x_1} & \dfrac{\partial f}{\partial x_2} \end{bmatrix} \begin{bmatrix} dx_1 \\ dx_2 \end{bmatrix}$$

としなければならないし，

$$f''d\boldsymbol{x}\cdot d\boldsymbol{x} = [dx_1 \quad dx_2] \begin{bmatrix} \dfrac{\partial^2 f}{\partial x_1 \partial x_1} & \dfrac{\partial^2 f}{\partial x_1 \partial x_2} \\ \dfrac{\partial^2 f}{\partial x_2 \partial x_1} & \dfrac{\partial^2 f}{\partial x_2 \partial x_2} \end{bmatrix} \begin{bmatrix} dx_1 \\ dx_2 \end{bmatrix}$$

としなければならない．もちろん，

$$\frac{\partial^2 f}{\partial x_1 \partial x_2} = \frac{\partial^2 f}{\partial x_2 \partial x_1}$$

となるような，正則性の適当にある場合を問題にしているのである．

ここで，2次関数

$$q(\boldsymbol{x}) = A\boldsymbol{x}\cdot\boldsymbol{x}$$

についての，$\mathbf{0}$ で極大か極小かが問題になる．それは，2変数でいえば，楕円放物面の場合は極大か極小であったし，双曲放物面の場合には鞍点となって，極大でも極小でもなかった．谷づたいには極大，尾根づたいには極小としての〈峠〉というのは，2変数になって生ずる重要な概念である．この場合は，クビレタ放物面で，峠での水平面が，放物面と切り結んでいたわけだ．

ここでは，すべての$\boldsymbol{x}$で

$$A\boldsymbol{x}\cdot\boldsymbol{x} \geqq 0$$

という条件が，2次関数の極小条件としての意味を持つ．これは，一種の「Aが正」ということだが，最近では数理経済などで成分がすべて正を問題にするのとまぎらわしいので，正型と呼んでおこう．これに対して

$$\boldsymbol{x} \neq \boldsymbol{0} \quad \text{なら} \quad A\boldsymbol{x}\cdot\boldsymbol{x} > 0$$

の方は，真に正型と呼ぼう．「嘘の正」があるみたいだが，「真に」はstrictlyの訳で，当節は「正」に0を入れるのがはやってきたので，こんなことになった．昔はstrictな方を単に「正」，0の入る方は「非負」といっていたものだ．この他に，正定値，正定符号などの用語が使われることもある．

ここで，固有値に直すと

$$A:\text{正型} \iff \lambda_i \geqq 0$$
$$A:\text{真に正型} \iff \lambda_i > 0$$

ということになる．ここで

$$\det A = \lambda_1\lambda_2\cdots\lambda_n$$

だから，正型なら

$$\det A \geqq 0,$$

真に正型なら

$$\det A > 0$$

となる．

ここで，x_iのうちいくつかを0にしても，正型は言えるはずだから，行列の一部分（小行列）

$$A_I = (a_{ij})_{i,j \in I}$$

をとると，この行列式（小行列式）についても

$$\det A_I \geqq 0$$

のようになる．

真に正型の方については，この逆の問題を考えることができる．

$$\det A \neq 0$$

のとき，

$$A_2 = (a_{ij})_{i,j \geqq 2}$$

とすると，「平方完成」で

$$A\boldsymbol{x}\cdot\boldsymbol{x} = \frac{\det A}{\det A_2}{x_1}^2 + A_2\boldsymbol{\xi}\cdot\boldsymbol{\xi}$$

というように，次元を1つ落とすことができた．そこで A が真に正型とは，

$$\det A > 0, \quad \det A_2 > 0, \quad A_2\text{が真に正型}$$

ということになる．それで

$$A_k = (a_{ij})_{i,j \geqq k} \qquad (A_1 = A)$$

とすると，真に正型とは

$$\det A_1,\ \det A_2,\ \cdots,\ \det A_n > 0$$

ということになる．

高校の2変数の

$$q(x, y) = [x \quad y]\begin{bmatrix} a & b \\ b & c \end{bmatrix}\begin{bmatrix} x \\ y \end{bmatrix}$$

については，これが

$$ac - b^2,\ c > 0$$

ということになっている.

なお，もちろんのことだが，ここで座標の順序はどうでもよい．射影座標と関係づけたため，小行列式が左上から削っていくようになってしまったが，普通はむしろ逆で，右下から削っていく.

条件付極値

2変数以上の関数の場合，特徴的に出てくる問題は，条件付極値の問題

$$g(\boldsymbol{x}) = 1 \text{ のときの } f(\boldsymbol{x}) \text{ の極値}$$

がある.

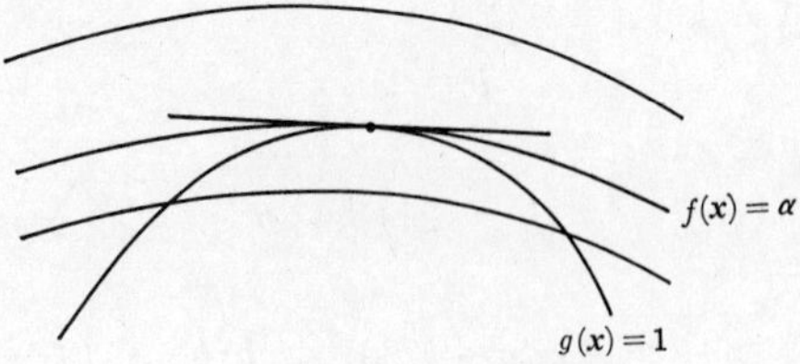

これがラグランジュの乗数法で，次元が高くとも，微分で考えると，

$$\boldsymbol{g}' d\boldsymbol{x} = \boldsymbol{0}$$

のときに

$$\boldsymbol{f}' d\boldsymbol{x} = \boldsymbol{0}$$

となる条件を求めればよいので，$\boldsymbol{g}$ の接平面に $\boldsymbol{f}$ の接平面が入る条件，つまり行列 $\boldsymbol{f}'$ のヨコベクトルが行列 $\boldsymbol{g}'$ のヨコベクトルから張られることになる．さしあたり，2次元

でいうと，等高線

$$f(\boldsymbol{x})=\alpha$$

が，曲線

$$g(\boldsymbol{x})=1$$

と共通接線を持つ条件は，

$$f'=\lambda g'$$

と考えればよい．このことは，相互的なので，

$$f(\boldsymbol{x})=1 \text{ のときの } g(\boldsymbol{x}) \text{ の極値}$$

にしても，同じ問題になる．

いま，真に正型な A について

$$A\boldsymbol{x}\cdot\boldsymbol{x}=1 \text{ のときの } \boldsymbol{b}\cdot\boldsymbol{x} \text{ の極値}$$

を考えてみよう．これは

$$\boldsymbol{b}=2\lambda A\boldsymbol{x}$$

となるので，

$$\boldsymbol{x}=(2\lambda)^{-1}A^{-1}\boldsymbol{b}$$

のときで，

$$A\boldsymbol{x}\cdot\boldsymbol{x}=(2\lambda)^{-2}A^{-1}\boldsymbol{b}\cdot\boldsymbol{b}$$

なので，

$$(2\lambda)^2=A^{-1}\boldsymbol{b}\cdot\boldsymbol{b}$$

となる．このとき

$$\boldsymbol{b}\cdot\boldsymbol{x}=\pm\sqrt{A^{-1}\boldsymbol{b}\cdot\boldsymbol{b}}$$

が極値になっている．

このことは，

$$\boldsymbol{B}=\{\boldsymbol{x}\,|\,A\boldsymbol{x}\cdot\boldsymbol{x}\leqq 1\},\qquad \boldsymbol{B}'=\{\boldsymbol{y}\,|\,A^{-1}\boldsymbol{y}\cdot\boldsymbol{y}\leqq 1\}$$

とするとき，

$$\max_{\sqrt{A\boldsymbol{x}\cdot\boldsymbol{x}}\leqq 1} |\boldsymbol{x}\cdot\boldsymbol{y}| = \sqrt{A^{-1}\boldsymbol{y}\cdot\boldsymbol{y}}, \qquad \max_{\sqrt{A^{-1}\boldsymbol{y}\cdot\boldsymbol{y}}\leqq 1} |\boldsymbol{x}\cdot\boldsymbol{y}| = \sqrt{A\boldsymbol{x}\cdot\boldsymbol{x}}$$

といった関係になっている．

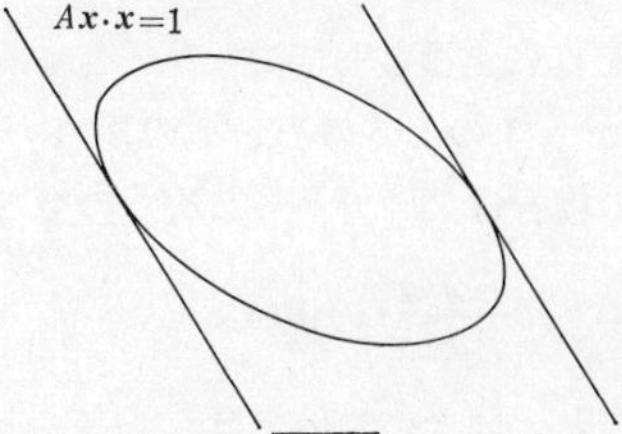

これは，点 $\boldsymbol{x}$ が動いて作れる曲線を，接線 $\boldsymbol{y}\cdot\boldsymbol{x}=\alpha$ を動かしてマルメコムと考えると，$\boldsymbol{y}$ の方を双対での「点」と考えるとき，それは

$$A^{-1}\boldsymbol{y}\cdot\boldsymbol{y}=1$$

という曲線の方を動いていることになる．こうした，点が動くのと，接線でマルメコマレルのと，2次曲線は双方に考えられるが，双対にうつすと

$$\text{点} \longleftrightarrow \text{線}$$

が入れかわることになる．いまは，線型空間と2次曲線の議論として考えているが，こうしたことが考察されたのは，もっと古典的に射影幾何を扱っていた時代からで，それは双対性の認識の起源になった．

ま，難しげに議論をしてはおるが，この種の問題は2次曲線の接線として処理するのと，本質的には同じことで，この程度の問題は高校でもやったと思う．ただ高校に比べれば，$A^{-1}\boldsymbol{y}\cdot\boldsymbol{y}$ が出てきただけが進歩という程度．

固有値と極値

こんどは，A を真に正型として

$$A\boldsymbol{x}\cdot\boldsymbol{x}=1 \text{ のときの } B\boldsymbol{x}\cdot\boldsymbol{x} \text{ の極値}$$

を考えよう．この場合は，両方とも 2 次なので

$$\frac{B\boldsymbol{x}\cdot\boldsymbol{x}}{A\boldsymbol{x}\cdot\boldsymbol{x}} \text{ の極値}$$

といっても同じこと．同次については

$$\left(\frac{f}{g}\right)'=\frac{f'g-fg'}{g^2}$$

を考えると，

$$\frac{f}{g}=\frac{f'}{g'}=\lambda$$

を考えて，

$$g=1,\ f'=\lambda g' \text{ のとき，極値 } f=\lambda$$

という形でラグランジュを考えてもよい．

さて，2 次の場合は

$$B\boldsymbol{x}=\lambda A\boldsymbol{x}$$

が条件になっている．これは固有値問題の形と同じである．普通の固有値問題というのは

$$\boldsymbol{x}\cdot\boldsymbol{x}=1 \text{ のときの } B\boldsymbol{x}\cdot\boldsymbol{x} \text{ の極値}$$

なのだ．これは，

$$B\boldsymbol{x}\cdot\boldsymbol{x}=1 \text{ のときの } \boldsymbol{x}\cdot\boldsymbol{x} \text{ の極値}$$

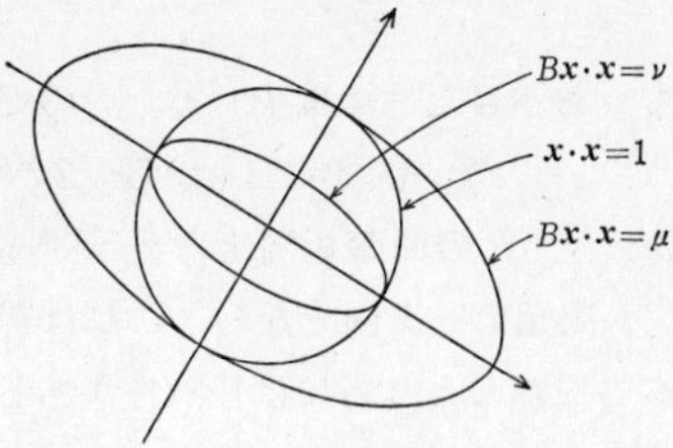

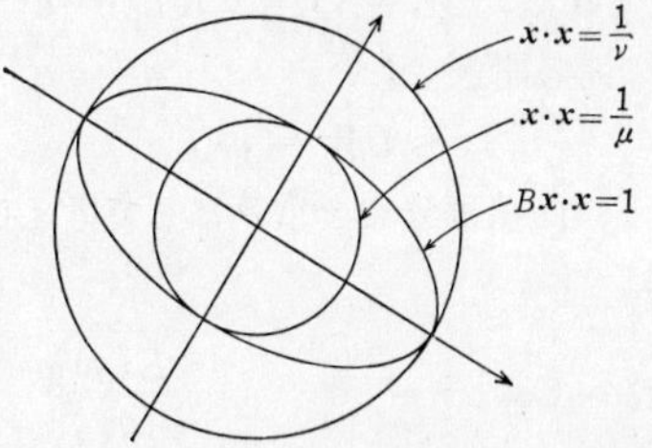

と考えてもよい.

このことは，たとえば楕円でいえば，長径と短径を求めることに対応している．また，実際上で対称行列の固有値を求めるのに，極値計算として考えた方がよいこともある．面倒だからやめたが，実係数の範囲だけで対称行列の固有値を考えるときは，こちらの方から接近すればよい.

これについても，ごく単純な場合は高校でもやったかもしれないが，本質的には固有値問題そのもので，それを固有値問題と意識しないですむ簡単な場合だけを，高校ではやっていたわけだ．ともかく，2次式の固有値問題というのは，極値問題と関係が深い，というのは重要なことである．

といっても，お題目だけでは少し淋しいので，少し例をやってみよう．いつか，心理学の人から，2次元データ $\boldsymbol{U}$ と $\boldsymbol{W}$ があるとき，その間の相関を考える問題を聞かれたことがある．1次元データ同士なら，これは普通の相関である．データの原点のとり方には任意性があるので，平均が原点に来るようにしておいて，

$$\boldsymbol{U}=\{\boldsymbol{e}t\,|\,t\in\boldsymbol{R}\},\qquad \boldsymbol{W}=\{\boldsymbol{f}t\,|\,t\in\boldsymbol{R}\},\qquad |\boldsymbol{e}|=|\boldsymbol{f}|=1$$

にして，その間の開きぐあい

$$\cos\widehat{\boldsymbol{UW}}=\boldsymbol{e}\cdot\boldsymbol{f}$$

が相関である（内積は分布を重みにして考える）．統計の記号で書けば

$$\begin{aligned}\sigma(x,y)&=\mathrm{Cov}\left(\frac{x-E(x)}{\sqrt{\sigma(x)}},\ \frac{y-E(y)}{\sqrt{\sigma(y)}}\right)\\&=\frac{E((x-E(x))(y-E(y)))}{\sqrt{E((x-E(x))^2)}\sqrt{E((y-E(y))^2)}}\end{aligned}$$

である．通常は，$\boldsymbol{U}$ と $\boldsymbol{W}$ にオリエンテーションがあるから，プラスマイナスがつくが，それはオリエンテーションを変えればプラスになってしまう．

さて，2次元の場合について

$$\boldsymbol{C}=\{\boldsymbol{x}\in\boldsymbol{U}\,|\,|\boldsymbol{x}|=1\},$$
$$\boldsymbol{D}=\{\boldsymbol{y}\in\boldsymbol{W}\,|\,|\boldsymbol{y}|=1\}$$

としておこう．この場合に，$\boldsymbol{D}$ を $\boldsymbol{U}$ に射影すると，円の射影だから当然に楕円になる．$\boldsymbol{U}$ と $\boldsymbol{W}$ が直交したりすると退化するかもしれないし，重なりがあると $\boldsymbol{C}$ と重なる

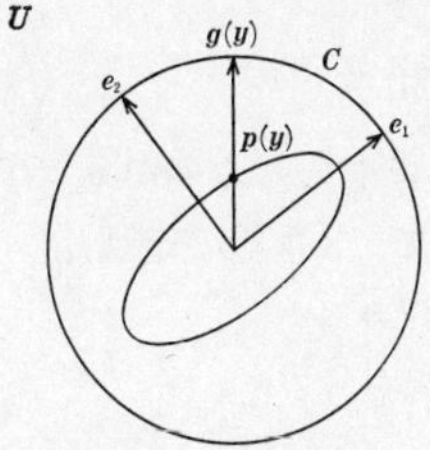

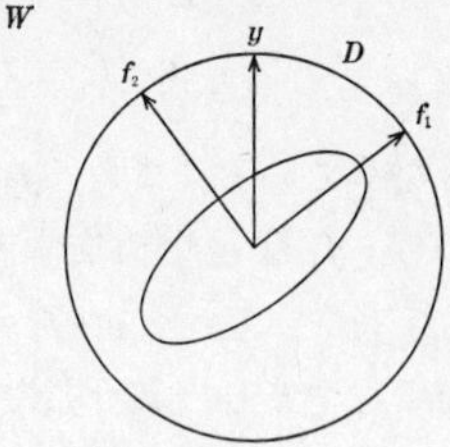

が，普通なら $\boldsymbol{C}$ より内側に楕円ができる．
それは

$$\boldsymbol{g}(\boldsymbol{y})\cdot\boldsymbol{y}=\max_{x\in C}|\boldsymbol{x}\cdot\boldsymbol{y}|,\qquad \boldsymbol{g}(\boldsymbol{y})\in\boldsymbol{C}$$

となる $\boldsymbol{g}(\boldsymbol{y})$ 方向の点 $\boldsymbol{p}(\boldsymbol{y})$ の軌跡になる．図でいえば，$\boldsymbol{U}$ の方では，$\boldsymbol{p}(\boldsymbol{y})$ の真上に $\boldsymbol{y}$ がある．ここで

$$|\boldsymbol{p}(\boldsymbol{y})|=\max_{x\in C}|\boldsymbol{x}\cdot\boldsymbol{y}|$$

というわけ．

ここで長径になる方と，短径になる方を

$$\boldsymbol{e}_1=\boldsymbol{g}(\boldsymbol{f}_1),\qquad \boldsymbol{e}_2=\boldsymbol{g}(\boldsymbol{f}_2)$$

ととると，

$$\boldsymbol{e}_1\cdot\boldsymbol{f}_1=\max_{x\in C,\,y\in D}|\boldsymbol{x}\cdot\boldsymbol{y}|$$

$$\boldsymbol{e}_2\cdot\boldsymbol{f}_2=\min_{y\in D}\max_{x\in C}|\boldsymbol{x}\cdot\boldsymbol{y}|$$

になっている．この $\boldsymbol{e}_1$ と $\boldsymbol{f}_1$ の方は，双方を max をとるのできまるが，$\boldsymbol{e}_2$ と $\boldsymbol{f}_2$ とはそれに直角な方向なので，$\boldsymbol{C}$ を $\boldsymbol{W}$ に射影する方から始めても同じで，

$$\boldsymbol{e}_2\cdot\boldsymbol{f}_2=\min_{\boldsymbol{x}\in C}\max_{\boldsymbol{y}\in D}|\boldsymbol{x}\cdot\boldsymbol{y}|$$

にもなっている．また，$\boldsymbol{f}_1$ を $\boldsymbol{U}$ に射影したのが $\boldsymbol{e}_1$ の方向だから，$\boldsymbol{f}_1$ は $\boldsymbol{e}_2$ と直交するわけで（3垂線の定理），

$$\boldsymbol{e}_1\cdot\boldsymbol{f}_2=\boldsymbol{e}_2\cdot\boldsymbol{f}_1=0$$

となる．つまり，こうした座標系をとると

$$\begin{bmatrix}\boldsymbol{e}_1\cdot\boldsymbol{f}_1 & \boldsymbol{e}_1\cdot\boldsymbol{f}_2\\ \boldsymbol{e}_2\cdot\boldsymbol{f}_1 & \boldsymbol{e}_2\cdot\boldsymbol{f}_2\end{bmatrix}=\begin{bmatrix}\sigma & 0\\ 0 & \tau\end{bmatrix}$$

といった形になって，$\boldsymbol{U}$ と $\boldsymbol{W}$ との「相関」が考えられることになる．

16
振　動

固有振動

まえに，1階の連立線型微分方程式を考えたが，こんどは2階の場合を考えよう．エネルギーの保存される自由振動の場合にしておく．これは，たとえば図のように，バネが2つ連結されている場合を考えればよい．

この場合に，運動方程式を考えると

$$m_1\frac{d^2x_1}{dt^2} = -p_1x_1-p_2(x_1-x_2)$$

$$m_2\frac{d^2x_2}{dt^2} = -p_2(x_2-x_1)-p_3x_2$$

となる．

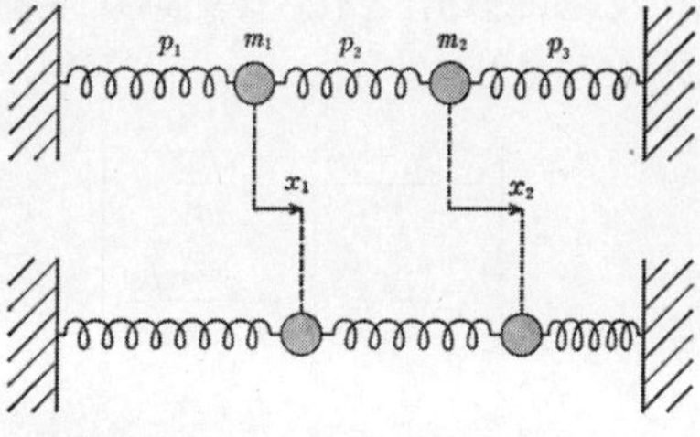

一般の形だと

$$\frac{d^2}{dt^2}\begin{bmatrix} x_1 \\ x_2 \end{bmatrix} = \begin{bmatrix} a_{11} & a_{12} \\ a_{21} & a_{22} \end{bmatrix}\begin{bmatrix} x_1 \\ x_2 \end{bmatrix}$$

すなわち

$$\frac{d^2\boldsymbol{x}}{dt^2} = A\boldsymbol{x}$$

の形をしている．

A が半単純で負の固有値を持ち

$$A = P^{-1}\begin{bmatrix} -\mu^2 & 0 \\ 0 & -\nu^2 \end{bmatrix}P$$

になったとすると，

$$P\boldsymbol{x} = \boldsymbol{y}$$

と変数変換すると

$$\frac{d^2\boldsymbol{y}}{dt^2} = \begin{bmatrix} -\mu^2 & 0 \\ 0 & -\nu^2 \end{bmatrix}\boldsymbol{y}$$

で，

$$\frac{d^2y_1}{dt^2} = -\mu^2 y_1, \qquad \frac{d^2y_2}{dt^2} = -\nu^2 y_2$$

に分解できることになる．これらは普通の単振動である．

実際にさきの場合だと

$$A = \begin{bmatrix} -\dfrac{p_1+p_2}{m_1} & \dfrac{p_2}{m_1} \\[2ex] \dfrac{p_2}{m_2} & -\dfrac{p_2+p_3}{m_2} \end{bmatrix}$$

なので，

$$\det(A-\lambda)=\lambda^2+\left(\frac{p_1+p_2}{m_1}+\frac{p_2+p_3}{m_2}\right)\lambda$$
$$+\frac{p_2p_3+p_3p_1+p_1p_2}{m_1m_2}$$

になっているから，負の固有値になっている．

この場合，最初の $\boldsymbol{x}$ は，単振動 y_1 と y_2 を合成した形として表わせることになる．この y_1 と y_2 を固有振動という．複雑な振動を固有振動に分解すること，これが固有値問題のひとつの起源でもあった．

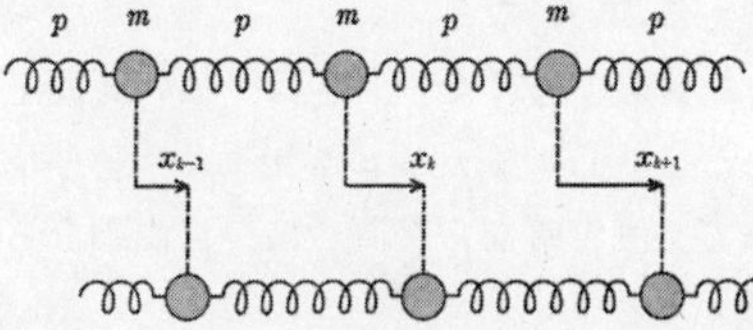

いまの問題を，1次元の結晶のように，規則的にバネが並んでいる場合で，質量 m や弾性係数 p がみな同じ場合を考えてみよう．このときの運動方程式は

$$m\frac{d^2x_k}{dt^2}=p((x_{k+1}-x_k)-(x_k-x_{k-1}))$$

で，右辺の方は差分を2回していることになっている．

この差分のところが，連続に移行した場合を考えると，微分になってそれは1次元の波動の偏微分方程式

$$\frac{\partial^2x}{\partial t^2}=c^2\frac{\partial^2x}{\partial\theta^2}$$

になる．

さしあたり，これを有限の絃の場合について考えてみよう．長さは，これも簡単のために π にしておく．この場合には，境界条件が問題になるが，両端が固定されている場合だと，x の値は 0 に吸収されて，

$$x(t, 0) = x(t, \pi) = 0$$

になっている．また，自由端の場合は，両端で反射される場合で，

$$\frac{\partial x}{\partial \theta}(t, 0) = \frac{\partial x}{\partial \theta}(t, \pi) = 0$$

の条件で考えることになる．

これらを総合して考えたいときは，絃の範囲を

$$-\pi \leqq \theta \leqq \pi$$

まで延長して，固定端なら奇関数に，自由端なら偶関数に延長して考えるとよい．

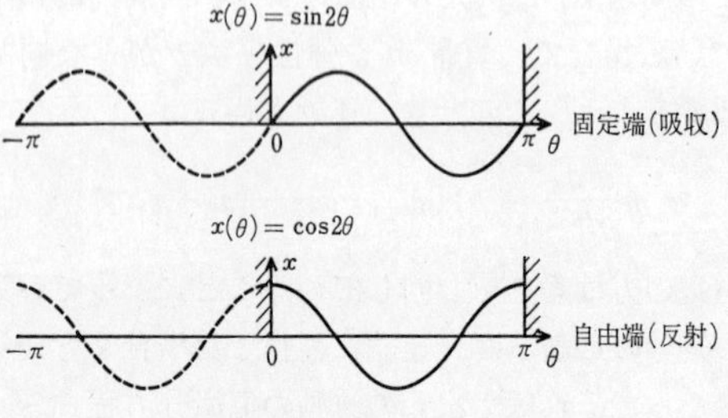

ともかくも，周期関数が問題になる．これを，sin や cos で展開しようとしたのが，D. ベルヌーイで，この場合は関数なので，のちには固有関数展開とよばれるようになるの

だが，それは〈固有値〉の思想の原型といわれる．そして，それを熱伝導の問題に適用したのがフーリエであったので，いまではフーリエ展開とよばれるようになった．

固有関数展開

歴史上では，固定端の場合の定常振動解

$$x_n(t,\theta) = a_n \sin n\theta \cos(nct+\alpha_n)$$

は，古くテイラーによって知られていた．ベルヌーイの求めたのは，これの合成

$$x(t,\theta) = \sum_{n=1}^{\infty} a_n \sin n\theta \cos(nct+\alpha_n)$$

である．絃の方程式は線型なので，加法的な合成つまり〈重ね合わせ〉ができるのである．ただし，ここで無限級数が出てきてヤヤコシイことが起こる．フーリエはヤヤコシイこと一切に目をつぶり，それを正当化することは 19 世紀解析学のひとつの課題であり，ディリクレから，リーマン，カントル，ルベーグにいたり，〈集合と関数〉，〈位相と連続〉，〈測度と積分〉などの概念が晶化した．しかしここでは，フーリエのごとく図々しく，すべてに目をつぶることにする．

これを求める筋道は，

$$x(t,\theta) = u(t)v(\theta)$$

の形のものを考える．すると

$$\frac{\partial^2 x}{\partial t^2} = u''v, \qquad \frac{\partial^2 x}{\partial \theta^2} = uv''$$

だから，

$$\frac{u''}{c^2u} = \frac{v''}{v}$$

となる．ここで，左辺は θ に無関係，右辺は t に無関係だから，これは定数 λ になる．すなわち

$$\frac{d^2v}{d\theta^2} = \lambda v, \qquad v(0) = v(\pi) = 0$$

という形になる．これを満足するのは

$$\lambda = -n^2$$

のときで，このとき

$$v = a\sin n\theta$$

であり，

$$\frac{d^2u}{dt^2} = -c^2n^2u$$

の方から

$$u = \cos(nct+\alpha)$$

がえられる．

ここで問題になるのは，一般には

$$\left(-\frac{d^2}{d\theta^2}\right)x = \lambda x, \qquad x(-\pi) = x(\pi)$$

を求めることで，それは円周 $\boldsymbol{U}$ 上の関数 $x(\theta)$ についての $-D^2$ の固有値問題になる．

$$-\frac{d^2}{dt^2} = \left(\frac{1}{i}\frac{d}{d\theta}\right)^2$$

なので，複素数を使うことにすれば，$\boldsymbol{U}$ 上で

$$\frac{1}{i}\frac{d}{d\theta}x = \lambda x$$

という固有値問題を考えることになる．ただし，この場合の x は，「ベクトルとしての関数」であるので，通常は固有関数という呼び方をする．この場合の固有値は

$$n \in \boldsymbol{Z}$$

であって，それに対応する固有関数は

$$x(\theta) = e^{in\theta}$$

になっている．$\sin n\theta$ や $\cos n\theta$ は，$e^{in\theta}$ を奇関数部分と偶関数部分に分けることで，出てきている．

つまり，一般のベクトルを固有ベクトルを座標にして分解したように，一般の関数を固有関数を座標にして分解しよう，というのが関数の固有関数展開になる．いまの場合は，

$$x(\theta) = \sum_{n=-\infty}^{+\infty} c_n e^{in\theta}$$

$$\frac{1}{i}\frac{d}{d\theta}x(\theta) = \sum_{n=-\infty}^{+\infty} nc_n e^{in\theta}$$

となって，

$$x \longmapsto \frac{1}{i}\frac{d}{d\theta}x$$

という関数についての「線型写像としての微分作用素」が，この座標で

$$c_n \longmapsto nc_n$$

という，固有値をかけるという「対角行列」として表現されていることになる．

もっと，次元が高くなったりすると，三角関数よりも複雑な関数，ベッセル関数とか球関数とかいったものが出てくる．これらは，19 世紀の数理物理学を通じて発達した．そして，その手法が量子力学の基礎となった．2 次元になっても，四角な膜の振動ならフーリエで間に合う．しかしながら，あいにくなことに，たいていの太鼓は丸いので，円周についてはフーリエでよいのだが，軸方向の半直線については，ベッセル関数というのが出てくる．さらに．3 次元になると，球面を考えねばならないので，球関数というのが問題になるのである．しかし，複雑にはなっても，原理はすでに，ベルヌーイの「固有値問題」につきる．

フーリエ級数

いまの場合は，複素内積線型空間の議論になっている．単位円 $\boldsymbol{U}$ 上の関数について，

$$x \cdot y = \int_{-\pi}^{\pi} x(\theta)\overline{y(\theta)}\frac{d\theta}{2\pi}$$

という内積を考えよう．ただし本当は，これは無限次元なので収束の議論が必要で，この積分をたとえば連続関数のリーマン積分と考えていると，いろいろと都合が悪い．それは関数解析の問題だが，ここではそうしたことはおおらかに，フーリエのようにエエカゲンにやろう．

この場合に，$-\pi$ と π はつながっているので，

$$\frac{1}{i}\frac{d}{d\theta}x\cdot y = \int_{-\pi}^{\pi}\frac{1}{i}x'(\theta)\overline{y(\theta)}\frac{d\theta}{2\pi}$$
$$= \left[\frac{1}{i}x(\theta)\overline{y(\theta)}\right]_{-\pi}^{\pi} + \int_{-\pi}^{\pi}x(\theta)\frac{1}{-i}\overline{y'(\theta)}\frac{d\theta}{2\pi}$$
$$= x\cdot\frac{1}{i}\frac{d}{d\theta}y$$

となる．すなわち，$\dfrac{1}{i}\dfrac{d}{d\theta}$ というのはエルミート（複素内積の対称）である．

この場合は，実固有値を持つはずで，実際に

$$\frac{1}{i}\frac{de_n}{d\theta} = ne_n, \qquad n \in \boldsymbol{Z}$$

すなわち

$$e_n(\theta) = e^{in\theta}$$

が固有関数になっている．

この場合には，e_n を「直交座標」として展開できるはずである．念のために，たしかめておくと，

$$ne_n\cdot e_m = \frac{1}{i}\frac{d}{d\theta}e_n\cdot e_m = e_n\cdot\frac{1}{i}\frac{d}{d\theta}e_m = me_n\cdot e_m$$

となるので，

$$n \neq m \text{ なら } e_n\cdot e_m = 0$$

となる．これは，複素内積空間の固有値問題でやったことのくり返し．そして

$$e_n\cdot e_n = \int_{-\pi}^{\pi}e^{in\theta}e^{-in\theta}\frac{d\theta}{2\pi} = 1$$

になっている．

このとき，

$$x=\sum_{-\infty}^{+\infty}c_n e_n$$

については，

$$c_n=x\cdot e_n$$

とすればよい．つまり

$$c_n=\int_{-\pi}^{\pi}x(\theta)e^{-in\theta}\frac{d\theta}{2\pi}$$

になるわけである．

この関係は，

$$x(\theta)=\sum_{-\infty}^{+\infty}c_n e^{in\theta}$$

$$c_n=\int_{-\pi}^{\pi}x(\theta)e^{-in\theta}\frac{d\theta}{2\pi}$$

と並べて書いてみると，

$$\text{関数}\ x(\theta)\longleftrightarrow\text{数列}\ c_n$$

という，うまい対応になっている．こうして，関数 $x(\theta)$ の世界が，数列 c_n の世界に転換されるのが，フーリエ展開のうまいところである．もちろん

$$\frac{1}{i}\frac{d}{d\theta}x(\theta)=\sum_{-\infty}^{+\infty}nc_n e^{in\theta}$$

であって

$$\text{微分}\ \frac{1}{i}\frac{d}{d\theta}\longleftrightarrow n\ \text{倍}$$

といった対応がある．この他にも，$x(\theta)$ の世界が c_n の世界へ移して，うまくいくことが多い．それで，これをフーリエ変換という．

いまのは，$\boldsymbol{U}$ と $\boldsymbol{Z}$ の間の関係だったが，無限にのびた場合だと

$$x(\theta) = \int_{-\infty}^{+\infty} \xi(\varphi) e^{i\varphi\theta} d\varphi$$

$$\xi(\varphi) = \int_{-\infty}^{+\infty} x(\theta) e^{-i\varphi\theta} \frac{d\theta}{2\pi}$$

のように（これは，2π のつき方が非対称なので，$\sqrt{2\pi}$ ずつ分担させる流儀もある），$x(\theta)$ と $\xi(\varphi)$ が対応している．

ところで，これは複素整級数

$$x(z) = \sum_{n=0}^{\infty} c_n z^n$$

のときとよく似ている．n にマイナスも許して，複素内積空間の扱いもできるが，ここでまず問題にされるのは，テイラー展開での解析性である．ところが，それは

$$c_n = \frac{x^{(n)}(0)}{n!}$$

となっている．

フーリエ級数は積分，テイラー級数は微分，というのは大きな違いである．テイラー級数は微分だから，0 のごく近くの局所的性質で定まってしまう．それはいわば〈代数式の支配〉に束縛されて，全体が行儀よくふるまう．それが〈解析性〉ということで，複素関数論の根幹となった．

ところが，フーリエ級数の方は，固有振動 $e^{in\theta}$ の成分をとりだすために，内積をとって他の部分を消した．この積分というのは，$e^{in\theta}$ 方向に関連づけた上で，それを平均し

ている．つまり，積分してえられた c_n とは平均量であって，影響しているのは全体である．むしろ，局所的なことは，平均されて影響を失う，とさえ言える．

このことは，フーリエ級数の場合は，局所的状況で束縛されるどころか，少々のハミダシの影響は消されてしまうことを意味している．その意味では，テイラー級数の議論が本質的に行儀のよい連続関数の理論であるのに，フーリエ級数の方は行儀の悪い不連続関数を本質とする．それで，一昔前には「実関数論」と呼ばれた，不連続関数が問題になる．さきにいった，ディリクレからルベーグにいたる系譜がフーリエ級数から出てきたのは，この理由による．こうして

〈線型代数〉+〈収束概念〉=〈関数解析〉

とまでいうと，関数解析のトバグチを誇大広告したことになりかねないが，ま，関数解析への途にとりかかってはいるわけである．

群の表現

いま，$\boldsymbol{U}$ と $\boldsymbol{Z}$（または $\boldsymbol{R}$ と $\boldsymbol{R}$）とについて

$$(\theta, n) = e^{in\theta}$$

を考えると，

$$|(\theta, n)| = 1$$

で，指数法則から

$$(\theta_1+\theta_2, n) = (\theta_1, n)(\theta_2, n), \qquad (-\theta, n) = (\overline{\theta, n})$$
$$(\theta, n_1+n_2) = (\theta, n_1)(\theta, n_2), \qquad (\theta, -n) = (\overline{\theta, n})$$

となっている．これは，群の双対性といわれるものだが，これが可換でないと，それほどうまくはいかない．

$\boldsymbol{C}^m$ のユニタリー変換群を $\mathcal{U}(\boldsymbol{C}^m)$ としておく（まえに $\mathcal{O}(\boldsymbol{R}^m)$ を考えたが，複素数を使うから $\mathcal{U}$ にした）．さきの $\boldsymbol{U}$ とは $\mathcal{U}(\boldsymbol{C})$ という1次元の場合である．ここで，たとえば3次元の回転群 $\mathcal{R}(\boldsymbol{R}^3)$ を考えると，これはもう可換ではない（$\mathcal{R}(\boldsymbol{R}^2)$ は実質的には $\boldsymbol{U}$ だった）．ここで，$\mathcal{R}$ から $\mathcal{U}$ への関数 $U(R)$ を考えて，

$$U(R_1R_2) = U(R_1)U(R_2),$$
$$U(R^{-1}) = U(R)^*$$

となるものを，$\mathcal{R}$ のユニタリー表現という．こうしたものを調べていくことは，フーリエ変換の理論を $\mathcal{R}$ について考える手がかりになる．そして，$\mathcal{R}$ についての表現のあり方を考えることが，重要な問題となった．とくに，量子数の意味とからんで，脚光を浴びた．

そしてこれは，回転群だから有限次元のユニタリー表現だが，相対論的な理論でローレンツ群になると，無限次元表現が問題になってくる．それで，「数理物理学への応用線型代数」となると，回転群やローレンツ群の表現のような話題が出てくる．しかし，ここではその宣伝だけ．

収束についての議論を一切さぼりながら，宣伝ばかりしているのも，少し気が引ける．有限群の場合なら，収束の問題がいらないから，少しためしてみるとよい．もっとも，ここでも欺瞞的に，非可換でやると本式の〈群論〉になってしまうので，ごく単純な可換群で考える．

まず巡回群，アホラシイと言うなかれ，朝永（その霊よ安らかに）の名著『量子力学』でも，ちゃんと使っている．環状にバネがあると思えばよい．

このとき，

$$e_h(k) = e^{2\pi ikh/n}$$

を考えるとよい．ここで

$$x \cdot y = \frac{1}{n}\sum_{k=0}^{n-1} x(k)\overline{y(k)}$$

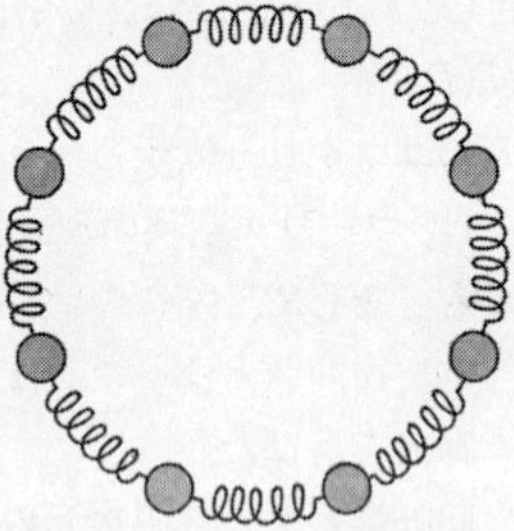

という内積を考えると，

$$z = e^{2\pi ih/n}$$

について

$$1+z+z^2+\cdots+z^{n-1} = 0$$

だから，e_h が直交座標系になって，

$$x(k) = \sum_{h=0}^{n-1} \xi(h) e^{2\pi ikh/n}$$

$$\xi(h) = \frac{1}{n}\sum_{k=0}^{n-1} x(k) e^{-2\pi ikh/n}$$

になることが，わかるだろう（ここでも対称性が好きなら，n を $\sqrt{n}$ ずつにしたらよい）．これは，「巡回群のフーリエ変換」である．

もうひとつ例題．X を有限集合として，その部分集合の全体 $\mathcal{B}$ について，演算

$$A \triangle B = A \cup B - A \cap B$$

を考えよう．この場合に，$A \triangle C$ の個数 $\#(A \triangle C)$ について，

$$\varphi_C(A) = (-1)^{\#(A \triangle C)}$$

を考えると，これは，± 1 の値しかとらないが，

$$\mathcal{B} \longrightarrow \{+1, -1\}$$

という表現になる．

これについて，「フーリエ変換」の議論を考えよ．また，X が無限集合のときは，どうなるか．

ま，いろいろと小出しにしたが，こうした〈固有値問題〉といったものが，振動の問題を通じて，〈スペクトル論〉とか〈群論〉とかいった，当世風の話題に発展していく雰囲気を味わってほしかったのである．いったいにぼくは，本でも授業でも，最後をしめくくったりするより，最後を拡散させてしまうのが好きだ．そのぶんだけ，最後のあたりは粗っぽく，ふわっとしていくのだが，そのあたりをきめ細かく学ぶのは次のレベルのことだろう．

それで，最後をまとめたりはしない．なにやら，ふわっと，終わることにする．最後が〈振動〉で，フラフラしと

るというのは，天の配剤か．

あとがき

この本では,『数学セミナー』に1979年5月から1980年8月まで連載した,基礎講座「線型代数」に,序論のかわりに,『数学セミナー』1978年6月の「線型代数の“なぜ,なにを,いかに”」の前半を加えた.

線型代数が大学教養課程の数学の柱のひとつになって久しいが,もうひとつの柱の解析学にくらべれば,学生にとって自然なものになっていないように思う.それは,線型代数がどういう世界を語り,どのように生きているか,そうした生態についてのイメージが,歴史の古い解析学と比べれば,見えにくいことにもよろう.また,「代数」の枠で体系化されているために,数学全体の中での感覚がとらえにくいこともあったろう.

数学に関して,その生態のイメージと,そしてその意味のフィーリング,というのをぼくは好む.その点では,雑誌の読切連載というのは,教科書みたいに体系化に気を使う必要がなく,基礎的な概念のひとつひとつについて,そのイメージとフィーリングを語るのに好適である.

そこで,出てくる概念については,本当に基礎的なものに限定しようと考えた.「線型代数」に便乗して,なにかの「理論」を語りたい誘惑はしりぞけることにした.もっとも,「基礎」だけのガラガラになっては,数学というものはおもしろくもおかしくもない．そこで，アソビとしてでも，なにかの趣向を入れようとした．読切連載というものは，毎回なんとか，なんらかの意味でメダマを入れたいと思うところがよい．たとえうまくいかなくとも，そうした神経を持つこと，そのためにぼくは，このごろは大学の講義でも，〈読切〉を志向している．

行列環とか，置換群とか，整式環とか，「線型代数」に便乗して触れることが多い話題は，むしろ最小にとどめた．また，内積空間のスペクトル論とか，群表現論とか，線型微分方程式論とか，「線型代数」の枠内もしくは枠外に発展させることもある話題も，入口だけにした．

少し迷ったのは，数理経済学との関係で重視される傾向になってきた，成分が正の行列の固有値に関するフロベニウスの理論で，3角行列の扱いとも関連するし，それを最後に入れようかと考えてもいたのだが，結局はやめた．現在のところ，普通の「線型代数」のカリキュラムとして，かならずしも一般的ではないからである．それはいわば，順序構造の入った線型空間の理論であり，内積線型空間のスペクトル論がヒルベルト－ノイマンのスペクトル論になるのに対し，こちらは順序線型空間のクレインのスペクトル論に発展する．関数解析流に言えば，前者が L^2 理論なのに対し，後者は L^1 理論になる．しかし，L^2 に比べれば，やはり L^1 はマイナーだ．

同じようなものとして，ぼくは15年前に，『マトリックス』（明治図書）という本を書いたことがあり，基本的な発想はそのときと変わってはいない．ただ，そのころには，高校に線型代数（ベクトルと行列）がほとんどなかったので，高校のレベルから出発せねばならなかったし，固有値まで行けなかった．この本では，かならずしも高校数学を必要とするわけでもないが，いちおう高校の線型代数を学んだ読者を想定している．また，今度はむしろ，固有値問題に大きなウェイトを与えている．

ある意味では，10 年前の『現代の古典解析』（現代数学社）の「線型代数版」と言えなくもないが，今度はむしろ〈線型代数の世界像〉の方に気を配らねばならなかったのが，現時点の大学教育カリキュラムにおける，解析学と線型代数との相違でもあろう．そのぶんだけ，教科書風に通読可能になった，とも言える．

例によって，雑誌連載中は亀井哲治郎さんをはじめ『数学セミナー』編集部のみなさん，本にするにあたっては金沢さんと，いろいろとヤリトリしているなかで，この本はできあがった．

1980 年秋

森　毅

索　引

マ 行

ヤ 行

ラ 行

ワ　行

本書は一九八〇年十一月十日、日本評論社から刊行された。

確率論入門　赤攝也

ラプラス流の古典確率論とボレル－コルモゴロフ流の現代確率論。両者の関係性を意識しつつ、確率の基礎概念と数理を多数の例とともに丁寧に解説。

現代の初等幾何学　赤攝也

ユークリッドの平面幾何を公理的に再構成するには？　現代数学の考え方に触れつつ、幾何学が持つ面白さも体感できるよう初学者への配慮溢れる一冊。

現代数学概論　赤攝也

初学者には抽象的でとっつきにくい〈現代数学〉。「集合」「写像とグラフ」「群論」「数学的構造」といった基本的概念を手掛かりに概説した入門書。

微積分入門　W・W・ソーヤー　小松勇作訳

微積分の考え方は、日常生活のなかから自然に出てくるもの。∫やlimの記号を使わず、具体例に沿って説明した定評ある入門書。（瀬山士郎）

新式算術講義　高木貞治

算術は現代でいう数論。数の自明を疑わない明治の読者にその基礎を当時の最新学説で説く。『解析概論』の著者若き日の意欲作。（高瀬正仁）

数学の自由性　高木貞治

大数学者が軽妙洒脱に学生たちに数学を語る！　60年ぶりに復刊された人柄のにじむ幻の同名エッセイ集を含む文庫オリジナル。（高瀬正仁）

ガウスの数論　高瀬正仁

青年ガウスは目覚めとともに正十七角形の作図法を思いついた。初等幾何に露頭した数論の一端！　創造の世界の不思議に迫る原典講読第2弾。

量子論の発展史　高林武彦

世界の研究者と交流した著者による量子理論史。その物理的核心をみごとに射抜き、理論探求の醍醐味を生き生きと伝える。新組。（江沢洋）

高橋秀俊の物理学講義　高橋秀俊　藤村靖

ロゲルギストを主宰した研究者の物理的センスとは。力について、示量変数と示強変数、ルジャンドル変換、変分原理などの汎論四〇講。（田崎晴明）

物理学入門　武谷三男
科学とはどんなものか。ギリシャの力学から惑星の運動解明まで、理論変革の跡をひも解いた科学論。三段階論で知られる著者の入門書。（上條隆志）

数は科学の言葉　トビアス・ダンツィク　水谷淳訳
数感覚の芽生えから実数論・無限論の誕生まで、数万年にわたる人類と数の歴史を活写。アインシュタインも絶賛した数学読み物の古典的名著。

一般相対性理論　P・A・M・ディラック　江沢洋訳
一般相対性理論の核心に最短距離で到達すべく、卓抜した数学的記述で簡明直截に書かれた天才ディラックによる入門書。詳細な解説を付す。

幾何学　ルネ・デカルト　原亨吉訳
哲学のみならず数学においても不朽の功績を遺したデカルト。『方法序説』の本論として発表された『幾何学』、初の文庫化！（佐々木力）

不変量と対称性　今井淳／寺尾宏明／中村博昭
変えても変わらない不変量とは？ そしてその意味や用途とは？ ガロア理論や結び目の現代数学に現われる、上級の数学センスをさぐる7講義。

数とは何かそして何であるべきか　リヒャルト・デデキント　渕野昌訳・解説
「数とは何かそして何であるべきか？」「連続性と無理数」の二論文を収録。現代の視点から数学の基礎付けを試みた充実の訳者解説を付す。新訳。

数学的に考える　キース・デブリン　冨永星訳
ビジネスにも有用な数学的思考法とは？ 言葉を厳密に使う、量を用いて考える、分析的に考えるといったポイントからとことん丁寧に解説する。

物理の歴史　朝永振一郎編
湯川秀樹のノーベル賞受賞。その中間子論とは何なのだろう。日本の素粒子論を支えてきた第一線の学者たちによる平明な解説書。（江沢洋）

代数的構造　遠山啓
群・環・体など代数の基本概念の構造を、構造主義の歴史をおりまぜつつ、卓抜な比喩とていねいな計算で確かめていく抽象代数学入門。（銀林浩）

現代数学入門　遠山啓

現代数学、恐るるに足らず！　学校数学より日常の感覚の中に集合や構造、関数や群、位相の考え方を探る大人のための入門書。（エッセイ　亀井哲治郎）

代数入門　遠山啓

文字から文字式へ、そして方程式へ。巧みな例示と丁寧な叙述で「方程式とは何か」を説いた最晩年の名著。遠山数学の到達点がここに！（小林道正）

生物学の歴史　中村禎里

進化論や遺伝の法則は、どのような論争を経て決着したのだろう。生物学とその歴史を高い水準でまとめあげた壮大な通史。充実した資料を付す。

不完全性定理　野﨑昭弘

事実・推論・証明……。理屈っぽいとケムたがられる話題を、なるほどと納得させながら、ユーモアたっぷりにひもといたゲーデルへの超入門書。

数学的センス　野﨑昭弘

美しい数学とは詩なのです。いまさら数学者にはなれないけれどそれを楽しめたら……。そんな期待に応えてくれる心やさしいエッセイ風数学再入門。

高等学校の確率・統計　黒田孝郎／森毅／小島順／野﨑昭弘ほか

成績の平均や偏差値はおなじみでも、実務の水準とは隔たりが！　基礎からやり直したい人のために伝説の検定教科書を指導書付きで復活。

高等学校の基礎解析　黒田孝郎／森毅／小島順／野﨑昭弘ほか

わかってしまえば日常感覚に近いものながら、数学挫折のきっかけの微分・積分。その基礎を丁寧にひもといた再入門のための検定教科書第2弾！

高等学校の微分・積分　黒田孝郎／森毅／小島順／野﨑昭弘ほか

高校数学のハイライト「微分・積分」！　その入門コース『基礎解析』に続く本格コース。公式暗記の学習からほど遠い、特色ある教科書の文庫化第3弾。

トポロジーの世界　野口廣

ものごとを大づかみに捉える！　その極意を、数式に不慣れな読者との対話形式で、図を多用し平易・直感的に解き明かす入門書。（松本幸夫）

エキゾチックな球面　野口廣

7次元球面には相異なる28通りの微分構造が可能！フィールズ賞受賞者を輩出したトポロジー最前線を臨場感ゆたかに解説。（竹内薫）

数学の楽しみ　テオニ・パパス　安原和見訳

ここにも数学があった！　石鹸の泡、くもの巣、雪片曲線、一筆書きパズル、魔方陣、DNAらせん……。イラストも楽しい数学入門150篇。

相対性理論（下）　W・パウリ　内山龍雄訳

アインシュタインが絶賛し、物理学者内山龍雄をして、研究を措いてでも訳したかったと言わしめた、相対論三大名著の一冊。（細谷暁夫）

物理学に生きて　W・ハイゼンベルクほか　青木薫訳

「わたしの物理学は……」ハイゼンベルク、ディラック、ウィグナーら六人の巨人たちが集い、それぞれの歩んだ現代物理学の軌跡や展望を語る。

調査の科学　林知己夫

消費者の嗜好や政治意識を測定するとは？　集団特性の数量的表現の解析手法を開発した統計学者による社会調査の論理と方法の入門書。（吉野諒三）

ポール・ディラック　アブラハム・パイスほか　藤井昭彦訳

「反物質」なるアイディアはいかに生まれたのか、そしてその存在はいかに発見されたのか。天才の生涯と業績を三人の物理学者が紹介した講演録。

パスカル　数学論文集　ブレーズ・パスカル　原亨吉訳

「パスカルの三角形」で有名な「数三角形論」ほか、「円錐曲線論」「幾何学的精神について」など十数篇の論考を収録。世界的権威による翻訳。（佐々木力）

幾何学基礎論　D・ヒルベルト　中村幸四郎訳

20世紀数学全般の公理化への出発点となった記念碑的著作。ユークリッド幾何学を根源まで遡り、斬新な観点から厳密に基礎づける。（佐々木力）

和算の歴史　平山諦

関孝和や建部賢弘らのすごさと弱点とは。そして和算がたどった歴史とは。和算研究の第一人者による簡潔にして充実の入門書。（鈴木武雄）

電気にかけた生涯　藤宗寛治

実験・観察にすぐれたファラデー、電磁気学にまとめたマクスウェル、ほかにクーロンやオームなど科学者十二人の列伝を通して電気の歴史をひもとく。

科学の社会史　古川安

大学、学会、企業、国家などと関わりながら「制度化」の歩みを進めて来た西洋科学。現代に至るまでの約五百年の歴史を概観した定評ある入門書。

πの歴史　ペートル・ベックマン　田尾陽一／清水韶光訳

円周率だけでなく意外なところに顔をだすπ。ユークリッドやアルキメデスによる探究の歴史に始まり、オイラーの発見したπの不思議にいたる。

やさしい微積分　L・S・ポントリャーギン　坂本實訳

微積分の基本概念・計算法を全盲の数学者がイメージ豊かに解説。版を重ねて読み継がれる定番の入門教科書。練習問題・解答付きで独習にも最適。

フラクタル幾何学(上)　B・マンデルブロ　広中平祐監訳

「フラクタルの父」マンデルブロの主著。膨大な資料を基に、地理・天文・生物などあらゆる分野から事例を収集・報告したフラクタル研究の金字塔。

フラクタル幾何学(下)　B・マンデルブロ　広中平祐監訳

「自己相似」が織りなす複雑で美しい構造とは。その数理とフラクタル発見までの歴史を豊富な図版とともに紹介。

数学基礎論　前原昭二　竹内外史

集合をめぐるパラドックス、ゲーデルの不完全性定理からファジー論理、P＝NP問題などのより現代的な話題まで。大家による入門書。（田中一之）

現代数学序説　松坂和夫

『集合・位相入門』などの名教科書で知られる著者による、懇切丁寧な入門書。組合せ論・初等数論を中心に、現代数学の一端に触れる。（荒井秀男）

不思議な数eの物語　E・マオール　伊理由美訳

自然現象や経済活動に頻繁に登場する超越数e。この数の出自と発展の歴史を描いた一冊。ニュートン、オイラー、ベルヌーイ等のエピソードも満載。

工学の歴史 三輪修三

オイラー、モンジュ、フーリエ、コーシーらは数学者であり、同時に工学の課題に方策を授けていた。「ものつくりの科学」の歴史をひもとく。

関数解析 宮寺功

偏微分方程式論などへの応用をもつ関数解析。バナッハ空間論からベクトル値関数、半群の話題まで、その基礎理論を過不足なく丁寧に解説。（新井仁之）

ユークリッドの窓 レナード・ムロディナウ 青木薫訳

平面、球面、歪んだ空間、そして……。幾何学的世界像は今なお変化し続ける。『スタートレック』の脚本家が誘う三千年のタイムトラベルへようこそ。

ファインマンさん 最後の授業 レナード・ムロディナウ 安平文子訳

科学の魅力とは何か？ 創造とは、そして死とは？ 老境を迎えた大物理学者との会話をもとに書かれた、珠玉のノンフィクション。（山本貴光）

生物学のすすめ ジョン・メイナード＝スミス 木村武二訳

現代生物学では何が問題になるのか。20世紀生物学に多大な影響を与えた大家が、複雑な生命現象を理解するためのキー・ポイントを易しく解説。

現代の古典解析 森毅

おなじみ一刀斎の秘伝公開！ 極限と連続に始まり、指数関数と三角関数を経て、偏微分方程式に至る。見晴らしのきく、読み切り22講義。

ベクトル解析 森毅

1次元線形代数学から多次元へ、1変数の微積分から多変数へ。応用面と異なる、教育的重要性を軸に展開するユニークなベクトル解析のココロ。

対談 **数学大明神** 森毅 安野光雅

数楽的センスの大饗宴！ 読み巧者の数学者と数学ファンの画家が、とめどなく繰り広げる興趣つきぬ数学談義。（河合雅雄・亀井哲治郎）

応用数学夜話 森口繁一

俳句は何兆まで作れるのか？ 安売りをしてもっとも効率的に利益を得るには？ 世の中の現象と数学をむすぶ読み切り18話。（伊理正夫）

フィールズ賞で見る現代数学　マイケル・モナスティルスキー　眞野元訳

「数学のノーベル賞」とも称されるフィールズ賞。その誕生の歴史、および第一回から二〇〇六年までの歴代受賞者の業績を概説。

思想の中の数学的構造　山下正男

レヴィ＝ストロースと群論？　ニーチェやオルテガの遠近法主義、ヘーゲルと解析学、孟子と関数概念……。数学的アプローチによる比較思想史。

熱学思想の史的展開1　山本義隆

熱の正体は？　その物理的特質とは？　『磁力と重力の発見』の著者による壮大な科学史。熱力学入門書としての評価も高い。全面改稿。

熱学思想の史的展開2　山本義隆

熱力学はカルノーの一篇の論文に始まり骨格が完成した。熱素説に立ちつつも、時代に半世紀も先行していた。理論のヒントは水車だったのか？

熱学思想の史的展開3　山本義隆

隠された因子、エントロピーがついにその姿を現わす。そして重要な概念が加速的に連結し熱力学が体系化されていく。格好の入門篇。全3巻完結。

数学がわかるということ　山口昌哉

非線形数学の第一線で活躍した著者が〈数学とは〉をしみじみと、〈私の数学〉を楽しげに語る異色の数学入門書。（野﨑昭弘）

カオスとフラクタル　山口昌哉

ブラジルで蝶が羽ばたけば、テキサスで竜巻が起こる？　カオスやフラクタルの非線形数学の不思議をさぐる本格的入門書。（合原一幸）

数学文章作法　基礎編　結城浩

レポート・論文・プリント・教科書など、数式まじりの文章を正確で読みやすいものにするには？『数学ガール』の著者がそのノウハウを伝授！

数学文章作法　推敲編　結城浩

ただ何となく推敲していませんか？　語句の吟味・全体のバランス・レビューなど、文章をより良くするために効果的な方法を、具体的に学びましょう。

物理現象のフーリエ解析　小出昭一郎

熱・光・音の伝播から量子論まで、振動・波動にもとづく物理現象とフーリエ変換の関わりを丁寧に解説。物理学の泰斗による名教科書。（千葉逸人）

ガロワ正伝　佐々木力

最大の謎、決闘の理由がついに明かされる！　難解なガロワの数学思想をひもといた後世の数学者たちにも迫った、文庫版オリジナル書き下ろし。

ブラックホール　佐藤文隆　R・ルフィーニ

相対性理論から浮かび上がる宇宙の「穴」。星と時空の謎に挑んだ物理学者たちの奮闘の歴史と今日的課題に迫る。写真・図版多数。

自然とギリシャ人・科学と人間性　エルヴィン・シュレーディンガー　水谷淳訳

量子力学の発展は私たちの自然観・人間観にどのような変革をもたらしたのか。『生命とは何か』に続く晩年の思索。文庫オリジナル訳し下ろし。

数学をいかに使うか　志村五郎

「何でも厳密に」などとは考えてはいけない」――。世界的数学者が教える「使える」数学とは。文庫版オリジナル書き下ろし。

数学の好きな人のために　志村五郎

世界的数学者が教える「使える」数学第二弾。非ユークリッド幾何学、リー群、微分方程式論、ド・ラームの定理など多彩な話題。

数学で何が重要か　志村五郎

ピタゴラスの定理とヒルベルトの第三問題、数学オリンピック、ガロア理論のことなど。文庫オリジナル書き下ろし第三弾。

数学をいかに教えるか　志村五郎

日米両国で長年教えてきた著者が日本の教育を斬る！　掛け算の順序問題、悪い証明と間違えやすい公式のことから外国語の教え方まで。

通信の数学的理論　C・E・シャノン／W・ウィーバー　植松友彦訳

IT社会の根幹をなす情報理論はここから始まった。発展いちじるしい最先端の分野に、今なお根源的な洞察をもたらす古典的論文が新訳で復刊。

数学という学問I　志賀浩二

ひとつの学問として、広がり、深まりゆく数学。数・微積分・無限など「概念」の誕生と発展を軸にその歩みを辿る。オリジナル書き下ろし。全3巻。

数学という学問II　志賀浩二

第2巻では19世紀の数学を展望。数概念の拡張によりもたらされた複素解析のほか、フーリエ解析、非ユークリッド幾何誕生の過程を追う。

数学という学問III　志賀浩二

19世紀後半、「無限」概念の登場とともに数学は大転換を迎える。カントルとハウスドルフの集合論、そしてユダヤ人数学者の寄与について。全3巻完結。

現代数学への招待　志賀浩二

「多様体」は今や現代数学必須の概念。「位相」「微分」などの基礎概念を丁寧に解説・図説しながら、多様体のもつ深い意味を探ってゆく。

シュヴァレー　リー群論　クロード・シュヴァレー　齋藤正彦訳

現代的な視点から、リー群を初めて大局的に論じた古典的著作。著者の導いた諸定理はいまなお有用性を失わない。本邦初訳。（平井武）

現代数学の考え方　イアン・スチュアート　芹沢正三訳

現代数学は怖くない！「集合」「関数」「確率」などの基本概念をイメージ豊かに解説。直観で現代数学の全体を見渡せる入門書。図版多数。

若き数学者への手紙　イアン・スチュアート　冨永星訳

研究者になるってどういうこと？　現役で活躍する数学者が豊富な実体験を紹介。数学との付き合い方から「してはいけないこと」まで。（砂田利一）

飛行機物語　鈴木真二

なぜ金属製の重い機体が自由に空を飛べるのか？その工学と技術を、リリエンタール、ライト兄弟などのエピソードをまじえ歴史的にひもとく。

集合論入門　赤攝也

「ものの集まり」という素朴な概念が生んだ奇妙な世界、集合論。部分集合・空集合などの基礎から、丁寧な叙述で連続体や順序数の深みへと誘う。

ちくま学芸文庫

線型代数（せんけいだいすう）　生態と意味（せいたいといみ）

二〇二〇年一月十日　第一刷発行

著者　森　毅（もり・つよし）

発行者　喜入冬子

発行所　株式会社　筑摩書房

東京都台東区蔵前二―五―三　〒一一一―八七五五

電話番号　〇三―五六八七―二六〇一（代表）

装幀者　安野光雅

印刷所　株式会社精興社

製本所　株式会社積信堂

ISBN978-4-480-09966-2 C0141